机床主轴铣削颤振检测与抑制

Detection and Suppression of Machine Tools Spindle Milling Chatter

李小虎 万少可 张燕飞 著

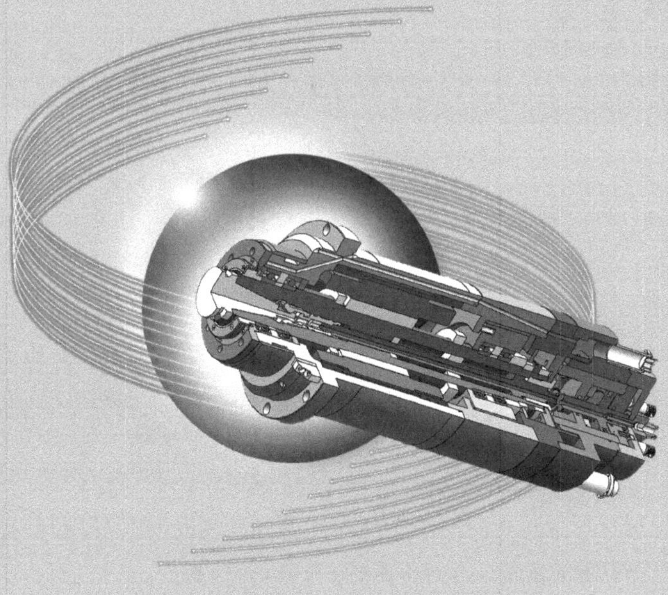

西安交通大学出版社
XI'AN JIAOTONG UNIVERSITY PRESS

图书在版编目(CIP)数据

机床主轴铣削颤振检测与抑制 /李小虎,万少可,张燕飞著. --西安:西安交通大学出版社,2024.12.
ISBN 978-7-5605-9576-4

Ⅰ. TH133.2
中国国家版本馆 CIP 数据核字第 2024HP3911 号

书　　名　机床主轴铣削颤振检测与抑制
JICHUANG ZHUZHOU XIXIAO CHANZHEN JIANCE YU YIZHI
著　　者　李小虎　万少可　张燕飞
责任编辑　鲍　媛
责任校对　李　佳

出版发行　西安交通大学出版社
(西安市兴庆南路1号　邮政编码710048)
网　　址　http://www.xjtupress.com
电　　话　(029)82668357　82667874(市场营销中心)
(029)82668315(总编办)
传　　真　(029)82668280
印　　刷　西安五星印刷有限公司

开　　本　700 mm×1000 mm　1/16　**印张** 14.75　**字数** 265千字
版次印次　2024年12月第1版　2024年12月第1次印刷
书　　号　ISBN 978-7-5605-9576-4
定　　价　90.00元

读者如发现印装质量问题,请与本社市场营销中心联系。
订购热线:(029)82665248　(029)82667874
投稿热线:(029)82665397
读者信箱:banquan1809@126.com

序　言

铣削颤振是一种发生在加工过程中工件和刀具之间的强烈自激振动，它既是制约航空航天、汽车工业、能源化工等领域高端装备薄壁零件实现高尺寸精度、高表面质量（如表面完整性）加工的主要障碍，也是导致刀具磨损加剧、生产效率降低的主要成因。随着我国工业生产对高速高精加工的需求日益增长，影响加工效率和加工精度的颤振问题愈发不可忽视。因此，对颤振的检测、抑制等进行深入研究，对推进我国高性能制造的发展具有十分重要的意义。

本书论述了铣削颤振动力学建模与颤振特性分析、铣削颤振特征信号提取、铣削颤振检测与识别以及铣削颤振抑制的问题。主要包括铣削颤振动力学建模与颤振特性分析、基于时域信号方差比的铣削颤振识别、基于功率谱熵差的铣削颤振早期检测、基于 SVM - Adaboost 的铣削颤振识别、铣削颤振自适应控制和 LQR 最优控制、基于卡尔曼滤波的铣削自适应控制、基于 μ 综合法和 LMI 的铣削颤振鲁棒控制算法以及高速铣削颤振滑模变结构主动抑制方法。本书可为工程技术人员提供机床主轴颤振检测与抑制方法，还可为机械类高年级本科生和研究生快速了解机床主轴铣削颤振检测与抑制的理论和测试手段提供帮助。

在本书的撰写过程中，得到了团队成员洪军、朱永生、张进华、闫柯、林起崟、方斌、裴世源等老师的指点和帮助。书中的部分内容参考了研究所已毕业研究生陈伟、钟谱华、苑俊朋、黄晓玮、刘硕等在学习期间的研究成果，此书也得到了国家自然科学基金（52075428、51575434、51105297）的资助，在此一并表示感谢。此外，由于笔者水平和能力有限，书中难免存在错误和瑕疵，欢迎读者批评指正。

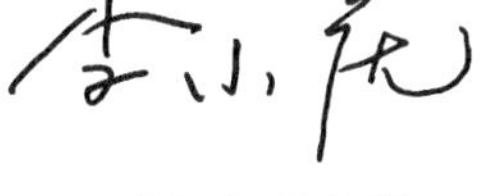

西安交通大学

2024 年 12 月

目　录

第 1 章

绪论

1.1 背景及意义

以“工业 4.0”为标志的新一轮产业革命已经到来，制造业将成为国家经济竞争力的关键所在。智能制造技术目前已成为世界制造业发展的客观趋势，发展智能制造既符合我国制造业发展的内在要求，也是重塑我国制造业地位与优势，实现转型升级的必然选择[1]。以高、精、尖机床为代表的智能机床作为最重要的智能制造装备之一，将成为未来 20 年高档数控机床发展的趋势。作为高档数控机床的关键功能部件，主轴的性能对整机的性能、生产效率和加工精度有决定性的影响，但由于在加工过程中直接承受来自于工件的时变负载，主轴单元往往又是机床中刚度最薄弱、温度最高的环节。除此之外，随着工业技术和产品的升级，一些复杂结构件的精密、高效加工对高档数控机床电主轴的性能提出了新的挑战。这些复杂结构件的加工除了需要保证较高的尺寸精度、形状精度外，还对加工过程中的力学性能、零件表面完整性和抗疲劳性能等有着诸多的要求。这势必要求主轴在加工过程中具有工作状态信息智能感知、控制参数自主决策、加工性能可自适应控制等智能化功能，其中最重要的就是对加工过程中颤振的早期识别与处理。

切削颤振是机械加工过程中机床、工件和刀具之间发生的一种强烈的自激振动，是一种复杂的动态不稳定现象[2]。在现代飞机、航天器等诸多领域中，如图 1-1 所示的骨架零件，尤其是主承受力结构件[3]（如飞机的大梁、隔框、壁板；火箭的整流罩、舱体和战略武器战斗部壳体等）普遍采用有大型整块毛坯直接“掏空”而加工成复杂槽腔、筋条、凸台和减轻孔等整体结构件。在这样的加工中，通常要求材料去除率大于 75%，同时产生较小的切削变形以保证加工精度要求。然而，提高加工效率的同时也带来了切削过程中振动的不确定性问题，使正常的切削状态可能会演变为颤振失稳。从动力学的角度看，高速切削系统是复杂的动态系统[4]。随着切削速度的提升，限制高速、高效和高精度切削的关键问题之一是主轴转速在远低于机床额定转速时加工过程中会出现的振动，即切削不稳定性，其发生和机床本身的结构特性、动态特性、工件和刀具的材料特性以及切削参数的选定都有着密切的关系。颤振是高速主轴在切削加工过程中出现的一种最主要的自激振动。在机械加工，特别是高速高精切削加工过程中，颤振具有很大的危害。主要体现在以下几个方面：

(1)降低工件表面质量。铣削加工过程中，颤振的发生会在工件表面留下鱼鳞状的振纹缺陷，降低工件表面加工质量，难以保证加工精度，甚至造成零件报废，如图 1-2 所示。

(2)降低机床加工效率。在实际切削加工过程中为了避免颤振爆发，通常会采用较为保守的切削用量。在现代高速加工条件下，这样会限制机床切削效率的正常发挥，花费大量资金购买的先进高速加工机床或加工中心，只能按比普通机床高不了多少的切削速度进行生产切削加工，高速加工设备性能得不到充分利用，不能获得最大的经济和社会效益，造成巨大的浪费。有统计显示，我国目前的机床切削效率只相当于工业发达国家平均水平的一半，而美国目前的平均切削水平也仅发挥了最佳水平的 40%，其中的一个重要原因就是机械加工振动问题没有很好解决[5]。

(3)加速刀具磨损与机床功能部件的老化。颤振的爆发会使得刀具在切削过程受到能量较大的动态高频载荷，并通过机床系统将该载荷传递到各个功能部件。这一方面使得刀具磨损加快，严重时会产生崩刃现象；另一方面加速了各部件的老化速度，机床连接特性也会受到破坏，严重时甚至使切削加工无法继续进行。

(4)产生噪声，污染环境。在切削过程中出现的颤振失稳现象会产生大量高频噪声，一方面给加工车间造成环境污染，影响工人身体健康；另一方面降低了操作工人的工作效率。

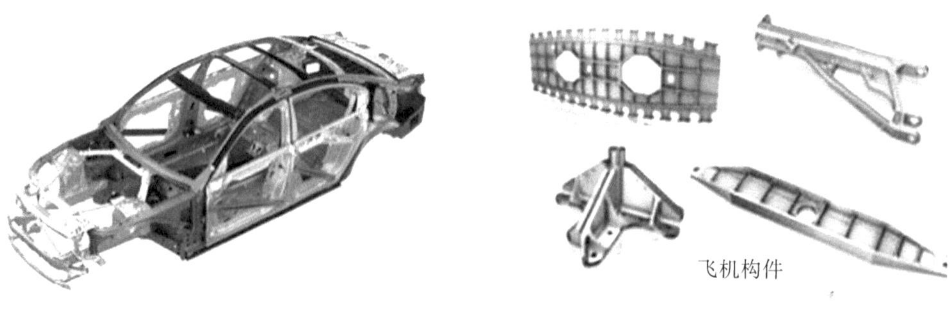

图 1-1　汽车及飞机支撑件

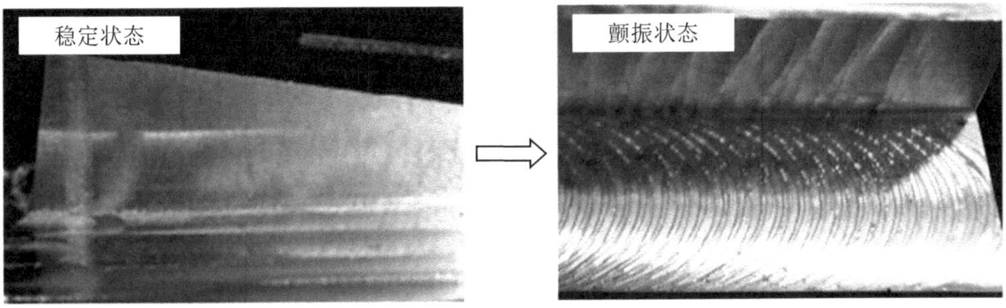

图 1－2　稳定铣削与颤振状态下的工件表面

在切削加工稳定性研究中，通常借助如图 1－3 所示的加工稳定域叶瓣图研究主轴转速与刀具切削深度之间的关系来描述切削过程中稳定区域与颤振区域的边界条件。理论上可以通过加工参数的预先设定使得切削加工处于叶瓣图的临界工作状态，从而充分发挥机床的加工效率，然而在实际的铣削模型建立过程中，通常忽略了实际加工过程中刀具磨损、材料不均匀等非线性因素，在加工稳定域仍然有可能会出现颤振失稳。除此之外，在切削加工过程中，主轴转速、不平衡以及温升等因素会使得主轴动态特性发生改变，从而引起稳定域叶瓣图形状的改变，很难应用于实际的铣削颤振改善中，因此铣削颤振的在线识别与抑制策略对解决铣削过程中的颤振问题具有更高的实用价值。

在铣削加工失稳的整个历程中，会依次经历正常状态、颤振孕育状态和颤振爆发状态。一般而言，颤振孕育状态下铣削加工不会使得工件表面出现明显振纹，相应的监测信号幅值也不会出现明显增大现象，但其中已经出现了微弱的颤振相关成分，因此有必要研究铣削颤振的早期在线识别，从而尽早识别到颤振孕育状态，为解决铣削颤振问题提供有效途径。

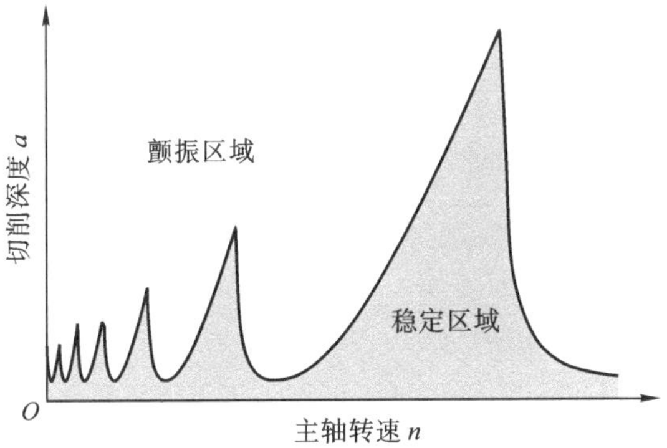

图 1－3　加工稳定域叶瓣图

考虑到铣削颤振是一种发生在加工过程中工件和刀具之间的强烈自激振动，它既是制约航空航天、汽车工业、能源化工等领域高端装备薄壁零件（如发动机机匣、飞机壁板、涡轮叶片、火箭整流罩、舱体和战略武器战斗部壳体等，如图 1-4 所示）实现高尺寸精度、高表面质量（如表面完整性）加工的主要障碍，也是导致刀具磨损加剧、生产效率降低的主要成因[6]。因此，如何抑制铣削颤振是确保零件高精度、高品质、高效率加工的关键因素之一，也是国务院制造强国战略《中国制造 2025》中智能制造工程、高端装备创新工程推进和实现过程中必须攻克的技术难题[7]。

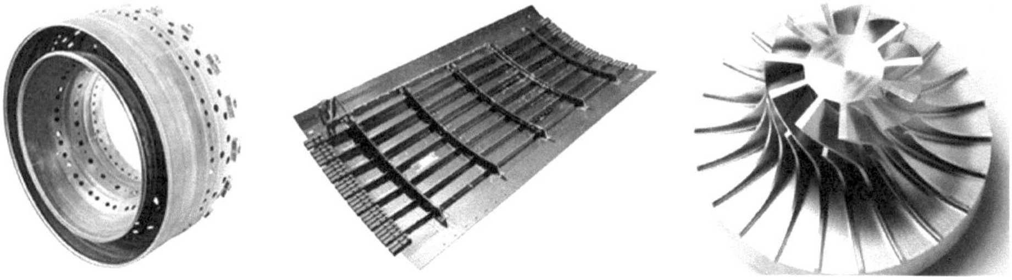

发动机机匣　　飞机壁板　　涡轮叶片

图 1-4　部分薄壁零件

1.2　国内外研究现状

近年来，颤振识别与抑制问题受到越来越多的关注，各国学者都展开了大量的相关研究。颤振识别与抑制技术的实现过程主要包括信号采集、信号处理、颤振状态识别和颤振抑制四个技术环节。

1.2.1　铣削振动信号采集

合适的信号能够反映颤振的特征，因此选取合适的信号类型和采集方式是铣削颤振检测的首要任务。铣削过程中的各类信号，如切削力信号[8-14]、声音或声发射信号[15-17]、振动加速度信号[18-19]、主轴电机和伺服电机电流信号[20-21]、扭矩信号[22]等都可以被用于铣削颤振检测。此外，还可以使用诸如加工表面形貌[15]、多传感器融合[23-24]等技术检测颤振。

1. 切削力信号

切削力信号不仅能直接反映颤振过程中刀具和工件间的相对振动，而且相比于其他信号具有对切削状态变化敏感度高、响应速度快和受外界干扰小等优点，因此切削力信号可以说是颤振识别的最佳信号[8]。切削力的测量需借助测力仪，测力仪通常安装在主轴刀柄[11,25]或工件夹具[26-28]上。目前，切削力信号已被成功运用于铣削颤振的识别研究中[29]。然而，由于测力仪不仅安装过程复杂，而且价格昂贵、需对机床结构进行修改且对加工工件尺寸有所限制，故在实际生产应用中的可行性不强[30]。切削力和振动与颤振之间的关系十分紧密，一方面直接反映了刀具和工件之间的相互作用，另一方面对铣削状态十分敏感，且切削力信号受外界干扰较小。Siddhpura[8]指出从信号质量而言，切削力信号是用于铣削颤振检测的最佳信号。许多学者将切削力信号用于颤振检测当中。Suh[9]将测力计安装在工件夹具上，测量铣削过程 X 轴和 Y 轴方向的切削力信号，将其用于颤振检测，如图 1-5(a)所示。Huang[10]则进一步测量了 Z 轴方向的切削力信号。任静波等[11]则将测力计安装在了刀柄上，如图 1-5(b)所示，避免了安装在夹具上时对工件加工尺寸的限制，但需要对机床结构进行复杂的修改。此外，用于采集切削力信号的测力仪价格昂贵，故切削力信号并不适用于生产实际当中[30]。

2. 声音信号

颤振的发生通常伴随着异常噪音的出现，通过布置声音传感器采集切削加工过程中的声音信号进行分析也可实现颤振识别[31]。Altintas[15]在 1992 年将声音信号用于铣削颤振检测当中。2011 年，秦月霞等[32]将麦克风固定在封闭的切削空间内测量铣削过程中的声音信号。2015 年，Jin 等[17]利用麦克风测量微铣削过程中的声压信号来监测颤振。2016 年，曹宏瑞[16]通过声音信号识别颤振。然而声音信号在实际使用中易受加工现场其他噪音源的污染，且声音信号的采集频率通常达到了几十 kHz，检测的数据处理量大，这使得信号处理困难且实际颤振监测效果不理想。此外，声音信号对处于孕育阶段的颤振不敏感，只有在颤振发展成熟时声音信号才出现明显变化，而此时工件上已经出现振纹。

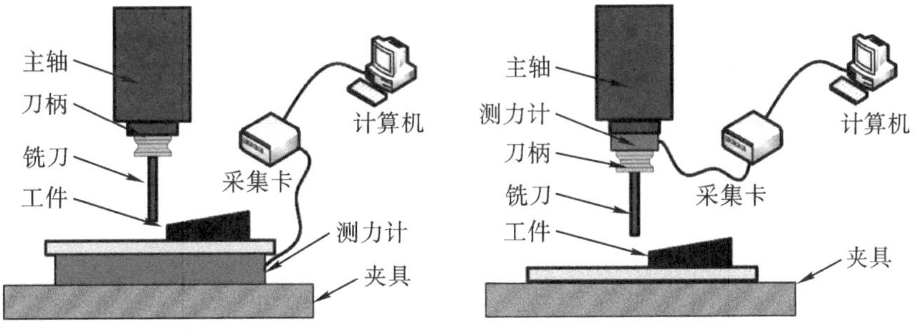

(a) 测力计安装在夹具上　　(b) 测力计安装在刀柄上

图 1-5　切削力信号采集示意图

3. 电流信号

机床电流信号主要分为主轴电机电流信号和伺服电机电流信号两类，通过霍尔传感器实现电流信号的采集。在数控机床的伺服电机控制系统中，数控系统产生的速度指令依次被速度控制单元和电流控制单元转换为转矩指令和电流指令，经放大器驱动伺服电机。当刀具、加工参数和工件材料保持不变且其他条件也相对稳定的情况下，随着颤振的发生，切削转矩会发生动态变化，导致机床相关轴的驱动电机电流也会随之变化，故而机床驱动电机电流信号也被用于颤振检测当中[33]。夏添等[34]采集铣削过程的主轴电机的电流信号，结合希尔伯特-黄变换提取特征和支持向量机分类实现铣削颤振的检测。Liu 等[21]则使用了伺服电机信号实现车削颤振检测。杨志刚等主要研究了以主轴电机电流信号[35-37]、伺服电机电流信号[21]为检测对象的颤振识别方法。Hirano 等[38]研究了基于机床电效率的机械功率因数反映动态切削力，从而实现对车削颤振的识别。然而，颤振信号在电流信号中通常幅值不明显，且被大量的 50 Hz 工频信号和随机噪声信号所掩盖，信噪比较低，需要应用有效的信号处理方法来提取微弱颤振信号。然而，从切削力到电机电流信号之间有较多的传递环节且电流信号中存在着大量的工频信号。因此在过渡阶段，微弱的颤振较难反映在电机电流信号当中，后续的信号处理难度较大，需要对信号进行有效的处理。此外，由于电机中永磁体的材料特性易受环境温度影响，从而造成电流信号的测量会随着电机温度波动 4%～9%，这也可能会影响颤振识别的准确性。

4. 加速度信号

切削过程中的振动信号包含了丰富的加工状态信息，利用振动信号对切削加工颤振状态进行检测是最有效、最常用的方式之一。振动加速度传感器具有安装方便、对颤振响应迅速、适于实时监测的特点，被广泛应用于车削[39]、磨削[40-41]、铣削[42]等多种加工方式的颤振识别中。在铣削颤振检测中，Lamraoui 等[26]将其安装在主轴外壳的侧面，即图 1-6 中的位置Ⅰ处；Xi[35]则将其安装在主轴外壳的端面，即图 1-6 中的位置Ⅱ处；在检测薄壁件铣削颤振时，Susanto[36]等将加速度传感器安装在工件侧面，即图 1-6 中的位置Ⅲ处[36]。此外，加速度传感器还具有响应速度快等优点。Kuljanic 等[25]在端铣加工中研究了多传感器融合的方式以实现颤振检测，在对比了扭矩、加速度、声发射和功率信号后发现加速度信号对颤振较为敏感。Faassen 等[43]通过比较不同传感器的性能，最后指出振动加速度传感器更适用于颤振的在线识别。Lamraoui 等[44-46]则设计了一种新的可集成在主轴刀柄中的无线振动传感器用于测量铣削过程中刀尖处的振动，并成功实现了再生颤振的识别。

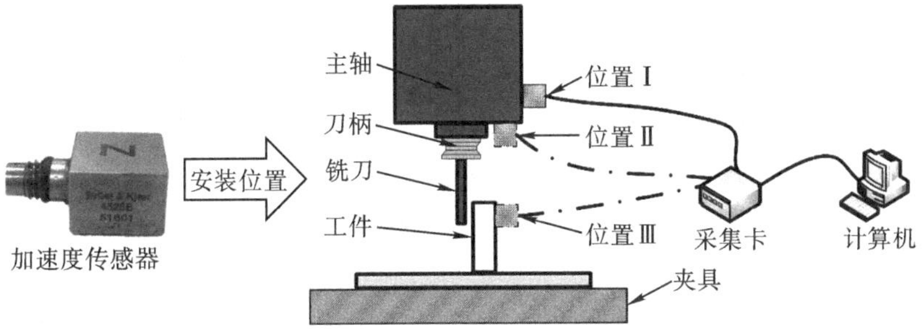

图 1-6 加速度传感器及其安装位置示意图

1.2.2 铣削振动信号处理

颤振的在线监测技术中，信号处理是最为关键的一步，它直接关系到颤振早期在线监测的及时性、准确性与可靠性。在实际铣削加工中，直接采集到的信号包含了大量与颤振无关的信号，难以准确监测颤振征兆，所以需要对原始信号进行相应的在线处理，提取出能反映加工状态的特征量。目前常用的处理方法包括时域类方法、频域类方法和时频域类方法。

1. 时域类方法

2003 年，Schmitz[47]对铣削过程中的声音信号进行同步采样提取样本方差以对颤振进行识别。2005 年，Song 等[48]研究了铣削过程中信号时序模型参数与机械系统刚度和阻尼系数的关系，并用时序模型的参数检测颤振。2008 年，Kuljanic 等[23]将信号的自相关函数及颤振成分的能量比重作为颤振识别的指标。2010 年，Van 等[49]对铣削过程中振动信号进行 ARMA 建模，通过模型特征根对识别颤振。Pérez-Canales 等[50-51]先后在 2011 和 2012 年提出以近似熵及改进的近似熵指标检测铣削颤振的发生。2013 年，Ma 等[52]建立了基于切削力信号的时域模型，并用复指数模型对切削厚度进行动态建模，将模型参数作为颤振特征指标。2014 年，Hynynen 等[31]利用切削过程中两路不同正交信号的互相关函数进行颤振识别。2015 年，任静波等[11]基于多尺度排列熵从铣削力信号中提取铣削颤振特征。2016 年，Khasawneh 等[53]利用拓扑数据分析方法检查随机动力系统在参数空间中的时间序列，通过系统稳定性识别颤振的发生。

时域类方法由于算法速度快、实时性好，所以对于在线监测具有较大的优势，但是目前出现的方法中，存在颤振状态信号的信噪比不高、实际铣削过程中切削参数和工件材料的变化导致阈值和信号处理方法参数难以确定、在颤振孕育阶段没有准确估计主颤振频率等问题。

2. 频域类方法

2011 年，吕凯波等[54]选用时域方差和频域谱特征作为颤振发生的综合指标进行颤振识别。2011 年，秦月霞等[32]利用功率谱曲线变化对铣削加工信号进行分析并识别颤振的发生。2014 年，Lamraoui 等[55]对高速铣削过程的加速度信号、铣削力进行循环平稳分析，在角域中计算角功率谱和角峭度谱，利用信号中周期部分和非周期部分能量在不同铣削状态下所占比重的不同检测颤振。2015 年，Grossi 等[56]利用阶次分析技术对主轴升速过程中的信号进行分析，可以检测出颤振频率。2017 年，Sekiya 等[57]利用切削振动信号功率谱中最大强度与刀齿通过频率处强度之比对颤振进行识别。

频域特征的提取是基于傅里叶变换分析信号频率成分中频谱能量分布的变化，但是傅里叶变换对于颤振一类的非平稳信号分析效果并不理想。除此之外，信号从时域到频域的变换较为耗时，影响监测速度。

3. 时频域类方法

2009 年，Wang 等[30]对铣削过程中的信号进行离散小波变换，根据小波变换极大模的统计特性提出了一个无量纲的颤振指标。2010 年，Al - Regib[58]结合 Teager - Kaiser 非线性能量算子和 Wigner - Ville 分布，利用高频部分能量与总能量的比值作为颤振指标进行颤振识别。2016 年，Fu 等[59]基于 EEMD 方法提取颤振特征，并通过量化频谱的指标检测颤振。2016 年，曹宏瑞等[19]通过同步压缩变换 SSF 对切削过程中的声音信号进行处理，提取时频矩阵奇异分解后的一阶奇异值对颤振进行识别。2017 年，Uekita 等[60]通过短时傅里叶变化和频谱峰度分析提取瞬态振动状态实现钻削颤振检测。

时频域特征的提取主要基于短时傅里叶变换、小波变换与 EMD 分解等时频类信号处理技术，对非平稳信号能够进行有效分析。然而在实际应用中，不同的小波基以及小波分解层数对信号的分解效果存在显著差异，无法满足多种工况下铣削颤振的在线识别要求。

1.2.3 颤振状态识别

在颤振状态识别中，固定阈值法是最简单的方法。它是通过将稳定铣削状态与颤振状态下的特征值进行对比并设置合适的阈值，在铣削过程中，当提取的特征值超过设定的阈值则认为颤振发生。2009 年，Wang 和 Liang[30]通过大量的稳定铣削和颤振铣削实验确定稳定状态下的小波变换极大模指标的阈值。2013 年，Tangjitsitcharoen 等[61]基于稳定铣削状态下指标在参考特征空间的分布确定颤振阈值。2017 年，曹宏瑞等[19]结合训练后的最小量化误差与 3σ 阈值准则实现对不同加工条件下阈值的自动确定。

随着人工神经网络、支持向量机、模糊逻辑和机器学习等人工智能技术的快速发展，颤振识别有了新的理论方法和技术手段。2009 年，Seong 等[62]将多层感知机(multilayer perception，MLP)神经网络和自组织特征映射网络(self-organizing feature map，SOFM)的功能相结合构成新的混合型网络用于颤振识别。2010 年，Yao 等[63]基于小波包变换和支持向量机对稳定、颤振过渡和颤振三种状态进行分类，准确率达到了 95%。2012 年，王艳鑫[64]将切削颤振信号的小波能谱与支持向量机(support vector machine，SVM)相结合，实现了对稳定铣削、颤振孕育和颤振爆发多状态的分类识别。2015 年，Lamraoui 等[44]将颤振特征输入多层感知机(MLP)网络和径向基函数(radial basis fuction，RBF)网络，成功实现了稳定和颤振状态的分类。2017 年，曹宏瑞等[19]将提取的敏感颤振特征子集输入到自组织映射(self-organizing map，SOM)神经网络中进行训练，得到稳定铣削状态的神经元权值向量进行颤振识别。神经网络与支持向量机方法对于颤振的识别效果良好，但是二者都需要进行样本训练，时间较长，不适用于颤振的在线实时监测。

1.2.4　颤振抑制

为了实现铣削颤振抑制，常用的有被动式和主动式两种颤振抑制方法。其中被动式颤振抑制方法主要通过在机床或工件上添加各种阻尼器、吸振器等改变加工系统的阻尼、刚度等来实现颤振抑制，或者通过改变刀具结构参数扰乱铣削过程中的再生效应来实现颤振抑制。如 Rashid 等[65]在铣削工件上安装质量阻尼器，通过实验研究表明该方法可使铣削加工过程中的振动幅值最高减少 98%。Yang 等[66]提出了一种基于组合式质量阻尼器的颤振抑制设计及优化方法，并通过实验证明该组合式质量阻尼器比单一质量阻尼器具有更好的颤振抑制效果。Moradi 等[67]提出了在铣削系统上安装可调式阻尼器实现颤振抑制的设想，并进行相关理论仿真，结果表明该方法能够提升铣削稳定域的边界。Burtscher 等[68]利用遗传算法对基于可调质量阻尼器的颤振抑制系统进行优化，实验结果表明该方法能够有效地抑制铣削颤振。Wan 等[69]提出了一种在叶片类薄壁零件上固定附加质量块的方法，能够有效提高薄壁零件的铣削稳定域边界。Hahn 等[70]设计了不均匀齿间距分布的铣刀，使其扰乱颤振再生效应产生，从而实现颤振抑制。Altintas[71]

以及 Budak 等[72]利用零阶频域法研究了不同齿间夹角下的铣削稳定域叶瓣图，并根据实际应用需求给出了最佳齿间距夹角分布。Comak 等[73]研究了不均匀齿间距以及变螺旋角铣刀对铣削稳定域的影响，结果表明合理的齿间距和变螺旋角铣刀能够使铣削稳定域提升 25%～50%。显然，上述被动式颤振抑制方法具有控制简单、响应快、易于实现等优点，但必须在主轴或机床上附加较大的质量机构或采用特殊结构的刀具。此外，阻尼器或刀具参数的设计都是以铣削系统的动态特性为理论依据，而受铣削工况时变性的影响，铣削系统的动态特性也是时变的，这就导致所设计颤振抑制系统仅能覆盖较窄的颤振频段，从而无法实现不同工况下颤振的有效抑制。

为了弥补被动式颤振抑制方法的不足，一种主动式变转速或变切深颤振抑制的方法被提出。如 Sastry 等[74]在铣削加工中采用变转速切削方法，实验结果表明在低转速切削时能够有效地抑制颤振。Zatarain 等[75]从理论上构建了变转速铣削过程的稳定域模型，分析结果表明主轴转速正弦变化可提升铣削稳定域边界。Seguy 等[76]也从理论上研究了变转速铣削加工颤振抑制的机理，并指出该方法能够有效地抑制铣削过程中倍周期分叉引起的颤振。Jin 等[77]则将被动式和主动式颤振抑制方法结合，研究了同时考虑不均匀齿间距铣刀和变转速下的铣削稳定性，研究结果表明该方法能够有效地实现颤振抑制。为了更好地面向应用，Yamato[78]和 Wang 等[79]优化了铣削颤振中变转速参数的选择，包括变转速的调整周期、调整范围等参数。此外，日本大隈株式会社在其高端数控机床上集成了 Machining Navi 智能辅助加工系统，通过实时监测切削过程的振动信号判断是否处于颤振，并能够实现无颤振加工转速自动切换，以避免颤振的发生[80]。由于这种变转速或变切深的主动式颤振抑制方法简单易行，因此深受机床企业的关注。但一方面这种颤振抑制的方法是以铣削稳定域理论或颤振准确识别为前提，另一方面为了在颤振产生后迅速实现颤振抑制，对机床主轴电机、驱动控制器等的响应特性提出了较高的实时性要求。此外，为了避开颤振域，降低转速或切深使得机床的加工效率大打折扣，同时导致零件表面加工质量降低。可见，这种变转速或变切深的主动式颤振抑制方法还有待进一步提升。

为了在不降低转速或切深的情况下实现颤振抑制，许多学者采用附加作动器的主动式颤振抑制系统实现铣削颤振抑制。具体来讲，通过监测并识别系统的振动状态，利用附加作动器输出相应的主动控制力来实现颤振抑制。且考虑到颤振发生在主轴刀具与零件之间，常用电磁式与压电式作动器都布置在主轴上。如 Cowley 等[81]设计了安装在机床主轴壳体及主轴箱上的电磁式主动阻尼器，基于所监测的振动信号对铣削加工过程中的振动进行抑制。Baur 等[82]采用双轴电磁阻尼器对重型铣削过程中产生的颤振进行了有效的抑制。由于电磁轴承作为作动器兼顾结构小巧且可作为支撑单元，Knospe[83]搭建了一个安装有主动式电磁轴承的颤振抑制系统原型，通过改变相关控制参数提高了铣削系统的稳定域边界。Abele 等[84]基于电磁轴承构建了颤振控制系统原型，实验结果表明该系统可使铣削稳定域明显提升。Van 等[85]利用电磁轴承作为作动器，并设计了相应的鲁棒控制策略对铣削加工过程中的颤振进行抑制。Chen 和 Huang 等[86-88]针对磁悬浮主轴系统采用电磁轴承作为作动器，并设计出了不同的控制策略用于铣削颤振的主动抑制，结果表明可使铣削稳定性和加工效率得到提升。随着压电材料性能的提升，许多颤振抑制系统采用其作为作动器。Garitaonandia 等[89]则设计了基于压电作动器的主动式滚珠丝杠螺母，对无心磨削加工过程中的颤振实现了抑制。Monnin 等[90]研究了基于压电作动器的颤振主动控制系统的理论建模，并设计了相关控制器进行实验研究，结果表明该系统可使轴向切深和加工效率同时提高。Wang 等[91]针对传统颤振抑制作动器控制饱和等问题采用自适应振动整形的方法优化控制信号，获得了满意的颤振抑制效果。万少可等[92]针对振动信号的时变性，采用滑模变结构控制算法对电磁加载器施加控制指令，获得了较好的振动抑制效果，同时提升了铣削稳定域。可见，基于附加作动器的主动式颤振抑制系统在理论和实验方面都取得了诸多的成果，为铣削颤振抑制的应用提供了可借鉴的方法。但在实际加工中存在模型复杂、参数时变等难题，往往造成颤振抑制控制器设计难度高、可靠性差等不足。此外，由于添加了复杂的抑制机构，对机床铣削系统的动、静态特性也引入了不确定性因素。尤其是由于附加颤振抑制机构需要安装在主轴或机床上，这对结构紧凑、装配精度要求高的机床或主轴来说无疑又提出了一个新难题。而且目前多数主动式颤振抑制系统与机床数控系统仍不能进行友好集成，这无疑给工程应用都带来了严峻的挑战。

1.3 存在的问题和发展趋势

在铣削加工中，要想保证高效、高精度加工，加工必须在无颤振发生的前提下进行。总体来说，国内外学者对于颤振识别的研究取得了一定的成果，但还存在着一些不足之处：

(1)难以解决多种铣削工况下颤振的早期在线识别问题。在实际的铣削加工中，多种工况下颤振的早期在线识别更加具有工程应用价值及研究意义，但其实现难度往往更大，主要原因在于早期的颤振信息微弱。颤振孕育阶段监测信号中已经出现了颤振成分，但由于信号强度十分微弱，且容易受到主轴转频及其谐波的干扰，难以实现早期提取与识别；此外，颤振早期识别算法无法满足在线处理要求。目前颤振的早期识别大都通过分类算法实现，如人工神经网络和支持向量机等，此类算法对于微弱信号的提取十分有效，判断正确率高达96%，但实际应用中依赖于样本训练，计算复杂度较高，用时较长，不适用于监测信号的在线处理。

(2)难以实现颤振孕育阶段信号主颤振频率的准确估计。在颤振识别的基础上，通过主轴智能化调节转速抑制铣削颤振的爆发是目前比较有效且适用于实际铣削加工的颤振抑制方式，其中关键的问题在于主颤振频率估计的准确性。由于颤振早期阶段监测信号中包含的颤振信息非常微弱，且信号表现出非平稳特性，目前的研究难以对主颤振频率进行有效估计与提取，使得工程应用范围受限。

虽然目前部分算法采用阈值法对铣削状态进行判别，阈值的选取成为影响检测算法运行效果的关键因素。当阈值较小时，能够更早检测到颤振，但易发生误判；当阈值较大时则难以及时检测到颤振。现有的方法常通过大量的实验确定阈值，这种方法需要进行大量实验且对操作者的经验要求较高。当加工工况发生改变时，固定阈值会对检测效果产生较大影响。部分研究者通过统计稳定状态下的检测指标自适应地获得不同工况下的阈值，然而当阈值被确定前系统是否处于稳定状态本身就难以判断。机器学习的方法避开了检测阈值选择这一难题，但在铣削颤振早期准确地制作样本集的标签较为困难。对于未出现在训练集中的铣削工况，检测效果并不理想。

(3)易造成误判和漏判现象。在实际加工中，工件会有孔槽、台阶等结构，在加工这些结构时会产生瞬时冲击载荷。现有的方法存在将冲击误判为颤振的现象，即在多种铣削工况下颤振的早期识别会出现误判、漏判现象。一方面，实际铣削加工中，加工工况根据目标不同需要经常调整，如转速、切削深度和材料等，目前的颤振识别方法在工况发生变化时因为阈值设定问题或信号处理方法的参数选择问题等原因，容易发生早期颤振误判、漏判现象；另一方面，现有颤振特征提取与识别方法大多只适用于表面平整的工件，然而实际铣削加工中，诸如台阶、孔和槽等非平整表面工件的铣削会产生瞬时冲击载荷，采用现有的颤振识别方法大都会将该冲击载荷误判为颤振发生。

从上述研究背景可以看出，尽管目前对铣削颤振抑制的研究已取得许多成果，但如何针对不同工况解决铣削颤振抑制的难题仍然具有重要的理论和工程应用价值。换言之，如何摒弃传统的附加质量机构、改变刀具结构参数和主动作动器等颤振抑制方法，设计并开发出结构创新、控制可靠的铣削颤振抑制系统，进而实现铣削颤振的高效抑制，依旧是高速、高精、高效加工领域的迫切需求。为了实现这一目标，在颤振抑制系统设计上一方面需要获得较宽的颤振抑制频段，另一方面必须克服颤振抑制系统结构和控制复杂且无法集成等所带来的困扰，这将是新型电主轴颤振抑制系统必须突破的难点和技术瓶颈。因此，探索颤振抑制频带宽、结构与功能集成的铣削颤振抑制技术是解决当前颤振抑制方法不足的有效手段和关键前提。

第 2 章

铣削颤振动力学建模与颤振特性分析

2.1 引言

尽管在建立理想化模型的过程中会简化诸多实际影响因素，然而一个基于合理假设的理想化模型有助于揭示铣削颤振的机理和特点。理想化铣削颤振模型的建立有助于分析铣削颤振的特点，得到不同铣削状态下铣削信号的差异，找出其中对颤振最敏感的成分，为铣削颤振早期检测指明方向。为此，本章以再生型颤振作为研究对象，根据再生型铣削颤振的铣削厚度模型、铣削力模型、铣削包角模型建立再生型铣削颤振的动力学模型；通过对铣削颤振动力学模型的理论分析得到铣削颤振的频率特性；最后进行实验验证。

2.2 再生型铣削颤振动力学模型

在铣削加工过程中，工件表面质量主要由刀尖和工件之间的相对振动决定。忽略轴向的振动，只考虑工件和刀尖在进给和轴向的振动可以得到如图 2-1 所示的 4 自由度铣削过程模型。铣刀以速度 Ω(单位：rad/s)逆时针旋转，工件以进给速度 c(单位：mm/齿)从右向左进给。工件和铣刀在 X 和 Y 方向上均可以发生振动，振动位移分别为 $x_c(t)$、$y_c(t)$和 $x_w(t)$、$y_w(t)$。铣刀受到的切削力大小为 $\boldsymbol{F}$，方向指向铣刀中心；工件则受到与之大小相等、方向相反的切削力 $-\boldsymbol{F}$。

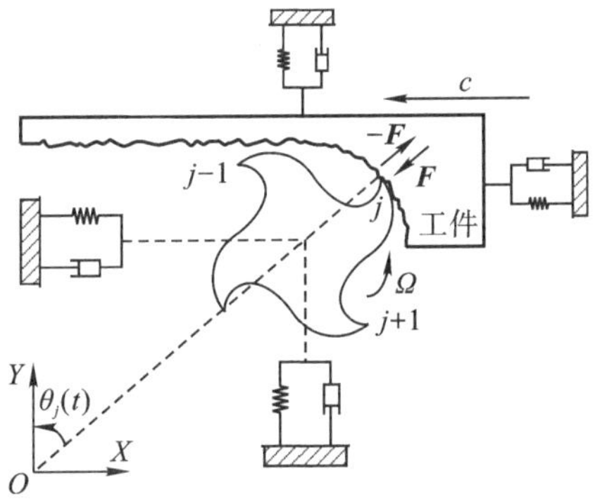

图 2-1　铣削过程模型

再生型颤振的产生过程如图 2-2 所示，图中的参数均为拉氏域表示。前一刀齿 $j-1$ 切削留下的振纹 $v_{j-1}(s)$ 形成外调制，当前刀齿与工件的相对振动位移 $v_j(s)$ 形成内调制。内、外调制和由工件进给速度 c 决定的径向切削厚度 $h_s(s)$ 共同造成铣削过程的实际铣削厚度 $h(s)$ 持续发生变化，进而造成铣削力 $F(s)$ 的持续变化，使得刀齿 j 在切削表面留下新的振纹，周而复始，当刀尖振动幅度不断变大时，系统将发生颤振失稳。

为建立铣削颤振的动力学模型，以图 2-1 所示的铣削过程为例，对图 2-2 中的各环节进行分析建模。

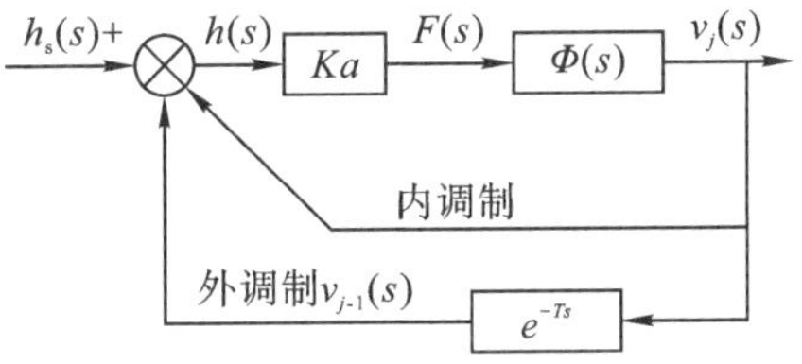

图 2-2　再生型颤振产生过程

2.2.1　铣削厚度模型

铣削厚度模型如图 2-3 所示。坐标系 UOV 的 U 方向即铣刀的径向，该坐标系规定了 v_{j-1}、v_j 和 $h_s(t)$ 的正方向；红色点划线表示刀齿 $j-1$ 和刀齿 j 的理想曲线，两条曲线在水平方向的距离为 c。由于刀具和工件之间的相对振动，前一刀齿 $j-1$ 在工件表面留下波纹形成外调制 v_{j-1}；当前刀齿 j 经过时，产生新的波纹形成内调制 v_j。实际的径向切削厚度由外调制、内调制和进给量 c 共同决定。

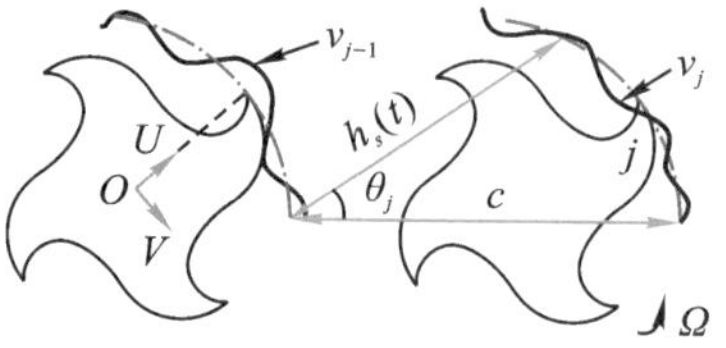

图 2-3　铣削厚度模型

只考虑进给方向 X 和法向 Y 的振动，有刀尖动态位移 $x_c(t)$、$y_c(t)$ 和工件的动态位移 $x_w(t)$ 和 $y_w(t)$，则刀尖和工件在 X 和 Y 方向的相对位移为 $x(t)=x_c(t)-x_w(t)$ 和 $y(t)=y_c(t)-y_w(t)$。

当主轴转速为 Ω 时，刀齿 j 的瞬时接触角为

$$\theta_j(t)=\Omega t-(j-1)\varphi \tag{2-1}$$

式中：φ 为刀齿夹角，rad。当铣刀的螺旋角为 0°、刀齿数为 N_t 时，$\varphi=\dfrac{2\pi}{N_t}$。

引入刀齿周期 $\tau(s)$，$\tau=\dfrac{2\pi}{\Omega N_t}$，则有刀齿 $j-1$ 的接触角为

$$\theta_{j-1}(t-\tau)=\Omega(t-\tau)-(j-2)\varphi=\theta_j(t) \tag{2-2}$$

X 和 Y 方向的相对位移经坐标变化后可以得到刀齿 $j-1$ 在径向的动态位移，如式(2-3)所示。

$$v_{j-1}(t-\tau)=x(t-\tau)\sin\theta_{j-1}(t-\tau)+y(t-\tau)\cos\theta_{j-1}(t-\tau) \tag{2-3}$$

将式(2-2)代入式(2-3)中，可得式(2-4)所示的外调制公式：

$$v_{j-1}(t)=x(t-\tau)\sin\theta_j(t)+y(t-\tau)\cos\theta_j(t) \tag{2-4}$$

同理，刀齿 j 在径向的动态位移为

$$v_j(t)=-x(t)\sin\theta_j(t)-y(t)\cos\theta_j(t) \tag{2-5}$$

实际的铣削厚度可以表示为

$$\begin{aligned} h_j(t)&=c\sin\theta_j(t)+v_j(t)-v_{j-1}(t-\tau) \\ &=c\sin\theta_j(t)+\Delta x\sin\theta_j(t)+\Delta y\cos\theta_j(t) \end{aligned} \tag{2-6}$$

式中：c 为进给速度，mm/齿；$\Delta x=x(t)-x(t-\tau)$ 为前后两齿切过工件表面时在 X 方向上的相对位移差；$\Delta y=y(t)-y(t-\tau)$ 为前后两齿切过工件表面时在 Y 方向上的相对位移差。

在铣削过程中，铣刀的每个刀齿并非始终参与切削，而只在某个角度范围内与工件接触。将每个刀齿最早接触工件实体，即开始参与切削时的接触角称为铣削初始角，记为 θ_{st}；每个刀齿脱离工件实体结束切削时的接触角称为切削终止角，记作 θ_{ex}。当刀齿的瞬时接触角在 θ_{st} 和 θ_{ex} 之间时，该刀齿参与铣削。除几何参数外，

铣削初始角和终止角还与铣削方式相关。最常见的逆铣铣削包角模型如图 2-4 所示，在该情形下的铣削初始角和终止角为

$$\begin{cases}\theta_{st}=0\\ \theta_{ex}=\arccos\left(\dfrac{D_c-2a_e}{D_c}\right)\end{cases}\tag{2-7}$$

式中：D_c 为刀具直径，mm；a_e 为径向切削厚度，mm。

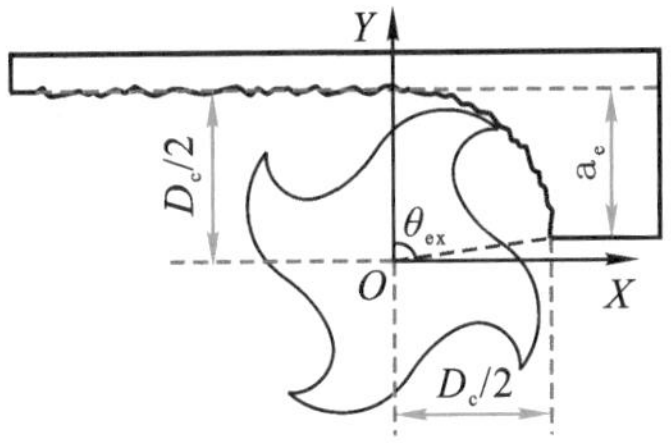

图 2-4　逆铣铣削包角模型

考虑断续铣削特性后，得到每齿的实际铣削厚度为

$$h(t)=h_j(t)g_j(t)\tag{2-8}$$

式中：$g_j(t)=\begin{cases}0 & \theta_j(t)\notin[\theta_{st}\quad\theta_{ex}]\\ 1 & \theta_j(t)\in[\theta_{st}\quad\theta_{ex}]\end{cases}$ 为 Laczik 窗函数，用于判断实际切削发生与否。

2.2.2　铣削力模型

铣削厚度的变化造成铣削力的动态变化。在铣削厚度模型的基础上，基于铣削力的经验公式，建立铣削力模型。

根据铣削力的经验公式，第 j 个刀齿的铣削力可以分解为径向力 $F_{r,j}(t)$ 与切向力 $F_{t,j}(t)$，两者与铣削厚度成正比，如式(2-9)所示。

$$\begin{cases}F_{r,j}(t)=K_r a_p h(t)\\ F_{t,j}(t)=K_t a_p h(t)\end{cases}\tag{2-9}$$

式中：K_r 和 K_t 分别为径向和切向切削力系数。

将切削力分解至 X 和 Y 方向后，得到第 j 个刀齿在 X 和 Y 方向的切削力 $F_{x,j}$ 和 $F_{y,j}$：

$$\begin{cases}F_{x,j}=-F_{t,j}\cos\theta_j-F_{r,j}\sin\theta_j\\ F_{y,j}=F_{t,j}\sin\theta_j-F_{r,j}\cos\theta_j\end{cases}\tag{2-10}$$

将作用于每个刀齿上的切削力叠加可得作用于刀尖上的切削力：

$$\begin{cases} F_x = \sum_{j=1}^{N_t} F_{x,j}(\theta_j(t)) \\ F_y = \sum_{j=1}^{N_t} F_{y,j}(\theta_j(t)) \end{cases} \tag{2-11}$$

将切削厚度 $h(t)=h_j(t)g[\theta_j(t)]$ 代入式(2-11)中，并写为向量形式得：

$$\begin{aligned} \boldsymbol{F}(t) &= \{F_x(t) \quad F_y(t)\}^{\mathrm{T}} \\ &= a_p K_{\mathrm{t}} \boldsymbol{A}(t)[\boldsymbol{x}(t)-\boldsymbol{x}(t-\tau)]+\boldsymbol{F}_{\mathrm{s}}(t) \end{aligned} \tag{2-12}$$

式中：$\boldsymbol{A}(t)=\frac{1}{2}\times\begin{bmatrix} a_{xx}(t) & a_{xy}(t) \\ a_{yx}(t) & a_{yy}(t) \end{bmatrix}$ 为切削力定向系数，其中：

$$a_{xx} = -\sum_{j=1}^{N_t} g_j(t)\left[\sin 2\theta_j(t)+\frac{K_{\mathrm{r}}}{K_{\mathrm{t}}}(1-\cos 2\theta_j(t))\right];$$

$$a_{xy} = -\sum_{j=1}^{N_t} g_j(t)\left[(1+\cos 2\theta_j(t))+\frac{K_{\mathrm{r}}}{K_{\mathrm{t}}}\sin 2\theta_j(t)\right];$$

$$a_{yx} = \sum_{j=1}^{N_t} g_j(t)\left[(1-\cos 2\theta_j(t))-\frac{K_{\mathrm{r}}}{K_{\mathrm{t}}}\sin 2\theta_j(t)\right];$$

$$a_{yy} = \sum_{j=1}^{N_t} g_j(t)\left[\sin 2\theta_j(t)-\frac{K_{\mathrm{r}}}{K_{\mathrm{t}}}(1+\cos 2\theta_j(t))\right]。$$

$\boldsymbol{x}(t)=\{x(t) \quad y(t)\}$ 为工件和刀具间的相对位移；$\boldsymbol{F}_{\mathrm{s}}(t)=a_{\mathrm{p}}K_{\mathrm{t}}c\boldsymbol{A}_{\mathrm{p}}(t)$ 为 X 和 Y 方向上的静态切削力，其中 $\boldsymbol{A}_{\mathrm{p}}(t)=[a_{xx}(t) \quad a_{yx}(t)]^{\mathrm{T}}$。

对于同一种材料而言，切削力定向系数 $\boldsymbol{A}(t)$ 仅与各齿的瞬时接触角相关。由铣刀旋转特点以及 $\theta_{j-1}(t-T)=\theta_j(t)$ 易得 $\boldsymbol{A}(t)$ 为一周期函数，理想状态下，其变化周期为齿通过周期。由于刀齿通过频率 ω_{t} 与主轴转频 ω_{s} 之间存在着 $\omega_{\mathrm{t}}=N_{\mathrm{t}}\omega_{\mathrm{s}}$ 的关系，且考虑到主轴的偏心、安装误差、刀齿磨损等因素，故 $\boldsymbol{A}(t)$ 的周期为主轴旋转周期。换言之，由 $\boldsymbol{A}(t)$ 的周期性导致的切削力、振动、声音信号等的频率都为 $n\omega_{\mathrm{s}}(n=0,1,2,\cdots)$，即均为主轴转频及其谐波成分(以下简称“谐波成分”)。

由于在一个周期内的平均铣削力与螺旋角无关。因此，该铣削力模型在铣刀的螺旋角不为零时仍然适用。

2.2.3　铣削动力学模型

忽略机床系统的非线性和时变性，对于一个线性时不变系统，由振动理论可得，系统任意一点的响应均可以表示为该点各阶模态相应的线性组合。因此，将刀尖与工件的相对位移可以表示为

$$\boldsymbol{x}(t)=\boldsymbol{U}\cdot\boldsymbol{q}(t) \tag{2-13}$$

式中：$\boldsymbol{U}$ 为模态矩阵；$\boldsymbol{q}(t)$为模态坐标，其维数与刀尖和工件的振动模态数量一致。

因此，铣削过程的动力学模型可以表示为

$$\begin{aligned}&\ddot{\boldsymbol{q}}(t)+[2\xi\omega_n]\dot{\boldsymbol{q}}(t)+[\omega_n{}^2]\boldsymbol{q}(t)\\&=\boldsymbol{U}^{\mathrm{T}}a_{\mathrm{p}}K_{\mathrm{t}}\boldsymbol{A}(t)\boldsymbol{U}[\boldsymbol{q}(t)-\boldsymbol{q}(t-\tau)]+\boldsymbol{U}^{\mathrm{T}}\boldsymbol{F}_{\mathrm{s}}(t)\end{aligned} \tag{2-14}$$

式中：ξ 为等效阻尼系数；ω_n 为固有频率。

2.3　铣削颤振频率特性分析

在铣削动力学模型中，铣削力可以分为两部分：$\boldsymbol{F}_{\mathrm{s}}(t)$为工件进给引起的铣削力，是一个准静态的力；$\boldsymbol{F}_{\mathrm{d}}(t)=a_{\mathrm{p}}K_{\mathrm{t}}\boldsymbol{A}(t)[\boldsymbol{q}(t)-\boldsymbol{q}(t-\tau)]$则是由再生效应导致的动态铣削力。

根据线性叠加原理，$\boldsymbol{q}(t)$可以分解为由准静态力引起的周期成分 $\boldsymbol{q}_{\mathrm{p}}(t)$和由时滞与再生效应造成的颤振成分 $\boldsymbol{q}_{\mathrm{c}}(t)$。换言之，$\boldsymbol{q}(t)$可以表示为式(2-15)的形式。

$$\boldsymbol{q}(t)=\boldsymbol{q}_{\mathrm{p}}(t)+\boldsymbol{q}_{\mathrm{c}}(t) \tag{2-15}$$

1. 稳定状态

当系统处于稳定状态时，颤振成分趋向于 0，即 $\boldsymbol{q}_{\mathrm{c}}(t)=\boldsymbol{0}$。振动信号中仅存在周期成分 $\boldsymbol{q}_{\mathrm{p}}(t)$，且由于 $\boldsymbol{F}_{\mathrm{s}}(t)$的周期性，其频率为 $n\cdot\omega_{\mathrm{s}}$，其中谐波阶次 $n=1,2,3\cdots$。在此状态下，式(2-14)可以改写为如下形式的微分方程：

$$\ddot{\boldsymbol{q}}_{\mathrm{p}}(t)+[2\xi\omega_n]\dot{\boldsymbol{q}}_{\mathrm{p}}(t)+[\omega_n{}^2]\boldsymbol{q}_{\mathrm{p}}(t)=\boldsymbol{U}^{\mathrm{T}}\boldsymbol{F}_{\mathrm{s}}(t) \tag{2-16}$$

其特解为

$$\boldsymbol{q}(t)=\boldsymbol{q}_{\mathrm{p}}(t)=\sum_{n=1}^{\infty}\boldsymbol{Q}_{\mathrm{p},n}\mathrm{e}^{\mathrm{i}(n\omega_{\mathrm{s}}t)} \tag{2-17}$$

式中：$\boldsymbol{Q}_{\mathrm{p},n}$为周期成分的 n 阶谐波处的复系数向量。

2. 颤振状态

当系统处于颤振状态时，同时存在周期成分和颤振成分。从式(2-14)所示的

时滞微分方程中减去式(2-16)所示的微分方程，得到一个时滞微分方程，其形式为标准的微分方程。

$$\ddot{\boldsymbol{q}}_c(t)+[2\xi\omega_n]\dot{\boldsymbol{q}}_c(t)+[\omega_n{}^2]\boldsymbol{q}_c(t)=\boldsymbol{U}^{\mathrm{T}}a_pK_t\boldsymbol{A}(t)\boldsymbol{U}[\boldsymbol{q}_c(t)-\boldsymbol{q}_c(t-\tau)] \tag{2-18}$$

根据时滞微分方程的 Floquet 理论[93]，方程的稳定性由其无限个特征乘子决定。当至少有一个特征乘子的模为 1 而其他特征乘子的模均小于 1 时，系统处于稳定边界上。因此，当式(2-18)处于临界稳定时，颤振成分 $\boldsymbol{q}_c(t)$ 可以表示为

$$\begin{aligned}\boldsymbol{q}_c(t)&=\boldsymbol{q}(t)-\boldsymbol{q}_p(t)\\&=\sum_{n=-\infty}^{\infty}(\boldsymbol{Q}_{c,n}\mathrm{e}^{i(\omega_u+n\cdot\omega_t)t}+\widetilde{\boldsymbol{Q}}_{c,n}\mathrm{e}^{-i(\omega_u+n\cdot\omega_t)t})\end{aligned} \tag{2-19}$$

式中：n 为谐波阶次，$n=0,1,2\cdots$；$\boldsymbol{Q}_{c,n}$ 和 $\widetilde{\boldsymbol{Q}}_{c,n}$ 为 n 阶谐波处的一对共轭的复系数向量；ω_u 为接近某一结构模态的颤振频率；ω_t 为齿通过频率。

当特征乘子的形式为 1 周期分叉时，$\boldsymbol{q}_c(t)$ 的形式为一常数，即未出现颤振。当特征乘子的形式为倍周期分叉和霍普分叉时，系统出现颤振。此时 $\boldsymbol{q}_c(t)$ 的频率为

$$\omega_c=\pm\omega_u+n\omega_t \tag{2-20}$$

式中：$n=0,\pm1,\pm2,\cdots$。

考虑到铣削过程中的刀具跳动、主轴偏心等因素，通常认为铣削力的变化频率为 ω_s 而非 ω_t。因此，在不考虑负频率时，颤振频率可以写为

$$\omega_{ch}=\omega_{ch,1},\cdots\omega_{ch,m}=\{\omega_u\pm n\omega_s>0\},\forall n\in\mathbb{Z}^+ \tag{2-21}$$

综合上述，在颤振发生时，可以得到如图 2-5 所示的频率分布示意图。其中蓝色为谐波成分，其频率为 $n\cdot\omega_s$；红色为颤振成分，其频率为 ω_{ch}。

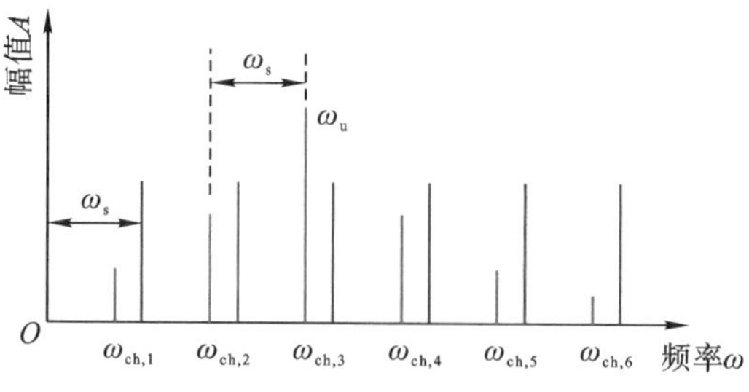

图 2-5　颤振频率分布规律

其频谱分布呈现出颤振成分和谐波成分间隔分布的特点。此外，根据自激振动的理论，在颤振早期存在主颤振频率成分，其频率应接近主轴-刀柄-刀具的固有

频率，对应式(2-21)中的 ω_u。其余颤振频率成分为该主颤振频率成分的谐波，幅值较小。值得注意的是，颤振成分的频率的影响因素十分复杂，切削参数、切削力系数、机床模态参数等都会对颤振成分的频率产生影响。实际铣削加工中的颤振频率并不完全与模型求解得出的一致。但可以确定的是，与相邻的谐波成分一样，相邻的颤振成分之间的频率相差一倍的主轴转频。

2.4　铣削信号的参数化建模

设从加速度传感器中采集到的信号为 $a(k)$，根据 2.3 节的分析结果，$a(k)$应包含四部分信号：谐波成分 $a_p(k)$、干扰成分 $a_d(k)$、颤振频率成分 $a_c(k)$和白噪声成分 $a_n(k)$。忽略白噪声成分，设采样周期为 T_s，根据铣削颤振频率特性有：

$$a_p(k)=\sum_{l=1}^{N}(a_{p,l}\sin(l\omega_s kT_s)+b_{p,l}\cos(l\omega_s kT_s)) \tag{2-22}$$

$$a_c(k)=\sum_{j=1}^{m}(a_{c,j}\sin(\omega_{ch,j}kT_s)+b_{c,j}\cos(\omega_{ch,j}kT_s)) \tag{2-23}$$

$$a_d(k)=\sum_{i=1}^{m_1}(a_{d,i}\sin(\omega_{d,i}kT_s)+b_{d,i}\cos(\omega_{d,i}kT_s)) \tag{2-24}$$

式中：$a_{p,l}$、$b_{p,l}$为第 l 阶谐波成分的幅值；ω_s 为主轴转频；N 为其谐波成分的阶数；$a_{c,j}$、$b_{c,j}$为第 j 阶颤振成分的幅值；$\omega_{ch,j}$为第 j 阶颤振成分的频率；m 为颤振成分的阶数；$a_{d,i}$、$b_{d,i}$为第 i 组干扰成分的幅值；$\omega_{d,i}$第 i 组干扰成分的频率；m_1为干扰成分的数目。

根据颤振频率特性及干扰成分的定义可知：对于任意的 l、j 和 i 有 $l\omega_s\neq\omega_{ch,j}\neq\omega_{d,i}$。故式(2-22)、(2-23)、(2-24)两两正交。因此，通过传感器直接采集的加速度信号 $a(k)$可以描述为上述成分的线性叠加，即：

$$a(k)=a_p(k)+a_c(k)+a_d(k)+a_n(k) \tag{2-25}$$

2.5　铣削颤振频率特性验证

为了验证 2.3 节中通过理论分析得到的铣削颤振频率特性，同时探索其他可能存在的铣削颤振特点，进行了机床模态辨识实验和铣削加工实验。其中机床模态辨识实验的主要目的是获取主轴—刀柄—刀具的固有频率。所有实验均在如图 2-6 所示的智能电主轴铣削实验平台上完成。

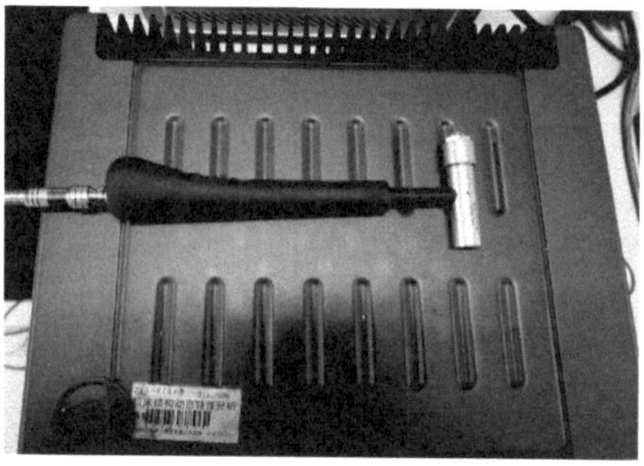

(a) 力锤与数据采集卡

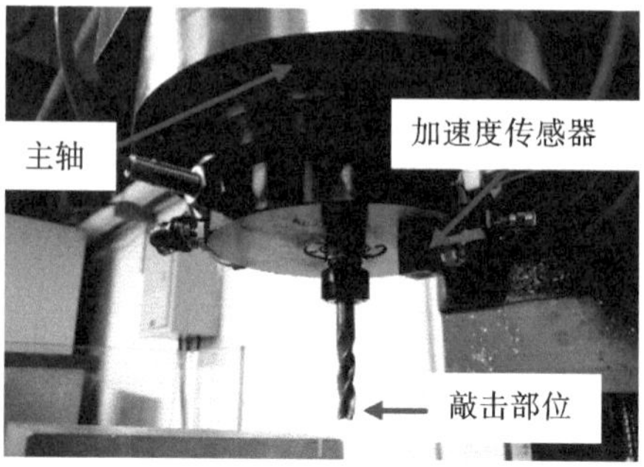

(b) 锤击实验

图 2-6　智能电主轴铣削实验平台

2.5.1　机床模态辨识实验

模态实验所用设备如图 2-7 所示。实验采用瞬态法，使用力锤迅速敲击铣刀刀尖，刀具的瞬态响应数据由安装在铣刀刀尖上的三向加速度传感器采集。测量的频段为 0～2048 Hz；根据采样定理，采样频率设置为 4096 Hz。采集到的信号导入 LMS Test. lab 软件的模态分析模块得到系统在 X 和 Y 方向的一阶和二阶频响函数，进而得到相应的阻尼比和固有频率。然后根据式(2-26)频响函数的实频特性和式(2-27)频响函数的虚频特性对模态数据进行拟合，得到系统的频响函数，拟合结果如图 2-8 所示。

$$\mathrm{Real}(H^R(\omega))=\frac{1}{k}\frac{1-\lambda^2}{(1-\lambda^2)^2+4\mu^2\lambda^2} \tag{2-26}$$

$$\mathrm{Imag}(H^R(\omega))=\frac{1}{k}\frac{-2\mu\lambda}{(1-\lambda^2)^2+4\mu^2\lambda^2} \tag{2-27}$$

式中：k 为刚度；$\lambda=\frac{\omega}{\omega_{\mathrm{n}}}$ 为频率比；μ 为阻尼比。

图 2-7　机床模态辨识设备

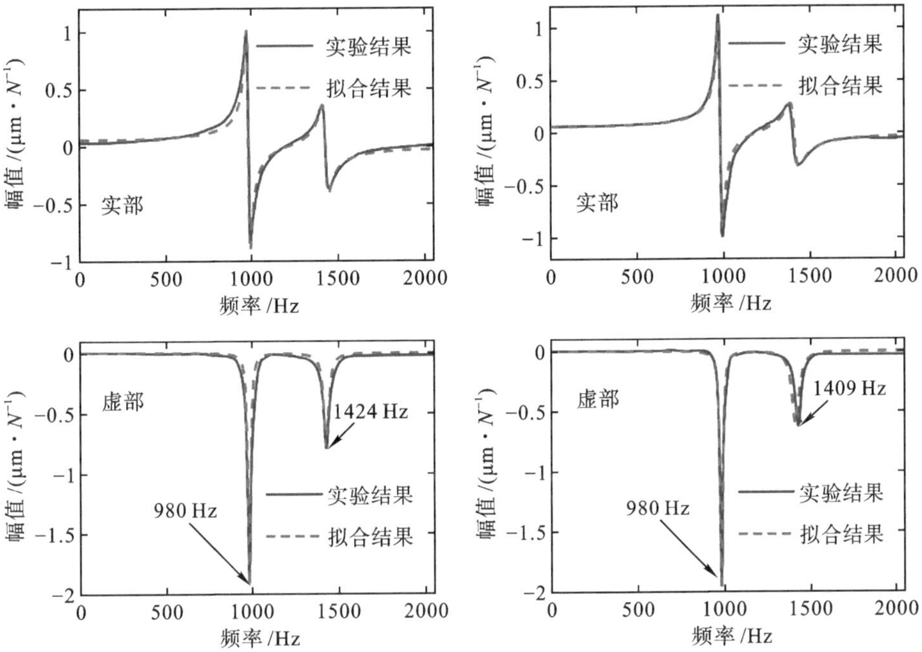

(a) X 方向频响函数　(b) Y 方向频响函数

图 2-8　机床模态辨识频响函数

表 2-1 中列出了机床模态辨识得到的 X 和 Y 方向的一阶和二阶固有频率，其他模态参数关联并不紧密，故未列出。X 和 Y 方向的一阶固有频率均在 980 Hz 左右，二阶固有频率均在 1410 Hz 左右。

表 2-1　系统一阶和二阶固有频率

方向	一阶固有频率/Hz	二阶固有频率/Hz
X	980.503	1424.541
Y	980.706	1409.873

2.5.2　铣削颤振频率特性实验验证

在铣削的稳定性叶瓣图中，当主轴转速不变时，随着铣削深度的增加，铣削参数会逐渐从稳定区域进入不稳定区域。对应到实际加工过程，即铣削状态逐渐由稳定经过渡状态发展为颤振，因此设计了如图 2-9 所示的铣削加工实验方案。图中工件为一斜坡形工件，材料为 7075 铝合金；铣刀为西门德克公司生产的硬质合金立铣刀，型号为 CESM20400，直径为 4 mm，两刃。切削过程中主轴转速为 4800 r/min；轴向铣削深度在 100 mm 的加工范围内从 0 逐渐加深至 8 mm；径向铣削深度为 1 mm；工件的进给速度为 90 mm/min。BK 三向加速度传感器安装于主轴前端，配合数据采集卡和计算机采集加速度信号，采样频率为 4096 Hz。

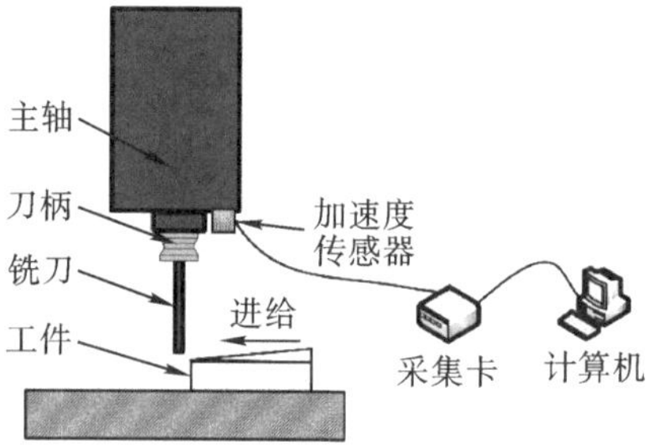

图 2-9 铣削实验示意图

图 2-10(a)为上述实验采集到的铣削加工过程的时域信号，该信号可以分为三个阶段：稳定铣削阶段、过渡阶段(颤振早期阶段)、颤振阶段。A、B、C 三个片段分别为三个阶段的信号片段，信号长度为 2 s。图 2-10(b)为片段 A 的幅频谱，此时信号中的主要成分为谐波成分。此外存在有少量微弱的其他成分，对比图 2-10(d)的颤振片段 C 的幅频谱可以确定这部分成分并非颤振成分，故将其称为干扰频率成分。尽管干扰频率成分的幅值很小，但其特点与 2.3 节中分析的颤振成分的特性相似，易造成误判现象。图 2-10(c)为片段 B 的幅频谱，频谱中同时存在谐波成分和与谐波成分间隔分布的颤振成分。颤振成分集中在 1000～1400 Hz 之间，与低阶谐波成分相比，颤振成分十分微弱。图 2-10(d)为片段 C 的幅频谱，此时的铣削状态为颤振状态。频谱中的主要成分为颤振成分和谐波成分。颤振成分集中在 400～800 Hz 和 1000～1600 Hz 之间，其幅值与低阶谐波成分的幅值相当。

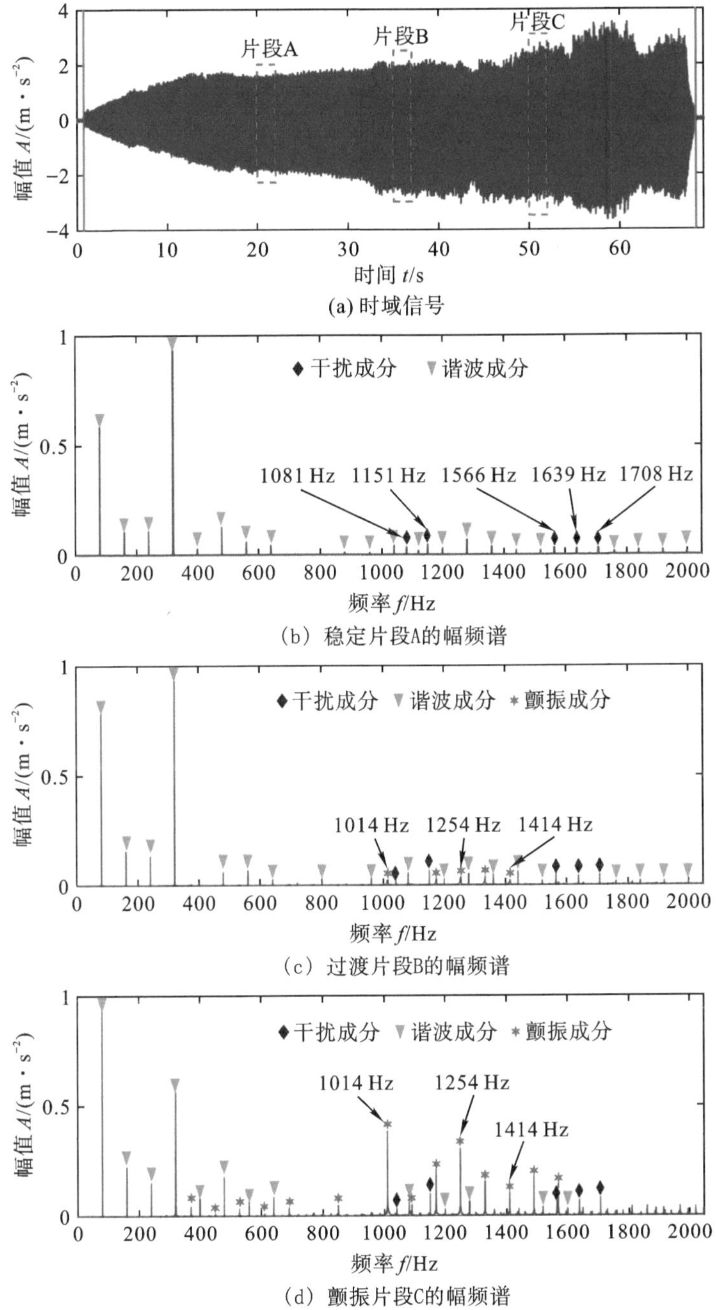

(a) 时域信号

(b) 稳定片段A的幅频谱

(c) 过渡片段B的幅频谱

(d) 颤振片段C的幅频谱

图 2-10　铣削颤振频率特性图

综合上述结果，2.3 节中通过理论分析得到的颤振频率成分与谐波成分间隔分布、颤振成分集中在主轴固有频率附近的铣削颤振频率特性得到验证。同时发现在铣削信号中的背景噪声中除谐波成分外还存在部分幅值较大的频率成分，这些频率成分的分布特点与颤振频率成分相似，易引起误判现象。颤振频率成分集中的频段信号幅值远远小于低阶谐波成分，需要对信号进行有效地分离。

2.6　本章小结

本章首先分析了再生型颤振的产生过程，建立了铣削厚度模型、铣削力模型和铣削过程的动力学模型；在铣削动力学模型的基础上，分稳定状态和颤振状态两种情形分别求解相应的时滞微分方程，得到铣削颤振的频率特性；通过对铣削振动信号进行参数化建模，说明铣削振动信号可由各信号成分线性叠加得到。最后开展了机床模态辨识实验和铣削实验，验证了以下两点铣削频率特性：(1)颤振频率成分与谐波成分间隔分布；(2)颤振频率成分集中在主轴的固有频率附近。并发现以下两点颤振特性：(1)铣削信号中存在着干扰频率成分；(2)在颤振早期，颤振频率成分的幅值远远小于低阶谐波成分。

第3章

基于自适应滤波的铣削颤振特征信号提取

3.1 引言

铣削颤振早期在线识别的关键在于对颤振孕育状态的识别，然而，此时直接从传感器获取的信号包含的成分较为复杂：与转速相关的稳定周期成分、颤振频率成分和不规则的噪声成分。其中，颤振频率成分的信号强度较弱，容易受到干扰，且不同工况下采集到的振动信号有显著差异，导致无法直接观察到其中的规律性并获取颤振孕育状态相关信息。为了实现铣削颤振早期在线识别，同时避免多种工况下颤振误判和漏判的情况，考虑结合颤振孕育阶段频率特性对主轴振动信号进行处理，获取与颤振孕育状态最为相关的特征信号。目前用于颤振信号处理的方法主要包含频域类、时频域类和时域类等方法。为了满足铣削颤振的在线识别要求，本章基于移动平均模型构建铣削振动信号的参数化模型；研究自适应滤波器特性并进行改进，实现对参数化模型的求解与铣削颤振孕育特征信号的提取；分别通过数值仿真信号与铣削实验信号对自适应滤波器特性进行验证。

3.2 铣削信号的参数化建模与自适应滤波

3.2.1 基于移动平均模型的参数化建模

由第2章的铣削颤振频率特性可知：稳定状态下，铣削信号中主要包含稳定周期成分和噪声；颤振状态下，铣削信号中主要包含稳定周期成分、颤振频率成分和白噪声，且稳定周期成分与颤振频率成分相互间隔分布。假设从传感器采集到的

振动信号 $a(k)$ 包含两部分信号：稳定周期成分 $a_p(k)$ 和干扰成分 $a_o(k)$。由第 2 章的颤振频率特性可知 $a_p(k)$ 为刀齿通过频率及其谐波成分，则有：

$$a_p(k) = \sum_{l=1}^{M}(a_m\sin(l\omega_p kT_s) + b_m\cos(l\omega_p kT_s)) \tag{3-1}$$

在发生颤振失稳时，$a_o(k)$ 主要由颤振频率成分构成：

$$a_o(k) \approx \sum_{l=1}^{N}(a_n\sin(l\omega_o kT_s) + b_n\cos(l\omega_o kT_s)) \tag{3-2}$$

式中：a_m、b_m、a_n、b_n 为各频率成分的幅值；ω_p 为主轴转频；ω_o 为颤振频率；M 为稳定周期成分阶数；N 为颤振频率成分阶数。

由颤振频率特性可知：$\omega_p \neq \omega_o$，再根据三角函数的正交性，即

$$\begin{aligned}&\int_{-\pi}^{\pi}\sin(kx)\sin(nx) = 0 \qquad (k \neq n)\\&\int_{-\pi}^{\pi}\cos(kx)\cos(nx) = 0 \qquad (k \neq n)\end{aligned} \tag{3-3}$$

综合式(3-1)、(3-2)、(3-3)可得：稳定周期成分 $a_p(k)$ 和干扰成分 $a_o(k)$ 相互正交，所以振动信号为 $a(k)$ 可以分解为二者的线性叠加：

$$a(k) = a_p(k) + a_o(k) \tag{3-4}$$

为了能够尽早识别信号中的颤振频率成分，需要对初始信号 $a(k)$ 进行预处理，滤除其中的稳定周期成分 $a_p(k)$，保留干扰成分 $a_o(k)$，该部分信号中主要包含颤振频率成分。基于移动平均模型(moving average model)对信号 $a_p(k)$ 进行模型估计。移动平均模型可用来帮助解释或描述应该操作或约束感兴趣物理数据所隐含的规律，其一般形式如下：

$$y(k) = x(k) + b_1 x(k-1) + \cdots + b_M(k-M) \tag{3-5}$$

由式(3-5)可知，输出信号 $y(k)$ 是前 $M+1$ 的线性加权之和。用矢量方式可以表达为

$$\begin{aligned}&\boldsymbol{x}(k) = [x(k), x(k-1), \cdots, x(k-M)]^{\mathrm{T}}\\&\boldsymbol{w}(k) = [1, b_1, \cdots, b_M]^{\mathrm{T}}\\&\boldsymbol{y}(k) = \boldsymbol{w}(k)^{\mathrm{T}}\boldsymbol{x}(k)\end{aligned} \tag{3-6}$$

基于以上对移动平均模型的讨论，将信号 $a_p(k)$ 代入式(3-6)进行估计得到：

$$a_p(n) = \boldsymbol{w}(n)^{\mathrm{T}}\boldsymbol{x}(n) \tag{3-7}$$

式中：$\boldsymbol{x}(k) = [x_1, x_2, \cdots, x_m]^{\mathrm{T}}$；$m$ 为参数化模型阶数，由采样频率与主轴转频确定；$x_i = [x_{ci}(k)\ \ x_{si}(k)] = [\cos(\omega_i kT)\ \ \sin(\omega_i kT)]$；$\omega$ 为稳定周期成分的基频，$\omega_i = i\omega$；$\boldsymbol{w}(k)$ 为权矢量，$\boldsymbol{w}(k) = [b_1, b_2, \cdots, b_m]^{\mathrm{T}}$。

3.2.2　基于 LMS 准则的自适应滤波

在上一小节中，通过移动平均模型将振动信号 $a(k)$ 中的稳定周期成分 $a_p(k)$ 进行估计，得到模型 $a_p(k)=\boldsymbol{w}(k)^T\boldsymbol{x}(k)$。

为了使模型估计性能最佳，需要寻求最优权矢量 $\boldsymbol{w}_{opt}$，设目标函数为

$$J=E(e^2(k)) \tag{3-8}$$

式中：$e(k)=a(k)-a_p(k)$。

当目标函数 J 最小时，权矢量 $\boldsymbol{w}(k)$ 最优。为了实现这一目的，引入自适应滤波器，其原理如图 3－1 所示，即权向量 $\boldsymbol{w}(k)$ 随着输入信号的变化不断进行迭代更新，使目标函数 J 趋于最小化，能够适应信号的非平稳特性。通过最小均方(least mean square，LMS)迭代法实现权矢量寻优，其迭代过程如下：

$$\boldsymbol{w}(k+1)=\boldsymbol{w}(k)+2\alpha e(k)\boldsymbol{x}(k) \tag{3-9}$$

式中：α 为步长因子。

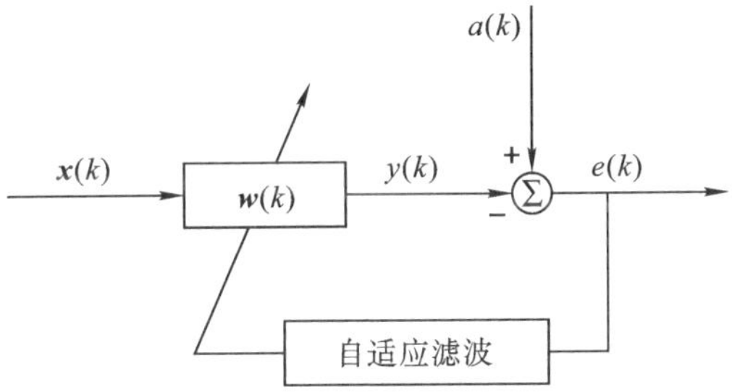

图 3－1　自适应滤波原理

经过自适应滤波后，信号 $a(k)$ 被有效滤除。输出信号 $e(k)$ 中的主要成分，在稳定阶段主要包含白噪声，在颤振孕育阶段主要包含颤振频率成分和白噪声。因此，自适应滤波器有效提升了颤振信息的信噪比，有助于颤振的早期识别。

自适应滤波器能够有效滤除信号中的稳定周期成分，即转频及其谐波成分和刀齿通过频率及其谐波成分。除此之外，传统的梳状滤波器和强迫振动滤波同样能够实现这样的目的。然而，这两种方法存在以下不足之处：

(1)虽然梳状滤波器计算复杂度较低，能够满足信号快速处理的要求，但并不适用于对颤振孕育状态信号的提取。原因在于：一方面，对于数字滤波器而言，计算机的使用存在字长和精度限制的问题，对于低频信号的处理，能够很好地满足要求，但是对于高频信号，则没有明显效果；另一方面，梳状滤波器的滤波精度随着待处理数据样本点数量的增加而升高，但样本数量的增大会使得颤振的在线识别出

现延迟。

(2)强迫振动滤波的方法需要通过对大量振动信号样本数据的分析才能实现，所以目前只适用于离线数据的处理，不能对铣削过程进行在线监测。

综合以上分析可知，采用自适应滤波器一方面能够在整个频率范围内满足对于信号中稳定周期成分滤除的要求，另一方面，相比于梳状滤波器，自适应滤波器能够对数据流进行处理，对信号样本量没有要求，所以更适用于信号的在线分析。

3.3 自适应滤波器特性分析与改进

3.3.1 自适应滤波特性分析

自适应滤波器在多个领域得到了推广和应用，如噪声消除、系统辨识和谱估计等，并且取得显著成果。然而在实际应用当中，需要考虑滤波器阶数和步长因子的选择和调整，从而充分发挥自适应滤波器的性能优势。因此，需针对自适应滤波算法特性进行深入分析。

在上述自适应滤波算法中，输入信号 $\boldsymbol{x}(k)$ 由 m 组正弦和余弦信号构成，其中第 i 组输入信号 $x_i=[x_{ci}(k)\ \ x_{si}(k)]$ 可以表示为

$$
\begin{aligned}
x_{ci}(k)&=\cos(\omega_i kT)=\frac{1}{2}[\mathrm{e}^{j\omega_i kT}+\mathrm{e}^{-j\omega_i kT}]\\
x_{si}(k)&=\sin(\omega_i kT)=\frac{1}{2j}[\mathrm{e}^{j\omega_i kT}-\mathrm{e}^{-j\omega_i kT}]
\end{aligned}
\tag{3-10}
$$

对 $e(k)x_i(k)$ 进行 Z 变换得：

$$
\begin{aligned}
Z\{e(k)\cdot x_{ci}(k)\}&=\frac{1}{2}[E(\mathrm{z}\cdot \mathrm{e}^{-j\omega_i T})+E(\mathrm{z}\cdot \mathrm{e}^{j\omega_i T})]\\
Z\{e(k)\cdot x_{si}(k)\}&=\frac{1}{2j}[E(\mathrm{z}\cdot \mathrm{e}^{-j\omega_i T})-E(\mathrm{z}\cdot \mathrm{e}^{j\omega_i T})]
\end{aligned}
\tag{3-11}
$$

由式(3-9)，对权矢量 $\boldsymbol{w}(k)$ 进行 Z 变换得：

$$
zW(z)=W(z)+2\alpha\cdot Z\{e(k)\cdot \boldsymbol{x}(k)\}
\tag{3-12}
$$

$$
\begin{aligned}
W_{ci}(z)&=\frac{\alpha}{(z-1)}[E(z\cdot \mathrm{e}^{-j\omega_i T})+E(z\cdot \mathrm{e}^{j\omega_i T})]\\
W_{si}(z)&=\frac{\alpha}{(z-1)j}[E(z\cdot \mathrm{e}^{-j\omega_i T})-E(z\cdot \mathrm{e}^{j\omega_i T})]
\end{aligned}
\tag{3-13}
$$

进一步地，由式(3-6)得：

$$
\begin{aligned}
Y(z) &= Z\{\boldsymbol{w}(k)^{\mathrm{T}}\boldsymbol{x}(k)\} \\
&= \sum_{i=1}^{m}\left\{\frac{1}{2}[W_{ci}(z\cdot \mathrm{e}^{-j\omega_i T})+W_{ci}(z\cdot \mathrm{e}^{j\omega_i T})]-\frac{j}{2}[W_{si}(z\cdot \mathrm{e}^{-j\omega_i T})-W_{si}(z\cdot \mathrm{e}^{j\omega_i T})]\right\}
\end{aligned}
\tag{3-14}
$$

式中：Y 为信号 $a_{\mathrm{p}}(k)$的 Z 变换。

将式(3-13)代入式(3-14)，整理可得：

$$
Y(z)=\alpha\sum_{i=1}^{m}\left(\frac{1}{z\cdot \mathrm{e}^{-j\omega_i T}-1}+\frac{1}{z\cdot \mathrm{e}^{j\omega_i T}-1}\right)\cdot E(z) \tag{3-15}
$$

由上式可得系统的开环传递函数：

$$
H(z)=\frac{Y(z)}{E(z)}=\alpha\sum_{i=1}^{m}\left(\frac{1}{z\cdot \mathrm{e}^{-j\omega_i T}-1}+\frac{1}{z\cdot \mathrm{e}^{j\omega_i T}-1}\right) \tag{3-16}
$$

对式(3-8)中 $e(k)$进行 Z 变换：

$$
E(z)=A(z)-Y(z) \tag{3-17}
$$

则系统的闭环传递函数为

$$
G(z)=\frac{E(z)}{A(z)}=\frac{1}{1+H(z)}=\frac{1}{1+\alpha\sum_{i=1}^{m}\left(\frac{1}{z\cdot \mathrm{e}^{-j\omega_i T}-1}+\frac{1}{z\cdot \mathrm{e}^{j\omega_i T}-1}\right)} \tag{3-18}
$$

根据系统的闭环传递函数 $G(z)$可得到如图 3-2 所示的自适应滤波器幅频响应。

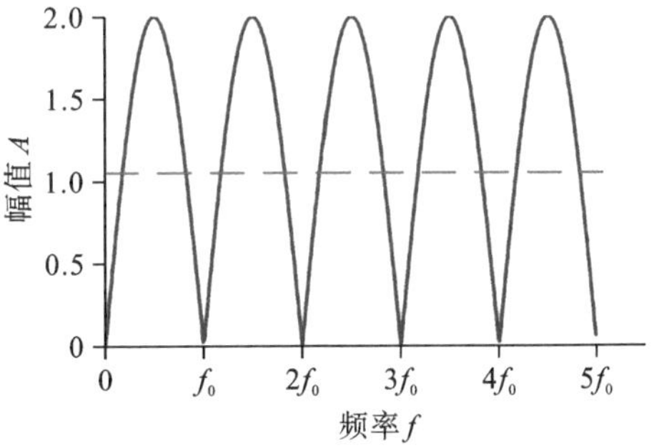

图 3-2　自适应滤波器幅频响应

从图中可以得到自适应滤波器的两个滤波特性：(1)信号中以 f_0 为基频的谐波成分被有效滤除；(2)信号中其余频率成分大多被放大。结合第 2 章铣削颤振频率特性可知，将自适应滤波器用于铣削加速度信号的处理，能够有效滤除稳定周期成分，同时将颤振孕育阶段的微弱频率成分放大，提升颤振信息的信噪比，为颤振的早期识别提供了理论依据。

3.3.2 动态步长自适应滤波器

采用自适应滤波器对铣削振动信号进行处理时，针对不同的工况（转速、切削深度和材料等不同时），往往需要调整参数化模型的阶数，即自适应滤波器阶数，从而保证颤振孕育状态信息的有效提取。然而，阶数的变化会导致自适应滤波器的滤波效果不同，使得颤振状态指标提取较为复杂，所以传统的自适应滤波器无法对不同转速下的铣削颤振进行有效监测与识别。基于自适应滤波器传递函数可以得到不同步长因子和滤波器阶数下的系统频响函数，如图 3-3 所示为不同阶数下自适应滤波器的频响函数，图 3-4 所示为不同步长下自适应滤波器的频响函数。

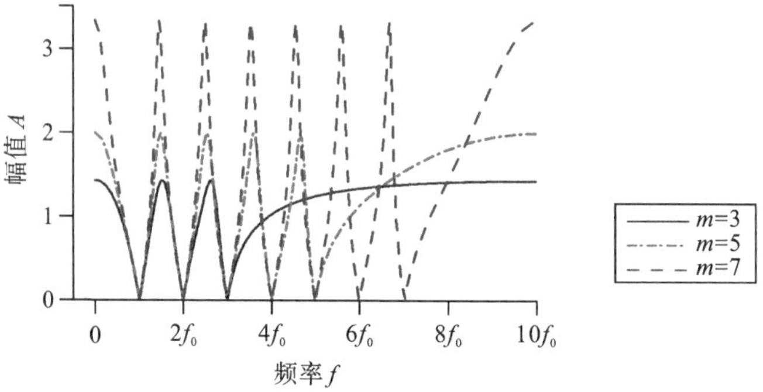

图 3-3 不同滤波器阶数下的系统频响函数（步长因子为 0.1）

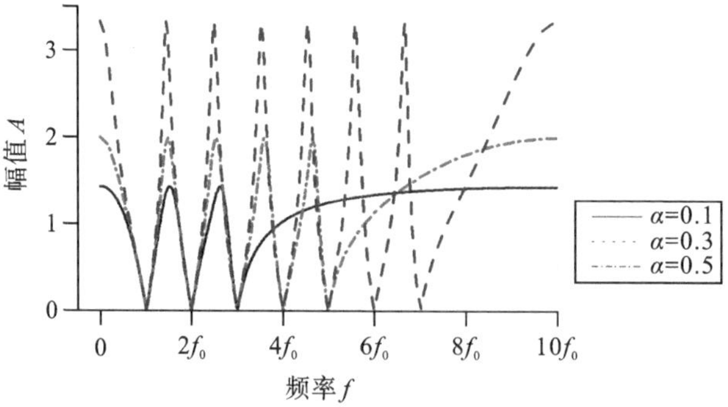

图 3-4 不同步长因子下的系统频响函数（阶数为 5）

从图中可以看出，步长因子和滤波器阶数的变化对滤波器滤波效果的影响非常明显。为了消除自适应滤波器阶数产生的影响，首先定义滤波容量率 η 用以反映滤波效果的优劣：

$$\eta = \frac{2\sum_{i=1}^{N} L_i}{f_s} \tag{3-19}$$

式中：L_i 为如图 3－5 所示的滤波传递函数中幅值小于 1 部分的频率段。

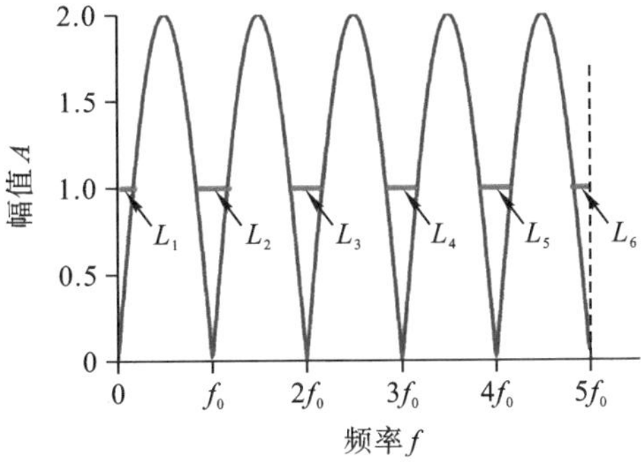

图 3－5　自适应滤波频响函数

根据系统的传递函数，仿真计算可得到：

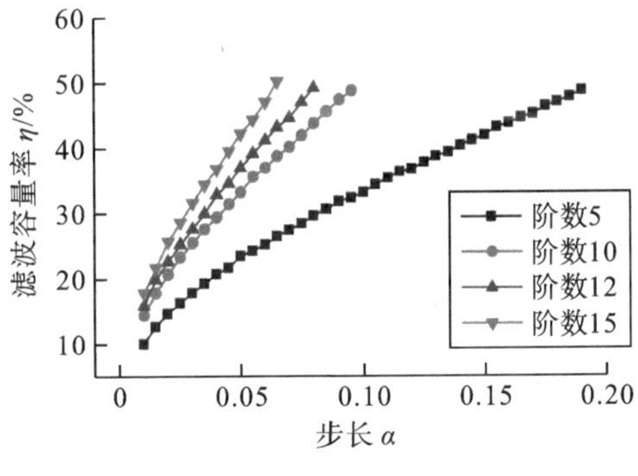

图 3－6　自适应滤波器阶数与滤波容量率的关系

（1）不同步长因子下，自适应滤波器阶数 m 与滤波容量率 η 的关系如图 3－6 所示。从图中可以发现，在每一个步长因子下，滤波容量率 η 与滤波器阶数 m 近似成正比关系，因此假设：

$$\eta = k_1 m \tag{3-20}$$

式中：k_1 为滤波容量率与滤波器阶数的比例系数。

（2）不同滤波器阶数下，自适应滤波器步长因子 α 与滤波容量率 η 的关系如图 3－7 所示。从图中可以发现，在每一个滤波器阶数下，滤波容量率 η 与步长因子 α 近似成正比关系，因此假设：

$$\eta = k_2 \alpha \tag{3-21}$$

式中：k_2 为滤波容量率与步长因子的比例系数。

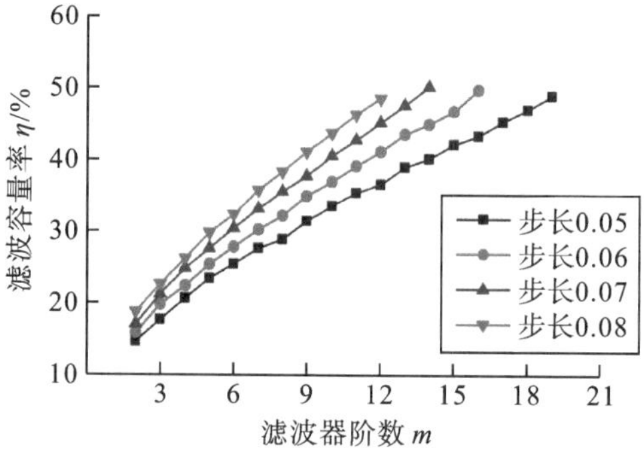

图 3-7 自适应滤波器步长因子与滤波容量率的关系

综合式(3-20)和(3-21)可以得到：滤波容量率与步长因子和滤波器阶数的关系如下：

$$\eta = k_1 k_2 \alpha m \tag{3-22}$$

为了消除滤波器阶数对滤波效果的影响，根据式(3-22)对步长因子进行改进：

$$\alpha_{\text{new}} = \frac{\alpha}{m} \tag{3-23}$$

式中：α_{new} 为改进后的步长因子。

由式(3-23)可知，给定初始步长因子 α 后，α_{new} 随着滤波器阶数 m 的变化不断进行动态调整，即动态步长。此时，滤波容量率为

$$\eta_{\text{new}} = k_1 k_2 \alpha_{\text{new}} m = k_1 k_2 \alpha \tag{3-24}$$

其中 η 与滤波器阶数无关，改进后动态步长自适应滤波的传递函数为

$$G_{\text{new}}(z) = \frac{1}{1 + \frac{\alpha}{m} \sum_{i=1}^{m} \left(\frac{1}{z \cdot e^{-j\omega_i T} - 1} + \frac{1}{z \cdot e^{j\omega_i T} - 1} \right)} \tag{3-25}$$

由式(3-24)得到滤波容量率 η_{new} 与滤波器阶数 m 的关系，如图 3-8 所示，从图中可以看出，滤波容量率与滤波器阶数无关。动态步长自适应滤波器能够根据工况的变化自动调节步长大小，从而实现铣削加工过程中颤振孕育特征信号的提取，为颤振早期识别提供支撑，同时避免了工况变化产生的误判和漏判问题。即使铣削过程中出现台阶、孔、槽等非平整表面，产生冲击载荷导致信号幅值突然增大，但由于信号中没有出现颤振频率成分突增的情况，所以不会发生颤振误判的现象。

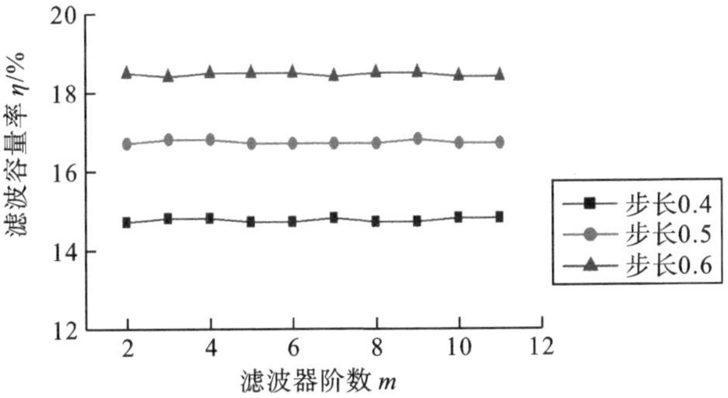

图 3－8　滤波器阶数与滤波容量率的关系

3.3.3　初始步长因子的定量分析

由图 3－7 可知，步长因子的不同会使得自适应滤波器的滤波效果有显著差异。在确定步长因子时需要考虑以下两个因素。

1. 机床主轴转速误差

在铣削过程中，一方面，由于切削负载呈周期性变化，导致主轴转速波动从而产生误差；另一方面，部分主轴转速控制系统是基于开环控制方式设计，使得控制精度不足从而产生转速误差。如图 3－9 所示为主轴转速误差示意图，为了能够将振动信号中的稳定周期成分有效滤除，考虑通过滤波容量率的定量设置来减小主轴转速误差带来的影响。

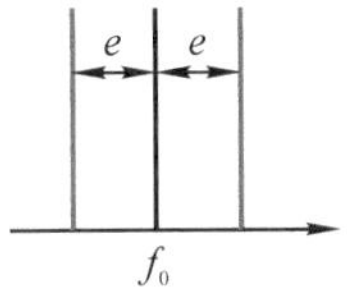

图 3－9　主轴转速误差示意图

假设主轴转速为 n，平均转速误差为 $\pm e$，采样频率为 f_s，为了最大程度滤除信号中的稳定周期成分，则滤波容量率需满足：

$$\eta \geqslant 2 \cdot e \cdot \frac{f_s}{2} \cdot \frac{60}{n} \tag{3-26}$$

2. 信号中的颤振成分

根据自适应滤波器的传递函数可知，信号经过自适应滤波器以后，稳定周期成分被滤除，而其余频率成分被放大，且放大的程度与步长因子有关。为了能够尽早识别颤振孕育状态，考虑调整步长因子使得信号中的颤振频率成分放大，然而，放大倍数过大的话，又容易将稳定阶段信号中的白噪声误判为颤振。所以考虑放大倍数为 1.5 倍左右，这样既能够有效凸显信号中的颤振频率成分，同时又能避免白噪声的影响。

综合以上两点的考虑，调整步长因子 α 为 0.5，此时的滤波容量率为 16.4%，放大倍数为 1.5 倍左右，符合要求，其频响函数如图 3-10 所示。

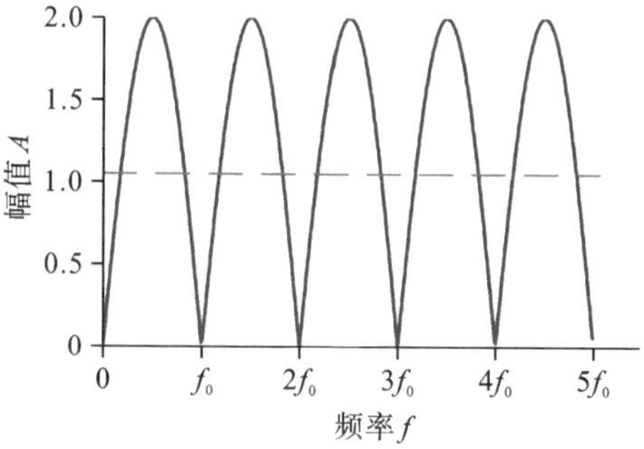

图 3-10 滤波器阶数与滤波容量率的关系

3.4 自适应滤波器特性验证

为了对上述自适应滤波器特性进行验证，分别进行数值仿真验证和实验信号的分析验证，其中数值仿真验证通过两种方式进行：权矢量系数估计仿真与自适应滤波器性能仿真。

3.4.1 数值仿真验证

1. 权矢量系数估计仿真

首先构建仿真信号 $x(t)$ 如下：

$$x(t)=\sin(100\pi t)+4\cos(200\pi t)+3\sin(300\pi t)-5\cos(400\pi t) \quad (3-27)$$

采用 $x(t)$ 对振动信号中的稳定周期成分进行模拟，由式(3-27)可知，该仿真信号包含频率为 50 Hz、100 Hz、150 Hz、200 Hz 的信号成分，为了验证自适应滤波算法对于权矢量系数估计的有效性，构建参数模型如下：

$$\hat{x}(t)=\omega_{1s}\sin(100\pi t)+\omega_{1c}\cos(100\pi t)+\omega_{2s}\sin(200\pi t)+\omega_{2c}\cos(200\pi t)+\omega_{3s}\sin(300\pi t)+\omega_{3c}\cos(300\pi t)+\omega_{4s}\sin(400\pi t)+\omega_{4c}\cos(400\pi t) \quad (3-28)$$

将仿真信号 $x(t)$ 经过自适应滤波处理，得到相应的权矢量系数，如图 3-11 所示。从图中可以得知,LMS 准则下的自适应滤波器能够准确快速地估计信号中周期成分的权矢量系数。

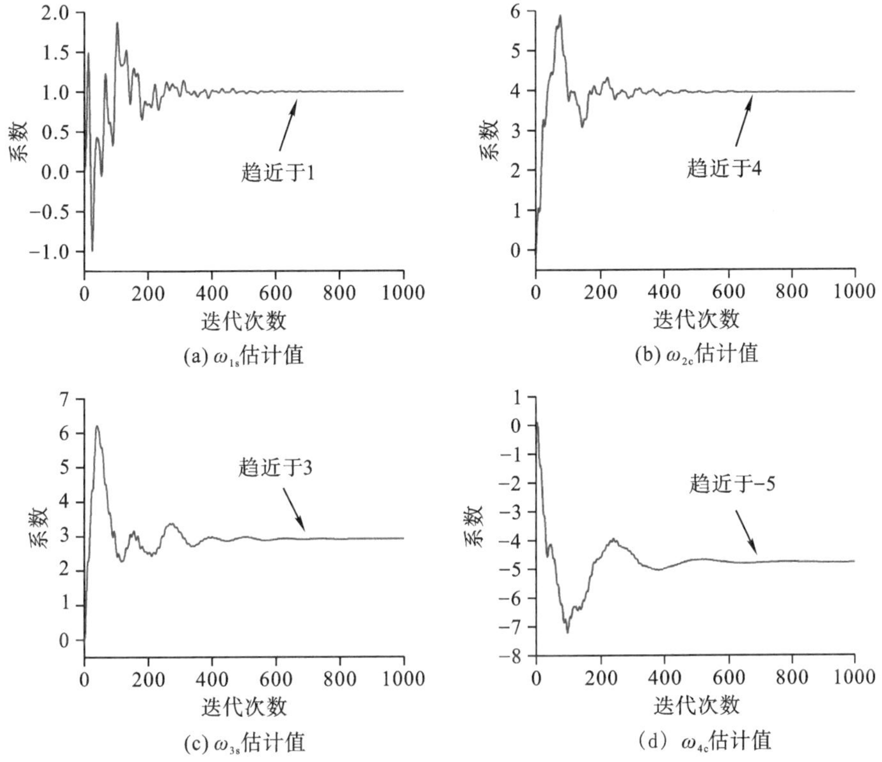

图 3-11　自适应滤波器对仿真信号的权矢量系数估计

2. 自适应滤波器性能仿真

首先构建仿真信号 $y(t)$ 如下:

$$y(t)=y_1(t)+y_2(t)+y_3(t) \tag{3-29}$$

式中:$y_1(t)=\sin(10\pi t)+\cos(20\pi t)+\sin(30\pi t)+\cos(40\pi t)+\sin(50\pi t)$;

$y_2(t)=\sin(6\pi t)+\cos(16\pi t)+\sin(26\pi t)+\cos(36\pi t)+\sin(46\pi t)$;

$y_3(t)$ 为均值为 0、方差为 0.5 的高斯白噪声。

在式(3-29)中:$y_1(t)$ 用来模拟信号中的稳定周期成分,其中包含频率为 5 Hz、10 Hz、15 Hz、20 Hz、25Hz 的信号成分;$y_2(t)$ 用来模拟信号中的颤振频率成分,其中包含频率为 3 Hz、8 Hz、13 Hz、18 Hz、23 Hz 的信号成分;$y_3(t)$ 用来模拟信号中的白噪声成分。将合成信号 $y(t)$ 经过自适应滤波器的处理,得到滤波信号 $e(t)$。如图 3-12(a)所示为初始信号 $y(t)$ 的幅频图,图 3-12(b)为滤波后信号 $e(t)$ 的幅频图。

通过对自适应滤波前后信号的幅频特性曲线分析可知：信号 $y(t)$ 经过自适应滤波后，其中的稳定周期成分被有效滤除，而颤振频率成分幅值被放大，放大倍数为 1.6 倍左右，符合前文对于自适应滤波特性分析所得的结论。

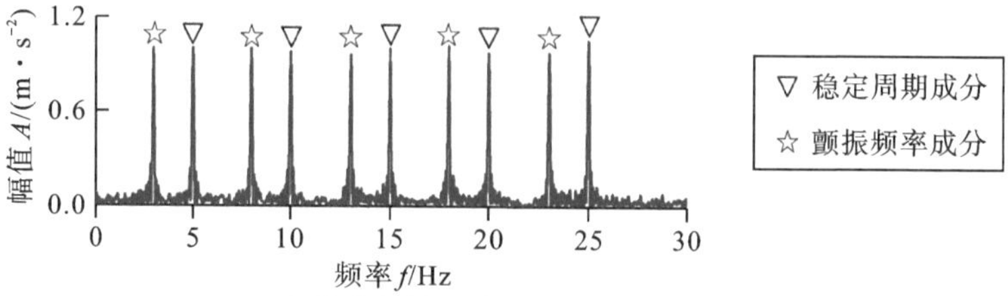

(a) 初始信号的频谱图

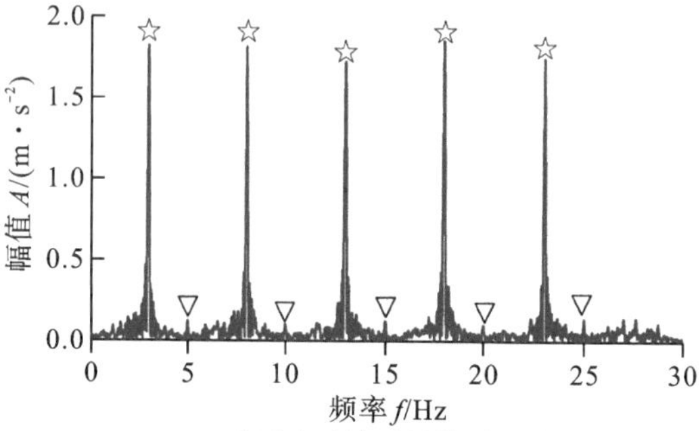

(b) 自适应滤波后的信号频谱图

图 3-12 仿真信号自适应滤波前后的频谱图

3.4.2 铣削实验验证

进一步地，为了验证该方法对真实的铣削振动信号中颤振频率成分的提取效果，将第 2 章中实验采集到的铣削振动信号输入到自适应滤波器中。如图 3-13 所示，蓝色实线为初始振动信号的幅频曲线，红色虚线为经过自适应滤波后的信号的幅频曲线。从图中可以看出，初始振动信号经过自适应滤波器后，其中的稳定周期成分被有效滤除，而其中的颤振频率成分则被放大 1.4 倍左右。

通过以上数值仿真与实验两种方式的验证，说明改进后的动态步长自适应滤波器特性符合前文理论推导：对信号中以 f_0 为基频的谐波成分进行有效滤除，同时将信号中颤振频率成分适当放大，有效提升了颤振信噪比，且该算法的处理过程对于信号样本点的数量没有要求，能够用于在线实时监测。

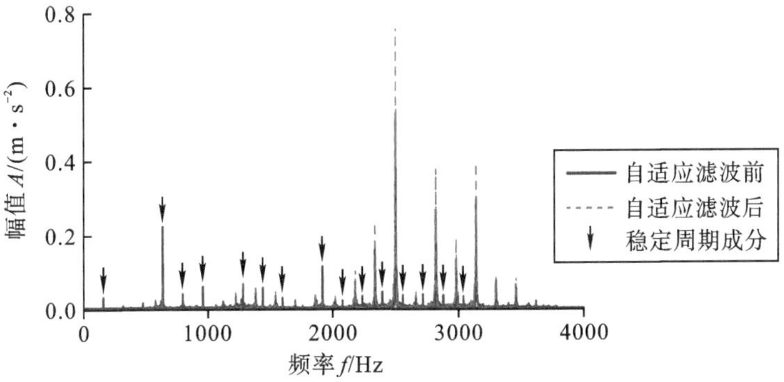

图 3-13　铣削实验信号自适应滤波前后的频谱图

3.5　经验模态分解

第 2 章中分析了铣削颤振频率特性，并通过实验验证可知：铣削过程由稳定向颤振爆发过程中，振动信号主频带随之发生转移，即由宽带分布向窄带分布过渡，能量向某一频带集中。因此，考虑通过信号处理的方法监测信号特定频段成分的变化。目前用于提取特定频段信号的方法主要由小波(包)变换与经验模态分解(empirical made decomposition，EMD)，其中小波类分析方法在实际应用中存在最佳匹配小波基和分解层数的选择问题，所以更多地用于已有信号的分析；而经验模态分解则能够根据信号自身特征自适应分解为不同频带的基函数，能够应用于铣削颤振特征频段信号的在线提取与分析，同时为后续主颤振频率的估计提供支撑。

在进行经验模态分解之前先介绍本征模态函数。本征模态函数(intrinsic mode function，IMF)需要满足以下两个条件[94]：

(1)在全局特性上看，整个数据的极值点和过零点数相差不超过一个。

(2)在局部特性上看，任意数据点处由局部极大值点定义的包络线和局部极小值点定义的包络线的均值为 0。

每一次 EMD 分解都是高频成分首先被提取出来，所以分解过程就是将采集到的非平稳铣削振动信号由高频段到低频段分解为多个 IMF 的过程，并且每个 IMF 包含的频率特征随着铣削振动信号特征变化而不同，这种自适应的信号处理方法能有效解决不同工况下振动信号的特征提取，如图 3-14 所示为 EMD 分解示意图。

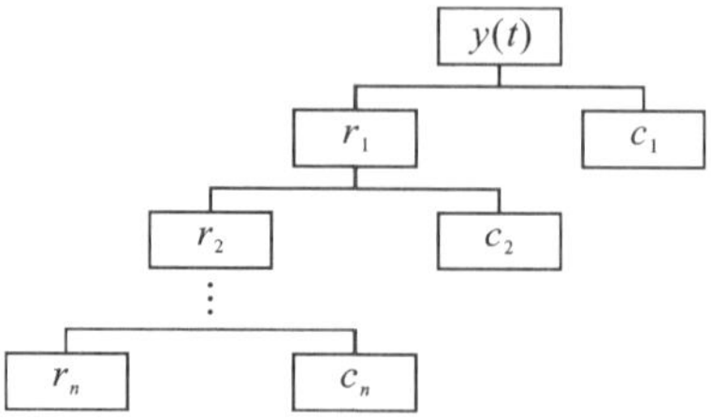

图 3-14　EMD 分解示意图

对信号 $y(t)$ 进行 EMD 分解的主要步骤如下[95]：

(1)先求出信号序列 $y(t)$ 所有的极大值点和极小值点，再通过三次样条曲线进行拟合得到信号的上、下包络线，接着计算出上、下包络线的均值 m_1，并求出原信号序列 $y(t)$ 和包络均值之间的差值 $p_1=y(t)-m_1$。

(2)判断 p_1 是否为 IMF，如果不是则重复上述流程，直到第 k 次的 $p_{1,k}$ 为 IMF，令 $c_1=p_{1,k}$，c_1 为从原始信号中提取出来的第一个 IMF，包含信号的最高频率段成分。

(3)求出原始信号 $y(t)$ 与第 1 个 IMF 分量 c_1 的差值 $r_1=y(t)-c_1$，将 r_1 作为新信号重复上述步骤，可以得到其他值。

(4)初始信号序列经过分解最终表达为

$$y(t)=\sum_{i=1}^{n}c_i(t)+r_n \tag{3-30}$$

式中：r_n 为一个非震荡的单调序列；$c_1,c_2,\cdots,c_n$ 为所得到的各个 IMF 分量，包含了信号由高频段到低频段的不同成分。

如图 3-15、图 3-16 所示为铣削振动信号经过 EMD 分解之后的各个 IMF 分量的时域图和频谱图。

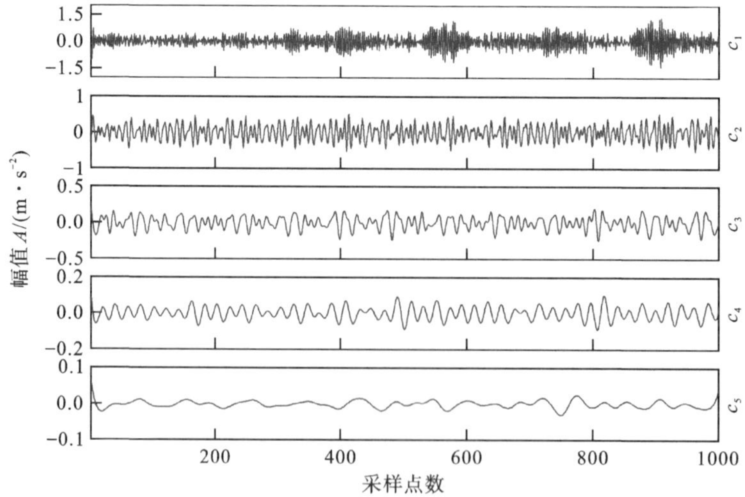

图 3-15　EMD 分解后各 IMF 分量的时域图

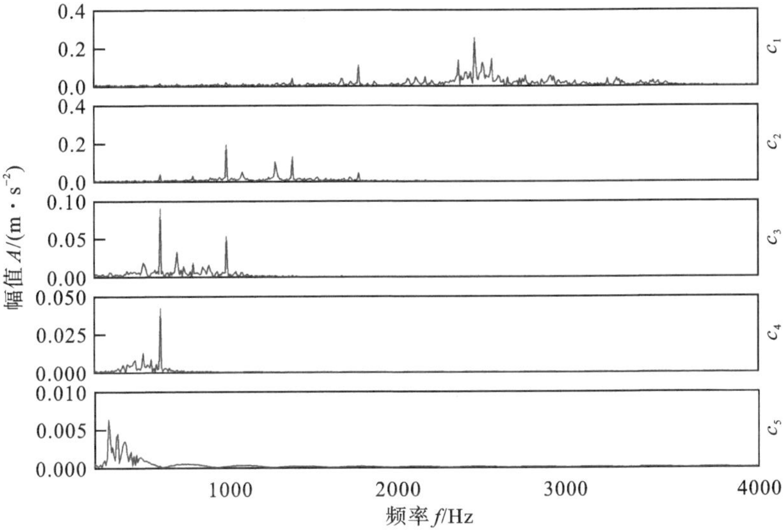

图 3 - 16　EMD 分解后各 IMF 分量的频谱图

根据铣削信号的频率特性可知，稳定状态下，铣削信号中主要包含稳定周期成分和白噪声；颤振状态下，铣削信号中主要包含稳定周期成分、颤振频率成分和白噪声，同时信号的主频带发生转移：由宽带分布向窄带分布过渡，信号中的能量也随之集中在某一窄带范围内。振动信号经过 EMD 分解后，能够自适应地分解为不同频带的信号，从而提取出信号中与颤振成分相关的频带成分。

3.6　本章小结

本章针对铣削颤振敏感信号的提取方法进行了研究，具体内容包括：

(1)将采集到的主轴前端铣削振动信号分为两部分：稳定周期成分和干扰成分，基于移动平均模型，对信号中的稳定周期成分构建了参数化模型。

(2)通过自适应滤波器特性分析，研究了不同模型阶数与步长因子对自适应滤波性能的影响，从而提出了动态步长自适应滤波器。其一方面能够有效滤除信号中的稳定周期成分且放大颤振频率成分，提升了颤振信息的信噪比；另一方面消除了参数化模型阶数差异对滤波效果的影响，因此能够有效解决多种工况下颤振误判、漏判的问题。

(3)通过数值仿真信号和实验信号验证了动态步长自适应滤波器对于铣削颤振孕育特征信号提取的有效性。

(4)介绍了经验模态分解(EMD)方法,铣削振动信号经过经验模态分解后,能够根据信号自身特点自适应地分解为不同频带的信号,从而提取出信号中与颤振成分相关的频带成分,为颤振状态识别及主颤振频率估计提供了理论基础。

第 4 章

基于时域和频域指标的铣削颤振检测

4.1 引言

铣削振动信号经过动态步长自适应滤波器预处理后，能够有效提取出与颤振最为相关的敏感特征成分，极大地提高了孕育阶段颤振信息的信噪比。但在实际的工程应用中，由于预处理后的信号仍然包含噪声成分且信号的幅值、能量等受加工工况变化的影响，所以难以直接实现对铣削颤振状态的早期识别，因此必须从预处理后的信号中提取相应的指标，用于在线直接反映不同工况下的铣削加工状态。进一步地，为了避免颤振爆发产生的不良影响，通过主轴智能化调节转速抑制铣削颤振的爆发：在识别到颤振孕育信息后，提取铣削系统的主颤振频率，并以此为依据调控主轴调速实现颤振抑制，有助于实现主轴对于铣削颤振“监测—识别—抑制—监测”的完整循环处理流程，其中关键在于主颤振频率的估计。

目前用于在线反映信号状态的指标主要包含三类：时域类、时频域类和复杂度类。本章首先对三类指标进行介绍，然后基于第 3 章研究内容分别构建无量纲时域指标和时频域指标，用于直接反映多种加工工况下铣削颤振状态。进一步地，通过状态识别指标试验检验所提指标对于铣削加工不同状态反映的有效性。除此之外，本章将介绍基于主颤振频率的调速颤振抑制机理，并研究主颤振频率估计与提取的不同方法。

4.2 信号状态指标

4.2.1 时域方法指标

在铣削状态由稳定向颤振过渡的过程中，时域内信号幅值会在短时间内急剧增大且表现为非平稳特性，时域信号的这一变化过程可以通过时域统计特征指标进行度量。常用的有量纲时域统计指标包括均值、均方值、方差、峰值、峰峰值等。其中，均值是反映信号中心趋势的一个指标，反映了铣削信号中的静态部分；均方值反映了铣削振动信号的振动强度；方差反映了铣削信号幅值偏离均值的大小；峰值、峰峰值能够反映铣削信号幅值的增大过程。有量纲指标能够从信号时域内幅值和能量的角度反映铣削加工状态的变化，但对工况较为敏感，不能对不同工况下的颤振有效识别。无量纲指标一般是信号统计量的比值，表征所占比率的情况，可以克服有量纲指标的缺点，基本不受转速、切削用量、材料等因素的影响。常用的无量纲指标有偏斜度指标和峭度指标等。偏斜度指标反映了铣削信号概率密度函数的中心偏离正态分布程度，反映信号幅值分布相对其均值的不对称性；峭度指标反映了铣削信号概率密度函数峰顶的凸平度。表 4－1 为时域统计特征指标的表达式，其中 X_k 表示振动信号序列，$x_k=X_k-\bar{X}$。

表 4－1 时域统计特征指标的表达式

时域统计量	表达式	时域统计量	表达式
均值	$\bar{X}=\frac{1}{N}\sum_{k=1}^{N}X_k$	最大值	$X_{\max}=\max(X_k)$
均方根值	$X_{\mathrm{rms}}=\sqrt{\frac{1}{N}\sum_{k=1}^{N}x_k{}^2}$	波形指标	$C_{\mathrm{P}}=\frac{X_{\mathrm{rms}}}{X_{\mathrm{a}}}$
方根幅值	$X_{\mathrm{s}}=\left(\frac{1}{N}\sum_{k=1}^{N}\sqrt{\lvert x_k\rvert}\right)^2$	峰值指标	$C_{\mathrm{PP}}=\frac{X_{\max}}{X_{\mathrm{rms}}}$
平均幅值	$X_{\mathrm{a}}=\frac{1}{N}\sum_{k=1}^{N}\lvert x_k\rvert$	脉冲指标	$C_{\mathrm{I}}=\frac{X_{\max}}{X_{\mathrm{a}}}$
偏斜度	$S=\frac{1}{N}\sum_{k=1}^{N}\lvert x_k\rvert^3$	裕度指标	$C_{\mathrm{L}}=\frac{X_{\max}}{X_{\mathrm{s}}}$
峭度	$K=\frac{1}{N}\sum_{k=1}^{N}x_k^4$	偏斜度指标	$C_{\mathrm{S}}=\frac{S}{\sigma^3}$
方差	$\sigma^2=\frac{1}{N}\sum_{k=1}^{N}x_k^2$	峭度指标	$C_{\mathrm{K}}=\frac{K}{\sigma^4}$

4.2.2 复杂度指标

复杂度指标目前已在多个领域得到应用，尤其是医学信号处理，其主要用来表征时间序列的复杂程度。在铣削加工状态由稳定阶段转变为颤振爆发阶段的过程中，信号中因为出现了新的频率成分，导致信号的复杂度出现变化，因此可以通过复杂度对颤振进行识别，用于评价复杂度的指标主要有 Lempel - Ziv 复杂度、C0 复杂度和功率谱熵。然而，在实际应用中，Lempel - Ziv 复杂度由于算法时间复杂度过高，且需要的样本数够大[94]（$n\geqslant 3600$），不适用于在线信号处理；功率谱熵算法时间复杂度相对较低，但该指标对于铣削加工状态由稳定状态到颤振爆发状态的变化灵敏度相对较低，不能较早地识别颤振的发生。所以，采用 C0 复杂度作为铣削颤振识别的指标。其计算流程如下[95]：

假设信号 $A=\{a(k),k=1,2,\cdots,n\}$，则有：

$$F_n(j)=\frac{1}{n}\sum_{k=1}^{n}x(k)W_n-kj,\quad j=1,2,\cdots,n \tag{4-1}$$

式中：$F_n(j)$为信号 A 的傅里叶变换序列，$W_n=\mathrm{e}^{(2\pi i/n)}$，$i=\sqrt{-1}$。

设$\{F_n(j),j=1,2\cdots,n\}$的均方值为 $G_n=\dfrac{1}{n}\sum\limits_{j=1}^{n}|F_n(j)|^2$，引入参数 r，保留超过均方值 r 倍的频谱，将其余部分置为零，即

$$\tilde{F}_n(j)=\begin{cases}F_n(j) & |F_n(j)|^2>rG_n\\ 0 & |F_n(j)|^2\leqslant rG_n\end{cases} \tag{4-2}$$

式中：r 为给定的正常数，在实际应用中，r 取 5～10 较为合适。对$\{\tilde{F}_n(j),j=1,2,\cdots,n\}$做傅里叶逆变换：

$$\tilde{x}(k)=\sum_{j=1}^{n}F_n(j)W_n kj,\quad k=1,2,\cdots,n \tag{4-3}$$

得到信号 A 的 C0 复杂度为

$$\mathrm{C0}(r)=\frac{\sum\limits_{k=1}^{n}|x(k)-\tilde{x}(k)|^2}{\sum\limits_{k=1}^{n}|x(k)|^2} \tag{4-4}$$

根据 Shen 等[96]证明的性质，C0 复杂度的值介于 0 和 1 之间；对于常数序列和周期序列来说，其值趋于 0；而对于满足一定条件的随机序列来说则以概率 1 收敛于 1。因此，无量纲指标 C0 复杂度把序列接近随机的程度作为复杂度的度量。对于稳定状态下的铣削信号，经过自适应滤波器后主要是白噪声成分，其 C0 复杂度

的值较大；而颤振状态下的铣削信号经过自适应滤波后，剩余成分主要是周期性的颤振频率成分和随机噪声成分，且随着颤振程度的增加，信号序列的周期颤振频率成分增强，随机程度随之减弱，其 C0 复杂度的值也将不断减小。因此，通过铣削振动信号序列的 C0 复杂度指标能够客观反映出铣削加工状态的变化情况，且该指标计算速度较快，能够满足数据在线处理的要求。

4.2.3　时频域方法指标

铣削振动信号为典型的非平稳、非线性信号，时频分析方法中小波变换和经验模态分解对于此类信号的分析十分有效。小波包分解通过在全频带内对铣削信号频带进行多层次的划分得到相互独立、相互衔接的不同频带信号；经验模态分解可以根据铣削信号自身特征自适应地将信号从高频向低频分解为不同频段的信号。在铣削状态由稳定向颤振过渡的过程中，振动信号主频带发生转移：由宽带分布向窄带分布过渡，信号中的能量也随之集中在某一窄带范围内，所以可以通过基于小波分解和经验模态分解的时频域处理方法对铣削振动信号进行“分段处理”，从而提取颤振特征信号，进一步通过上述各类指标反映加工状态。

4.3　铣削颤振早期在线识别指标的构建

4.3.1　基于自适应滤波的无量纲时域指标构建

铣削颤振发生时，信号中颤振成分由宽频带向窄频带集中。然而，在颤振孕育的早期阶段，信号主频带没有集中，但已经出现了相互间隔分布且信号强度微弱的颤振频率成分。颤振早期识别的关键在于尽早监测到这些微弱颤振频率成分的出现，因此考虑通过构建时域指标反映加工状态。除此之外，对于不同工况（转速、切削深度和材料等不同时）的铣削以及会产生瞬时冲击载荷的非连续表面工件的铣削，常规的识别指标容易发生误判、漏判情况。针对上述分析，以动态步长自适应滤波为基础，构建无量纲时域指标方差比（variance ratio，VR），实现对铣削颤振的早期识别。VR 指标定义如下：

$$\mathrm{VR}=\frac{V_{\mathrm{e}}}{V_{\mathrm{a}}}=\frac{\dfrac{\sum\limits_{i=1}^{N}(\hat{a}_{\mathrm{o}}(i)-\bar{\hat{a}}_{\mathrm{o}})}{N-1}}{\dfrac{\sum\limits_{i=1}^{N}(a(i)-\bar{a})}{N-1}}=\frac{\sum\limits_{i=1}^{N}(\hat{a}_{\mathrm{o}}(i)-\bar{\hat{a}}_{\mathrm{o}})}{\sum\limits_{i=1}^{N}(a(i)-\bar{a})} \tag{4-5}$$

式中：V_e 为自适应滤波后信号 $\hat{a}_o(n)$ 的方差；V_a 为初始加速度信号 $a(n)$ 的方差；N 为信号采样长度；$\bar{a}=\frac{1}{N}\sum_{i=1}^{N}a(i)$；$\bar{\hat{a}}_o=\frac{1}{N}\sum_{i=1}^{N}\hat{a}_o(i)$ 。

方差比的大小反映了监测信号中颤振频率成分的强度。信号 $a(n)$ 经过自适应滤波后，主轴转速相关成分被有效滤除，颤振频率成分则被放大。稳定阶段，自适应滤波后信号 $\hat{a}_o(n)$ 中主要为噪声成分，所以 VR 较小。颤振孕育到爆发阶段，自适应滤波后信号 $\hat{a}_o(n)$ 中主要为放大后的颤振频率成分，且强度不断增强，所以 VR 随之增大，在实际运用中，设定 VR 阈值为 1，可以满足绝大多数工况下颤振识别的要求。由于该指标的构建过程是围绕同一时刻信号处理前后的比值进行设定的，不需要参考稳定铣削状态下的信号，所以能够于不同工况以及会产生瞬时冲击载荷的非连续表面工件的铣削实现颤振早期在线识别。以 VR 为指标的铣削颤振识别流程如图 4-1 所示。

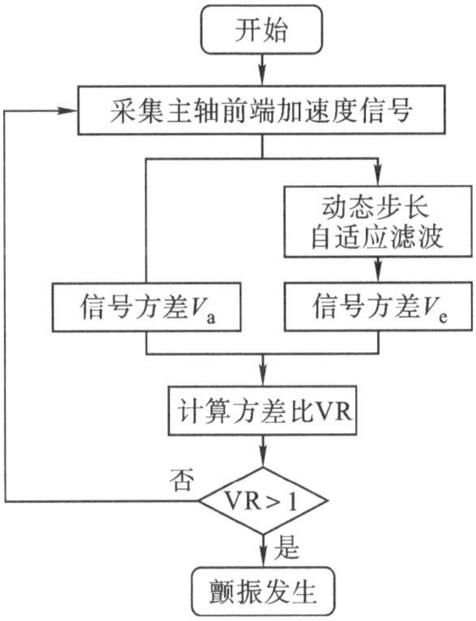

图 4-1　基于 VR 指标的颤振识别流程

4.3.2　基于经验模态分解的无量纲时频域指标构建

经验模态分解过程就是将初始信号由高频到低频自适应地分解成多个 IMF 的过程。铣削过程由稳定向颤振爆发过程中，振动信号主频带随之发生转移：由宽带分布向窄带分布过渡，能量向某一频带集中。采用 EMD 分解对铣削振动信号进行处理时，当铣削加工状态由稳定向颤振转变，每一个 IMF 所蕴含的能量占总能量的比例随之发生改变，通过相关滤波从分解后的 IMF 分量中提取出与初始信号最为相关的 IMF 成分，即特征频率成分。铣削过程由稳定到颤振爆发过程中，振动信号由宽带分布向窄带分布过渡，信号中的能量也随之集中在某一窄带范围内。特征频率成分表征信号中能量最大的某一频带成分，因此特征频率成分能量随着颤振的出现不断增大。所以构建无量纲时频域指标能量率（energy rate，ER）来监测铣削过程中特征频率成分的能量变化，进而实现对加工状态的识别。ER 指标定义过程如下。

铣削振动信号 $a(k)$ 经过经验模态分解后得到：

$$a(k) = \sum_{i=1}^{M} c_i(k) + r_{\mathrm{M}} \tag{4-6}$$

得到的各个 IMF 分量与初始信号 $a(k)$ 的互相关系数为

$$\rho(c_i, a) = \frac{Cov(c_i, a)}{\sqrt{Var[c_i]Var[a]}} = \frac{E(c_i - E(c_i)) - E(a - E(a))}{\sqrt{Var[c_i]Var[a]}} \tag{4-7}$$

各个 IMF 分量 c_i 所代表的频带能量为

$$E(i) = \sum_{k=1}^{n} [c_i(k)^2] \tag{4-8}$$

其分布如图 4-2 所示。则信号的总能量为

$$E = \sum_{i=1}^{M} E(i) \tag{4-9}$$

能量率 ER 表示为

$$\mathrm{ER} = \frac{E(m)}{E} \tag{4-10}$$

式中：$E(m)$ 为 $\max(\rho(c_i, a))$ 所对应的 IMF 分量 c_{m} 的能量。

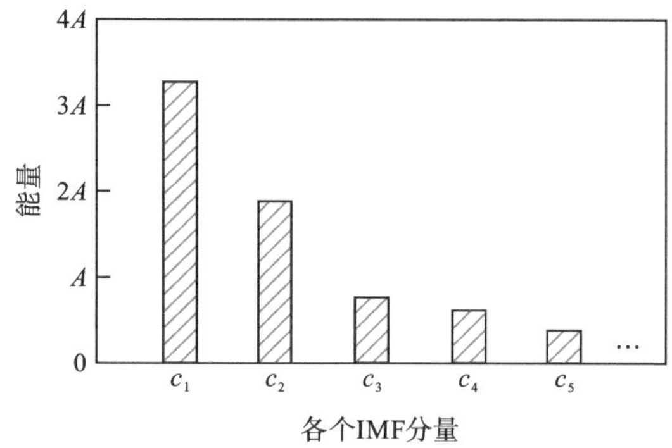

图 4-2 各个 IMF 分量的频带能量

ER 指标反映了某一不确定频段信号能量的强度变化，该指标的构架是基于颤振信号的频率特性：铣削过程由稳定向颤振爆发过程中，振动信号主频带随之发生

转移,即由宽带分布向窄带分布过渡,能量向某一频带集中。这也是目前颤振识别方法中构建指标的常用依据,在这里主要用于和 VR 指标进行对比。

4.4　状态识别指标对比验证

在前文构建了不同类型的颤振识别指标,为了验证上述指标用于监测铣削加工状态的有效性,对铣削加工实验数据进行分析并提取出不同指标。如图 4－3 所示为铣削过程采集到的主轴振动信号。分别对图中稳定阶段位置(1)、颤振孕育阶段位置(2)和颤振爆发阶段位置(3)进行指标提取操作,得到结果如表 4－2 所示。

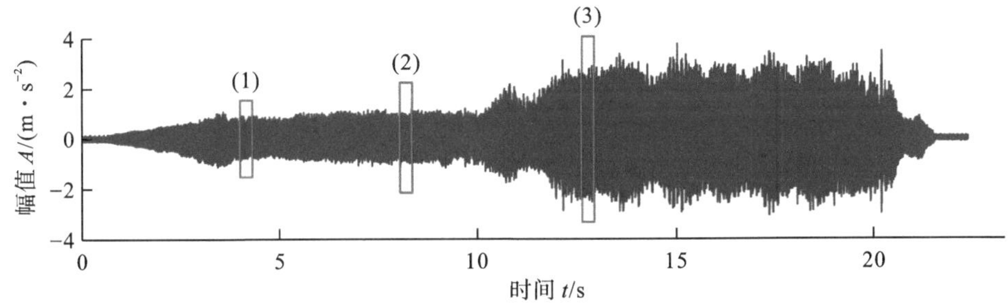

图 4－3　主轴振动信号

表 4－2　三种铣削状态下的指标

铣削状态	方差比 VR	能量率 ER
稳定阶段	0.155	0.737
颤振孕育阶段	0.963	0.543
颤振爆发阶段	1.974	0.952

从表 4－2 中可以看出,铣削状态由稳定向颤振发展过程中:

(1)信号的方差比在不断增大。因为信号中出现了新的频率成分,即颤振频率成分,且随着颤振的加剧,信号中的颤振频率成分不断增大,而方差比能够有效监测到颤振频率的变化,所以不断增大,能够实现颤振的识别。

(2)信号的能量率先减小后增大。看不出明显的趋势。因为能量率的本质是监测信号中某一频带能量的变化,在稳定阶段和初始颤振孕育阶段,信号中的能量较为分散且分布不平稳,随着颤振的发展,信号中的能量随之集中在某一窄带范围内,指标能量率也会发生突增,能够实现颤振的识别。

(3)信号的复杂度不断减小。因为对于稳定状态下的铣削信号,经过自适应滤波器后主要是白噪声成分,其C0复杂度的值较大;随着颤振的发展,铣削信号经过自适应滤波后,剩余成分主要是周期性的颤振频率成分和随机噪声成分,且信号序列的周期颤振频率成分增强,随机程度随之减弱,其C0复杂度的值也将不断减小,能够实现颤振的识别。

4.5 早期主颤振频率估计与提取

在铣削颤振识别过程中,监测到振动信号中颤振孕育状态信息后,为了避免颤振爆发产生诸多不利影响,需要通过某种方法对即将爆发的颤振进行抑制。通过主轴智能化调节转速抑制铣削颤振的爆发是目前比较有效且适用于实际铣削加工的颤振问题处理方式,其中关键问题在于主颤振频率估计的准确性。本节先简单介绍基于主颤振频率的调速颤振抑制机理,再研究主颤振频率估计与提取的不同方法。

4.5.1 基于卡尔曼滤波的主颤振频率估计

1. 颤振敏感信号的自回归模型

假设铣削系统的输入为 $x(k)$,输出为 $y(k)$,通过求解系统的传递函数,可以分析系统的稳定性以及相应的失稳频率。然而,在真实的铣削加工过程中,只有输出信息能够通过传感器准确获得,系统的输入信息和传递函数很难准确得到。因此,可以通过对输出信息进行参数化建模,实现对真实铣削系统的等效模拟,进一步地,通过求解信号模型的参数可以估计得到信号的主颤振频率,其示意图如图4-4所示。

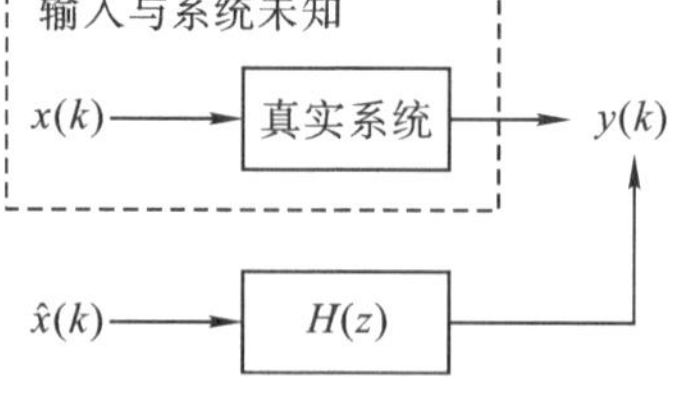

图4-4 系统估计示意图

为了估计铣削信号 $a(k)$ 中蕴含的主颤振频率,先将铣削振动信号 $a(k)$ 经过动态步长自适应滤波器,滤波后信号 $e(k)$ 中主要包含被放大的颤振频率成分,即颤振敏感信号。基于自回归模型(AR)对信号 $e(k)$进行参数化建模。模型结构如下：

$$e(k)=\boldsymbol{\varepsilon}(k)\boldsymbol{v}(k)+r(k) \tag{4-11}$$

式中：$\boldsymbol{\varepsilon}(k)=[e(k-1),e(k-2),\cdots,e(k-L)]$；$\boldsymbol{v}(k)=[v_1,v_2,\cdots,v_L]^{\mathrm{T}}$，为模型参数；$r(k)$为白噪声。

根据模型结构得到系统的传递函数为

$$H(z)=\frac{E(z)}{R(z)}=\frac{1}{1-\sum_{n=1}^{L}v_n z^{-n}} \tag{4-12}$$

在式(4-12)的传递函数中，模型参数 v_n 为变量，不同的参数代表了不同的AR 模型。在对铣削系统的建模过程中，模型参数估计的准确度决定了模型的精度。

2. 卡尔曼滤波参数估计

卡尔曼滤波属于经典最优滤波理论的一种，特点是能够在线性状态空间表示的基础上对有噪声的输入和观测信号进行处理，求取系统状态或真实信号，经常被用于导航制导、通信、地质勘探和故障诊断等诸多领域。卡尔曼滤波不要求待处理信号必须具备平稳特性，对于每个时刻的系统扰动和观测误差，只要对它们的统计性质作某些适当的假定，通过对含有噪声的观测信号进行处理，就能在平均意义上求得误差为最小的真实信号的估计值[97]。因此，卡尔曼滤波能够对铣削过程采集到的非平稳振动信号进行处理。

为了准确得到式(4-12)中的模型参数，采用卡尔曼滤波对其模型参数进行估计，求解流程如图 4-5 所示。

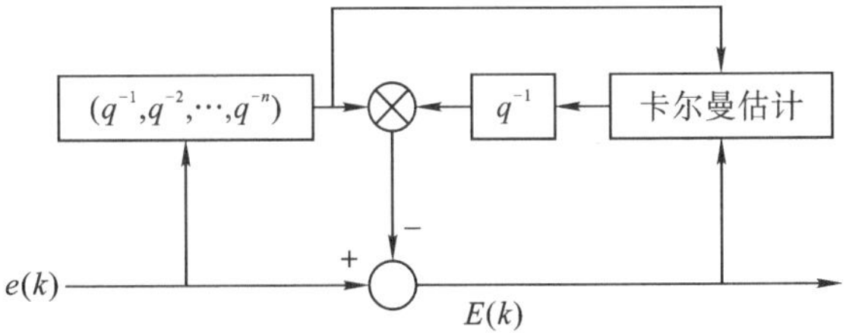

图 4-5　卡尔曼滤波估计流程

以 $\boldsymbol{v}(k)$为状态量建立系统状态方程，考虑到前一步迭代 $\boldsymbol{v}(k)$与后一步迭代 $\boldsymbol{v}(k+1)$变化过程中，模型参数只受到过程噪声的影响，所以基于随机游走模型建立系统状态方程：

$$\boldsymbol{v}(k+1)=\boldsymbol{v}(k)+\boldsymbol{q}(k) \tag{4-13}$$

将式(4-11)作为观测方程：

$$e(k)=\boldsymbol{\varepsilon}(k)\boldsymbol{v}(k)+r(k) \tag{4-14}$$

根据式(4-11)和(4-13)，对参数 $\boldsymbol{v}(k)$进行卡尔曼估计，其估计过程如下：

(a)状态预测：

$$\boldsymbol{v}_{\mathrm{m}}=\boldsymbol{v}(k) \tag{4-15}$$

(b)协方差估计：

$$P_{\mathrm{m}}=P(k)+Q \tag{4-16}$$

(c)卡尔曼增益求解：

$$K=\frac{P_{\mathrm{m}}\boldsymbol{\varepsilon}(k)^{\mathrm{T}}}{\boldsymbol{\varepsilon}(k)P_{\mathrm{m}}\boldsymbol{\varepsilon}(k)^{\mathrm{T}}+R} \tag{4-17}$$

(d)状态更新：

$$E=e(k)-\boldsymbol{\varepsilon}(k)\boldsymbol{v}_{m} \tag{4-18}$$

$$\boldsymbol{v}(k+1)=\boldsymbol{v}_{\mathrm{m}}+K\times E \tag{4-19}$$

(e)协方差更新：

$$P(k+1)=[I-K\boldsymbol{\varepsilon}(k)]\times P_{\mathrm{m}} \tag{4-20}$$

式中：Q 为 $q(k)$的方差；R 为 $r(k)$的方差；P 为协方差，初始值 $P(0)=I$；E 为估计误差。

经过卡尔曼估计之后，得到模型参数 $\boldsymbol{v}(k)$。根据系统传递函数式(4-12)可知，系统的特征方程为

$$1-v_1z^{-1}-v_2z^{-2}-\cdots v_Lz^{-L}=0 \tag{4-21}$$

求解该特征方程，得到系统的特征根 $p_1,p_2,\cdots,p_n$，将特征根反映到复平面上，如图 4-6 所示。

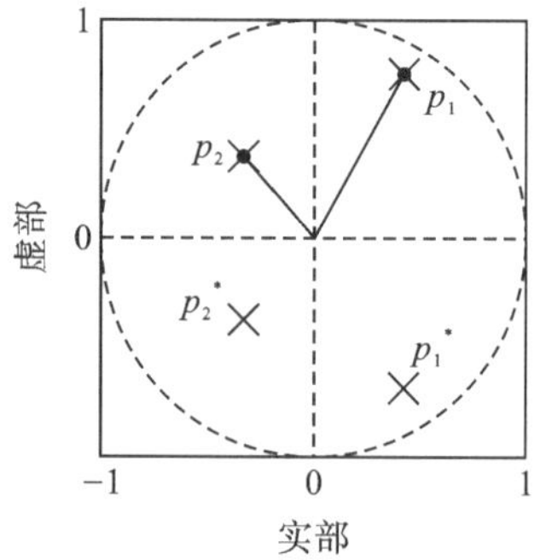

图 4-6 系统极点图

在复平面中，每一个特征根 p 对应一个相位角 ω_i，即对应着一个颤振频率。找到幅值最大的特征根 $p_{\max}$，其相位角所对应的频率就是主颤振频率 f_c：

$$
\begin{cases}
e^{jw} = p_{\max} \\
f_c = \mathrm{Im}(\ln(p_{\max}))\dfrac{f_s}{2\pi}
\end{cases}
\tag{4-22}
$$

式中：f_s 为采样频率。

4.5.2　基于希尔伯特变换的主颤振频率估计

基于模型的主颤振频率估计方法能够有效地得到铣削主颤振频率，但是在实际使用中，不同模型的阶数对频率估计结果影响较大，不适合变工况铣削加工过程。为了解决这一问题，提出基于希尔伯特变换(Hilbert transform)的主颤振频率估计方法，该方法能够对本征模式函数的瞬时频率进行求解，且计算过程仅依赖于信号本身，能够满足多种铣削工况下的颤振识别要求。

希尔伯特变换能够通过构造解析函数的方式追踪信号的瞬时频率。对于任意时间序列 $x(t)$，其希尔伯特变换为[98]

$$
y(t) = \frac{1}{\pi}\int_{-\infty}^{\infty} \frac{x(\tau)}{t-\tau}\mathrm{d}\tau \tag{4-23}
$$

进一步，构造解析函数：

$$
z(t) = x(t) + jy(t) = a(t)e^{j\varphi(t)} \tag{4-24}
$$

根据解析函数可以得到

(1)信号的幅值函数为

$$
a(t) = \sqrt{x(t)^2 + y(t)^2} \tag{4-25}
$$

(2)信号的相位函数为

$$
\phi(t) = \arctan\frac{y(t)}{x(t)} \tag{4-26}
$$

对相位函数进行求导则得到信号的瞬时频率：

$$
\omega(t) = \frac{\mathrm{d}\phi(t)}{\mathrm{d}t} \tag{4-27}
$$

同时可以表示为

$$
f(t) = \frac{1}{2\pi}\frac{\mathrm{d}\phi(t)}{\mathrm{d}t} \tag{4-28}
$$

然而，单一地使用希尔伯特变换对铣削振动信号进行频率估计，其结果偏差较大，甚至会得出无法解释、完全没有物理意义的负频率。因此，必须对初始铣削振动信号进行预处理。在颤振识别部分中，介绍了自适应滤波和经验模态分解(EMD)的方法，可以用于铣削振动信号的预处理过程。

初始振动信号 $a(k)$ 经过自适应率波后稳定周期成分被有效滤除，滤波信号

$e(k)$中主要包含幅值被放大的颤振频率成分；$e(k)$再经过经验模态分解，自适应地分解为一系列本征模态分量 c_i（IMF 分量），这些 IMF 包含了信号 $e(k)$中由高频段到低频段的不同成分；继续对各个 IMF 分量进行筛选，提取出与信号 $e(k)$最为相关的分量 c_s。

经过上述预处理之后，得到的信号 c_s 只保留与主颤振频率最为相关的成分，此时再对信号 c_s 进行希尔伯特变换，求解瞬时频率。以各点瞬时频率的中心频率作为主颤振频率的估计值，具体流程如图 4－7 所示。

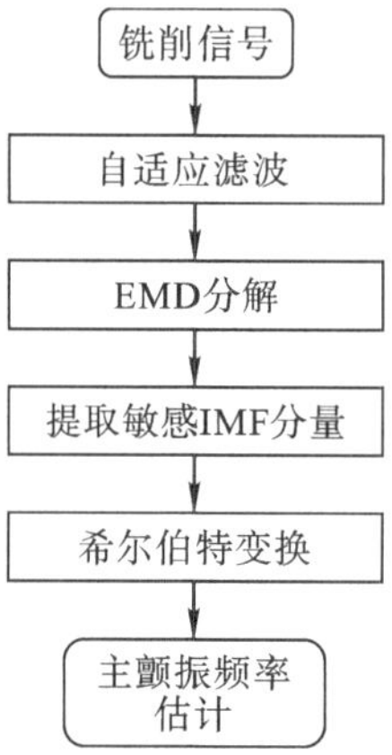

图 4－7　基于希尔伯特变换的主颤振频率估计流程

结合文中讨论的两种主颤振频率估计方法，建立基于 VR 指标识别的完整铣削颤振识别与主颤振频率估计流程，如图 4－8 所示。

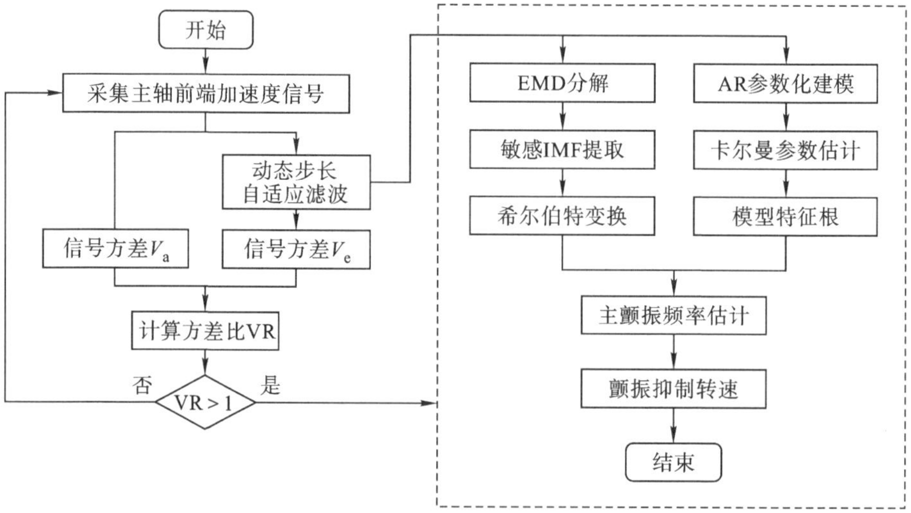

图 4－8　铣削颤振识别及主颤振频率估计流程

4.6　多工况铣削颤振识别实验

4.6.1　实验方案设计

根据图 1－3 所示铣削稳定性叶瓣图进行实验方案的设计，叶瓣图通过主轴转速与刀具轴向切削深度二者的变化关系来描述切削过程中稳定切削区域和颤振区域的边界条件，临界线上方为颤振区域，下方为稳定切削区域。当选定的切削参数组合在稳定区域时，切削过程不会发生颤振，反之则会引起颤振爆发。根据铣削颤振稳定性叶瓣图可知，当保证转速不变时，连续改变铣削深度会使加工状态由稳定区域进入颤振区域。基于以上讨论，设计两种类型的实验对文中所提出的多工况铣削颤振识别方法进行验证。

1. 斜坡工件铣削实验

设计斜坡工件，使铣削深度逐渐增大，从而完整地展现铣削由稳定状态到颤振爆发全过程，如图 4－9(a)所示。针对相同类型斜坡工件，改变铣削加工参数和工件材料，检验所提出的方法是否能实现对颤振早期阶段的识别，从而验证所提方法对于多工况铣削颤振识别是否有效，其中，斜坡工件的切削深度变化为 0～8 mm。

2. 非连续表面工件铣削实验

非连续表面工件的铣削实验是为了验证所提出的方法对于非连续表面工件铣削产生的瞬时冲击是否会发生误判。考虑铣削加工常见的非连续表面加工情况，设计两类非连续表面工件：

(a)台阶工件，如图 4－9(b)所示。其中，台阶深度变化为 1.5 mm；

(b)带槽和孔工件，如图 4－9(c)所示，其中，孔直径为 14 mm，槽 1 宽度为 4 mm，槽 2 宽度为 12 mm。

本次铣削实验所用设备为华科 BCH850 三轴高速数控机床，刀具采用硬质合金立铣刀，刀具直径 8 mm，刀具长度 100 mm，装夹使刀具悬长 50 mm，工件材料分别为铝合金 7075 和铝合金 6061，通过虎钳装夹在工作台上，通过 BK 三向加速传感器测量主轴箱前端振动，采样频率设定为 8192 Hz，连续采样。铣削实验台及其示意图如图 4－10 所示，具体加工参数设定如表 4－3 所示。

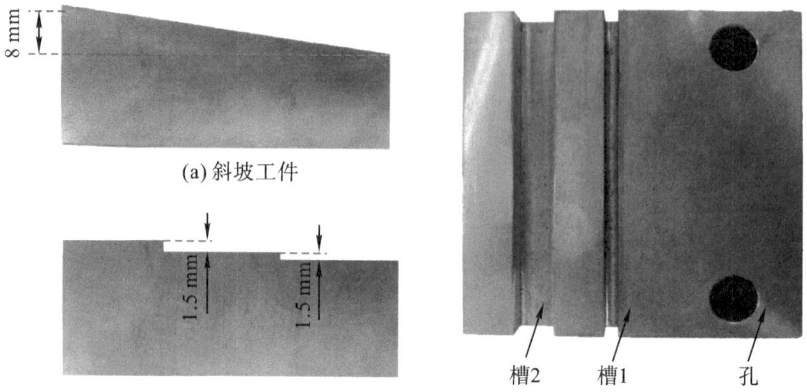

(a) 斜坡工件　(b) 台阶工件　(c) 带槽和孔工件

图 4-9　铣削实验工件

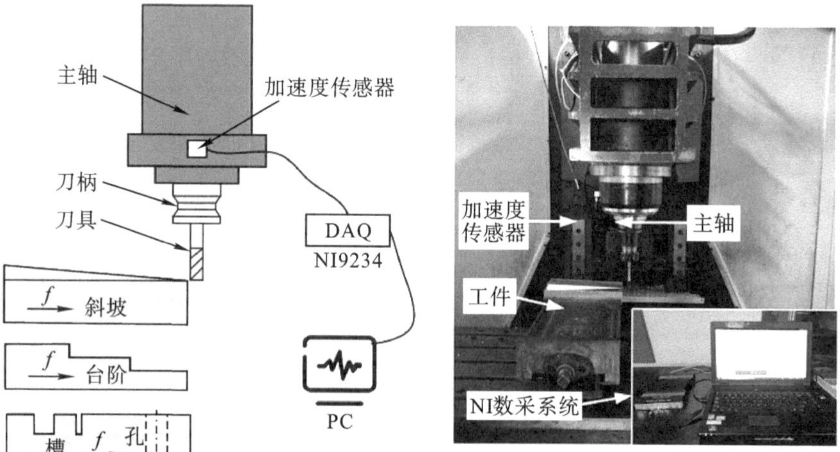

图 4-10　实验铣床平台及其示意图

表 4-3　铣削实验加工参数

实验编号	工件类型	铣削加工参数			
		材料/铝合金	转速/(r/min)	进给速率/(mm/min)	切宽/(mm)
1	斜坡工件	7075	6000	300	4
2	斜坡工件	7075	10200	300	2

续表

实验编号	工件类型	铣削加工参数			
		材料/铝合金	转速/(r/min)	进给速率/(mm/min)	切宽/(mm)
3	斜坡工件	6061	9600	300	2
4	斜坡工件	6061	7800	300	3
5	台阶工件	7075	7200	300	1
6	带槽和孔工件	7075	7200	300	1

4.6.2　实验结果分析

1. 实验 1 结果分析

如图 4-11(a)所示为实验 1 中采集到的铣削振动信号时域图。从图中可以看出，在 0～2.6 s 左右的阶段，刀具处于空转阶段，振动信号幅值较小，随后刀具由空转进入铣削状态，且随着切削深度的增加，振动信号的幅值缓慢增大。在 15.8 s 时刻，振动信号的幅值陡然增大，随后继续缓慢增加但不再出现大的陡变。随后刀具完全退出工件，振动信号的幅值随之迅速减小。进一步地，使用所提出的颤振识别方法对采集到的振动信号进行特征提取并计算三个指标：方差比 VR、能量率 ER 与 C0 复杂度，分别如图 4-11(b)、(c)、(d)所示。

从图中得到以下结果：

(a)快速性分析：VR 指标在 10.1 s 识别到铣削颤振的发生，ER 指标在 13.1 s 识别到颤振的发生，C0 复杂度指标在 12 s 识别到颤振的发生。VR 指标效果最优，C0 复杂度指标效果次之，ER 指标效果最差。

(b)平稳性分析：VR 指标和 ER 指标较为平稳，而 C0 复杂度指标则波动较大。

(c)准确性分析：选择最快识别到颤振的时间点，即 VR 识别位置附近的振动信号数据进行频谱分析，结果如图 4-12 所示。从图中可以看出，在 VR 指标识别到颤振发生的时刻，信号中已经明显出现了分布在稳定周期成分之间的颤振频率成分，说明 VR 指标判断准确。

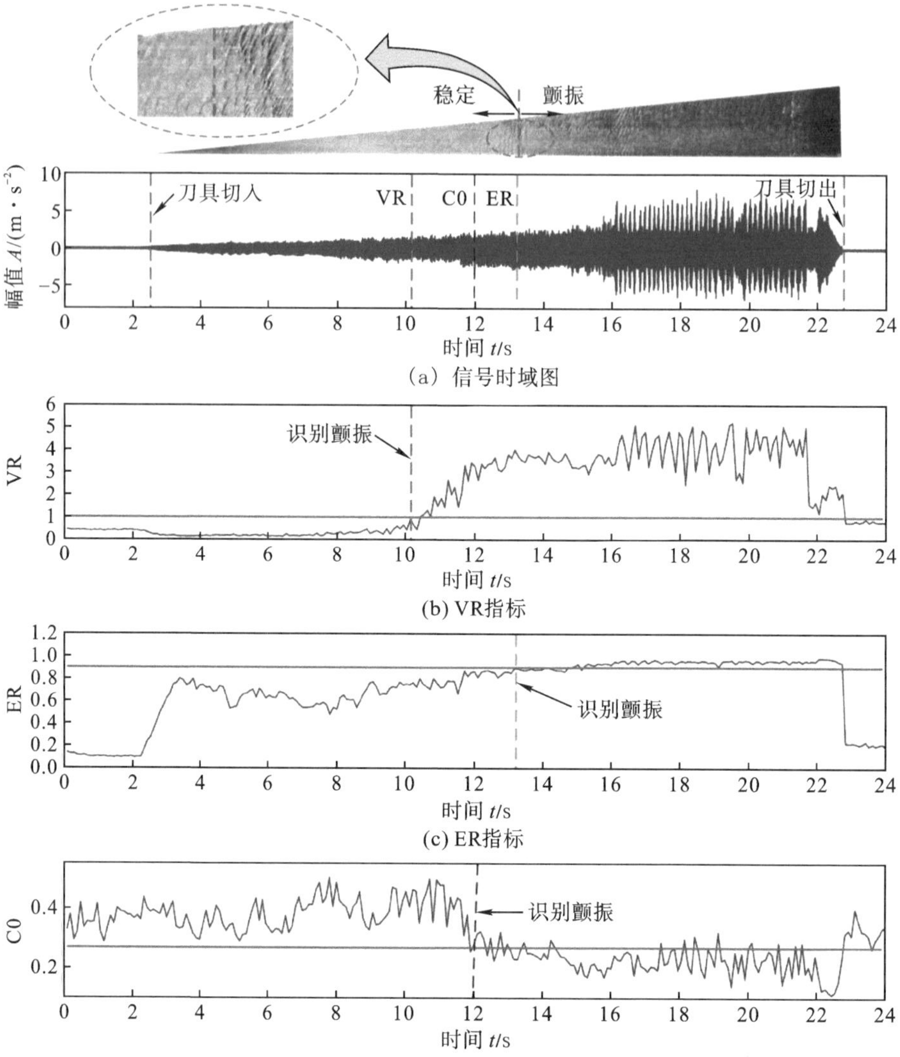

图 4-11 实验 1 结果

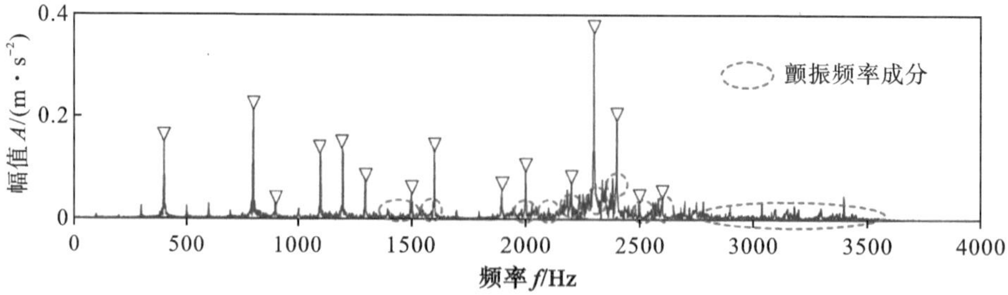

图 4-12 实验 1 信号时域图及 VR 指标识别位置频谱图

2. 实验 2 结果分析

如图 4－13(a)所示为实验 2 中采集到的铣削振动信号时域图。从图中可以看出，在 0～2 s 左右的阶段，刀具处于空转阶段，振动信号幅值较小，随后刀具由空转进入铣削状态，且随着切削深度的增加，振动信号的幅值缓慢增大。在 14 s 时刻，振动信号的幅值陡然增大，随后继续缓慢增加但不再出现大的陡变。随后刀具完全退出工件，振动信号的幅值随之迅速减小。进一步地，使用所提出的颤振识别方法对采集到的振动信号进行特征提取并计算三个指标：方差比 VR、能量率 ER 与 C0 复杂度，分别如图 4－13(b)、(c)、(d)所示。

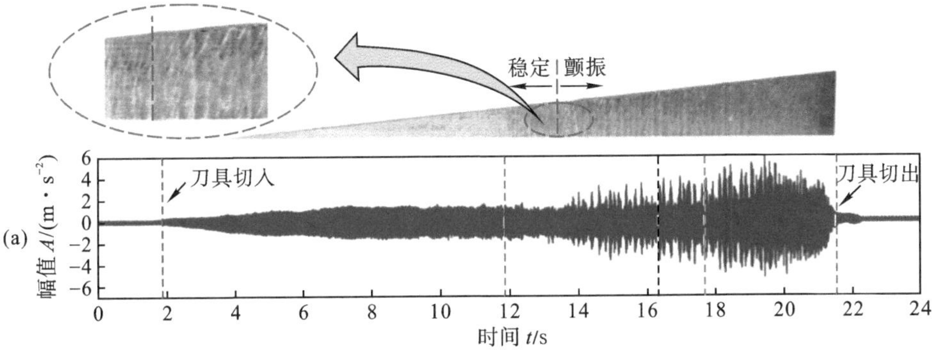

(a) 信号时域图

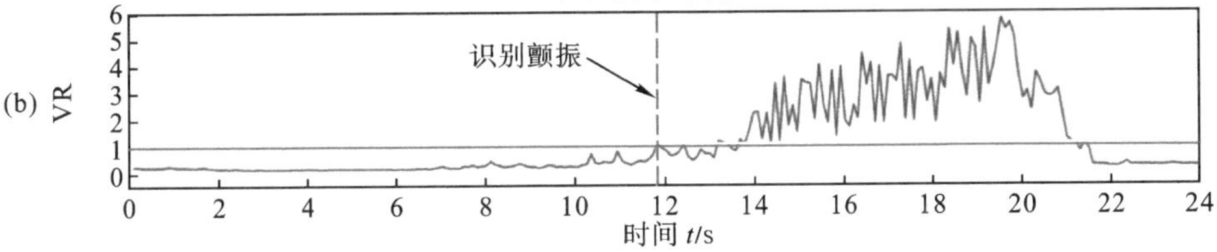

(b) VR指标

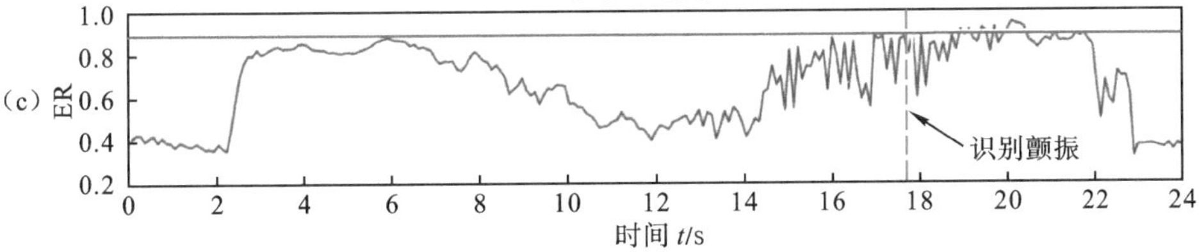

(c) ER指标

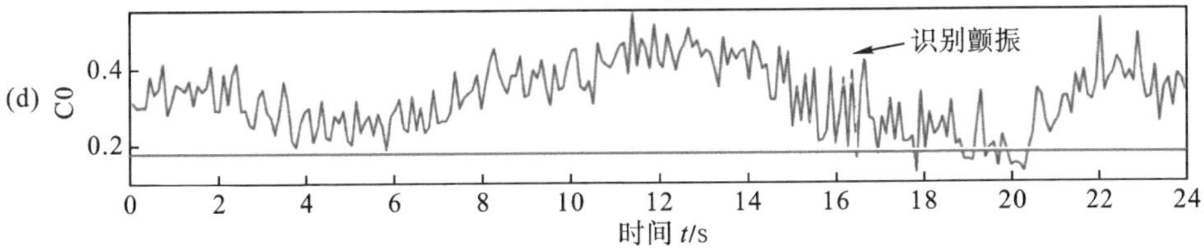

(d) C0复杂度指标

图 4－13　实验 2 结果

从图中得到以下结果：

(a)快速性分析：VR 指标在 11.9 s 识别到铣削颤振的发生，ER 指标在 17.8 s 识别到颤振的发生，C0 复杂度指标在 16.4 s 识别到颤振的发生。VR 指标效果最优，C0 复杂度指标效果次之，ER 指标效果最差。

(b)平稳性分析：VR 指标和 ER 指标较为平稳，而 C0 复杂度指标则波动较大。

(c)准确性分析：只有 VR 指标在信号幅值突然增大前识别到了颤振。选择最快识别到颤振的时间点附近的振动信号数据进行频谱分析，结果如图 4-14 所示。从图中可以看出，在 VR 指标识别到颤振发生的时刻，信号中已经明显出现了颤振频率成分，说明 VR 指标判断准确。

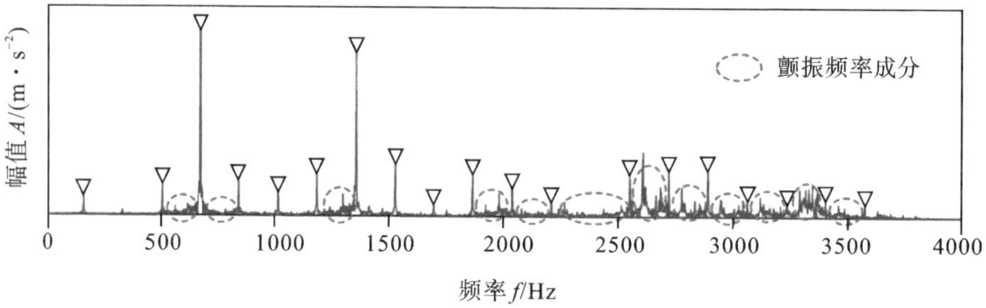

图 4-14　实验 2 信号时域图及 VR 指标识别位置频谱图

3. 实验 3 结果分析

如图 4-15(a)所示为实验 3 中采集到的铣削振动信号时域图。从图中可以看出，在 0～1 s 左右的阶段，刀具处于空转阶段，振动信号幅值较小，随后刀具由空转进入铣削状态，且随着切削深度的增加，振动信号的幅值缓慢增大。在 10.8 s 时刻，振动信号的幅值陡然增大，随后继续缓慢增加但不再出现大的陡变。随后刀具完全退出工件，振动信号的幅值随之迅速减小。进一步地，使用所提出的颤振识别方法对采集到的振动信号进行特征提取并计算三个指标：方差比 VR、能量率 ER 与 C0 复杂度，分别如图 4-15(b)、(c)、(d)所示。

从图中得到以下结果：

(a)快速性分析：VR 指标在 5.9 s 识别到铣削颤振的发生，ER 指标在 10.7 s 识别到颤振的发生，C0 复杂度指标在 10.4 s 识别到颤振的发生。VR 指标效果最优，C0 复杂度指标效果次之，ER 指标效果最差。

(b)平稳性分析：VR 指标和 ER 指标较为平稳，而 C0 复杂度指标则波动较大。

(c)准确性分析：选择最快识别到颤振的时间点，即 VR 识别位置附近的振动信号数据进行频谱分析，结果如图 4-16 所示。从图中可以看出，在 VR 指标识别到颤振发生的时刻，信号中已经明显出现了分布在稳定周期成分之间的颤振频率成分，说明 VR 指标判断准确。

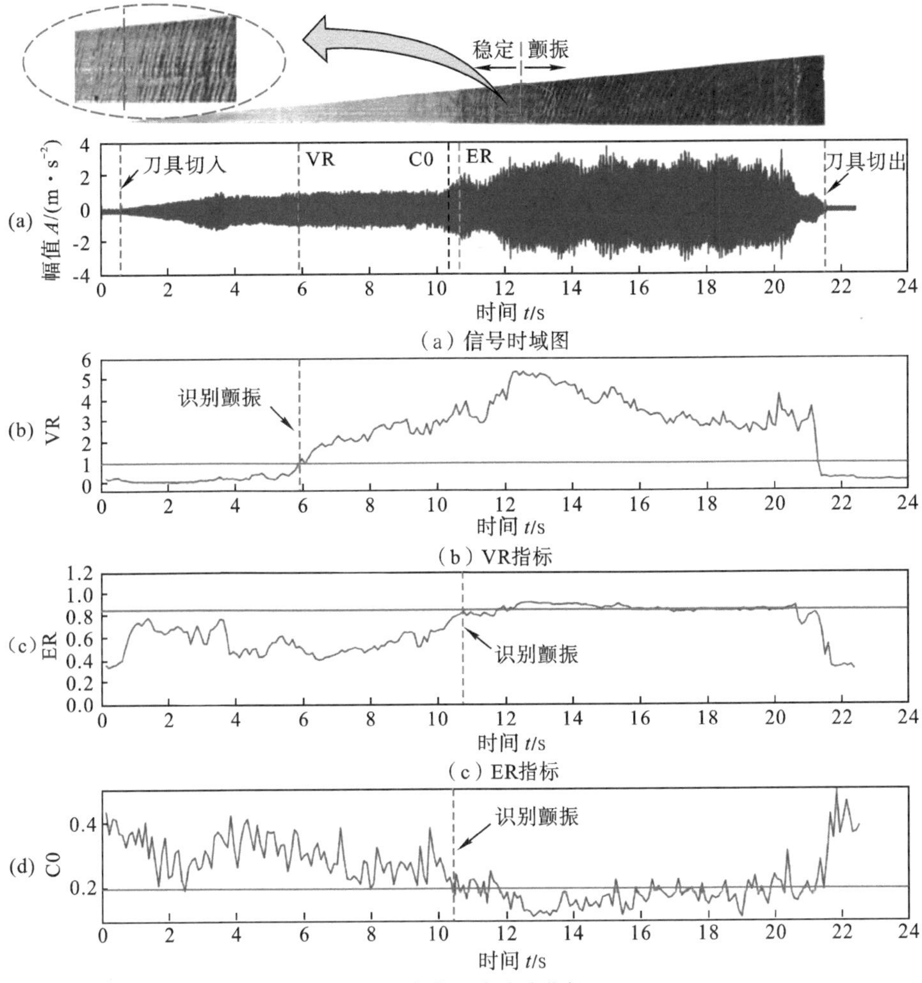

图 4-15　实验 3 结果

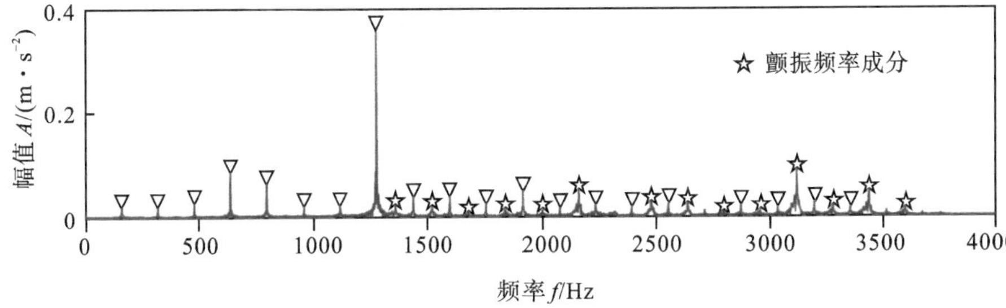

图 4-16　实验 3 信号时域图及 VR 指标识别位置频谱图

4. 实验 4 结果分析

如图 4－17(a)所示为实验 4 中采集到的铣削振动信号时域图。从图中可以看出，在 0～2.3 s 左右的阶段，刀具处于空转阶段，振动信号幅值较小，随后刀具由空转进入铣削状态，且随着切削深度的增加，振动信号的幅值缓慢增大。在 16.8 s 时刻，振动信号的幅值陡然增大，随后继续缓慢增加但不再出现较大增幅。随后刀具完全退出工件，振动信号的幅值随之迅速减小。进一步地，使用所提出的颤振识别方法对采集到的振动信号进行特征提取并计算三个指标：方差比 VR、能量率 ER 与 C0 复杂度，分别如图 4－17(b)、(c)、(d)所示。

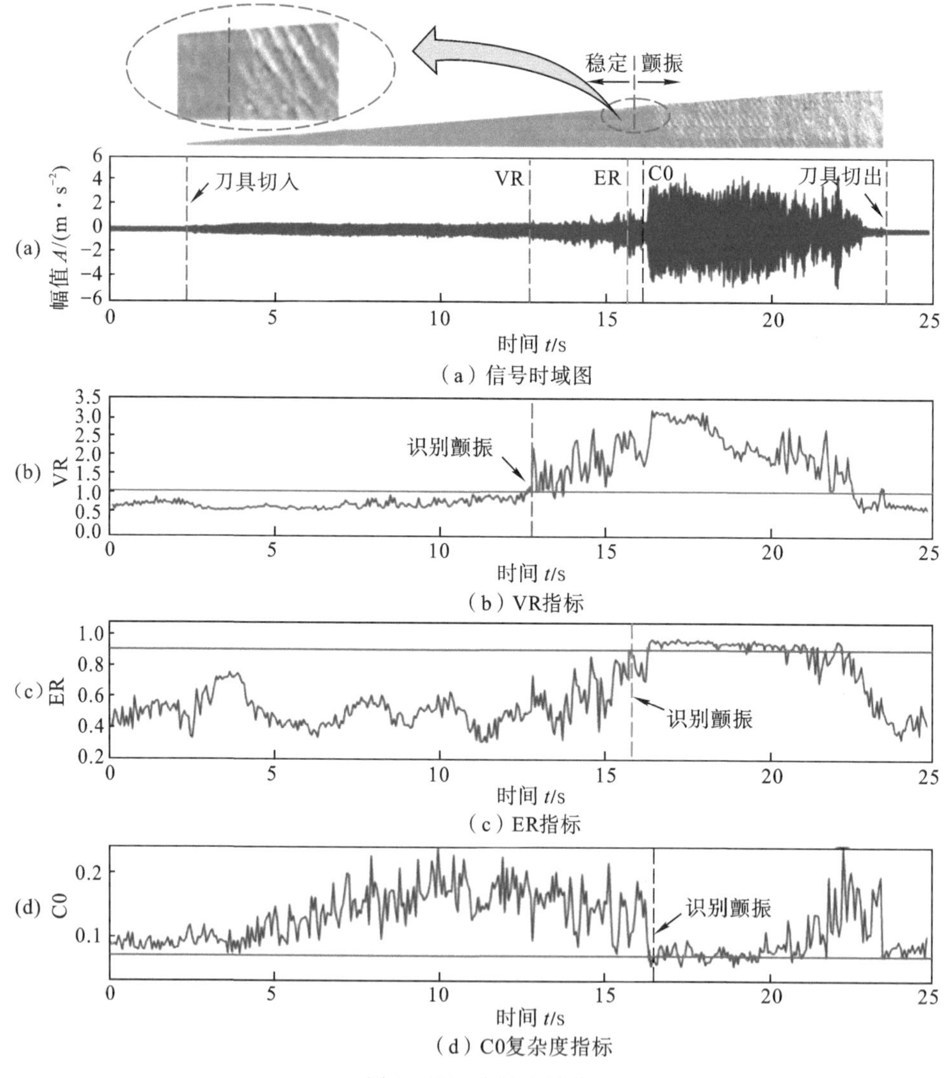

(a) 信号时域图

(b) VR指标

(c) ER指标

(d) C0复杂度指标

图 4－17　实验 4 结果

从图中得到以下结果：

(a)快速性分析：VR 指标在 12.7 s 识别到铣削颤振的发生，ER 指标在 15.8 s 识别到颤振的发生，C0 复杂度指标在 16.5 s 识别到颤振的发生。VR 指标效果最优，C0 复杂度指标效果次之，ER 指标效果最差。

(b)平稳性分析：VR 指标和 ER 指标较为平稳，而 C0 复杂度指标则波动较大。

(c)准确性分析：选择最快识别到颤振的时间点，即 VR 识别位置附近的振动信号数据进行频谱分析，结果如图 4-18 所示。从图中可以看出，在 VR 指标识别到颤振发生的时刻，信号中已经明显出现了分布在稳定周期成分之间的颤振频率成分，说明 VR 指标判断准确。

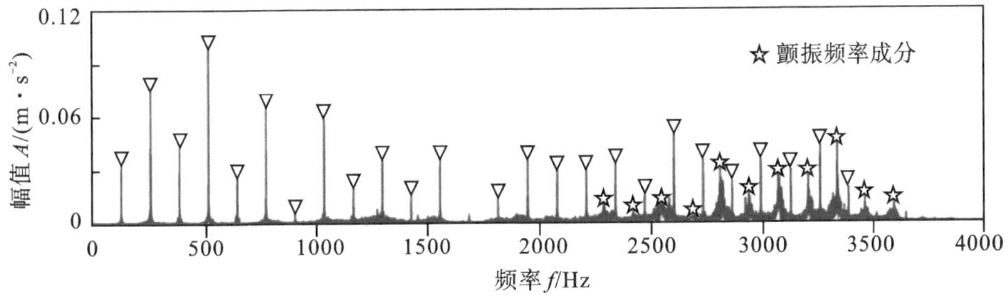

图 4-18　实验 4 信号时域图及 VR 指标识别位置频谱图

进一步地，对主颤振频率估计方法进行验证。在实验 1-4 中 VR 指标识别到颤振发生的时刻，使用所提出的两种方法估计主颤振频率，并选择颤振爆发时的振动信号主频率作为参考，结果如表 4-4 至表 4-7 所示。对比可知，两种方法均能够对主颤振频率做有效估计，基于希尔伯特变换的估计方法更为准确，基于卡尔曼滤波的估计方法受模型阶数影响较大。

表 4-4　实验 1 主颤振频率估计

频率估计方法	主颤振频率/Hz			
基于卡尔曼滤波的估计方法	3 阶	4 阶	5 阶	6 阶
	2267	2442	2040	2094
基于希尔伯特变换的估计方法	2415			
颤振爆发时的主频率	2360			

表 4-5 实验 2 主颤振频率估计

频率估计方法	主颤振频率/Hz			
基于卡尔曼滤波的估计方法	3 阶	4 阶	5 阶	6 阶
	2954	2820	2800	3176
基于希尔伯特变换的估计方法	2515			
颤振爆发时的主频率	2610			

表 4-6 实验 3 主颤振频率估计

频率估计方法	主颤振频率/Hz			
基于卡尔曼滤波的估计方法	3 阶	4 阶	5 阶	6 阶
	2618	2679	2203	3213
基于希尔伯特变换的估计方法	2560			
颤振爆发时的主频率	2520			

表 4-7 实验 4 主颤振频率估计

频率估计方法	主颤振频率/Hz			
基于卡尔曼滤波的估计方法	3 阶	4 阶	5 阶	6 阶
	2480	3160	2888	3011
基于希尔伯特变换的估计方法	2786			
颤振爆发时的主频率	2816			

5. 实验 5 结果分析

如图 4-19(a)所示为实验 5 中采集到的铣削振动信号时域图。从图中可以看出，在 0～2.1 s 左右的阶段，刀具处于空转阶段，振动信号幅值较小，随后刀具由空转进入铣削状态；在 8.3 s 时刻，遇到台阶面，振动信号的幅值陡然增大，随后减小；在 15.8 s 时刻，再次遇到台阶面，振动信号的幅值陡然增大，随后减小；在 22.3 s 左右，刀具完全退出工件，振动信号的幅值随之迅速减小。进一步地，使用所提出的颤振识别方法对采集到的振动信号进行特征提取并计算三个指标：方差比 VR、能量率 ER 与 C0 复杂度。如图 4-19(b)、(c)、(d)所示为提取的三个指标。

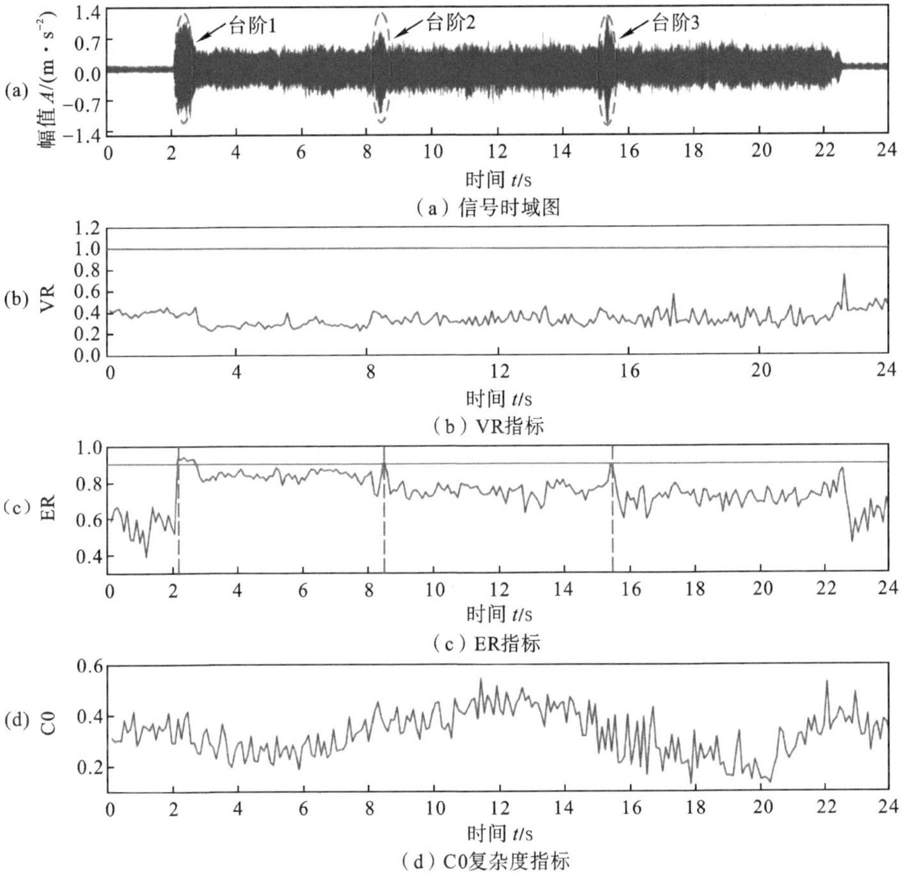

图 4-19　实验 5 结果

从图中可以看出，VR 指标在整个切削过程中没有发现颤振，且较为平稳；ER 指标在台阶位置识别到颤振；C0 复杂度则没有明显的变化。对三个台阶位置附近的信号进行频谱分析，结果如图 4-20 所示。从图中可知：三个台阶位置所对应的信号中均没有发现明显颤振频率成分，所以 ER 指标发生了误判，而 VR 指标和 C0 复杂度指标没有发生误判。

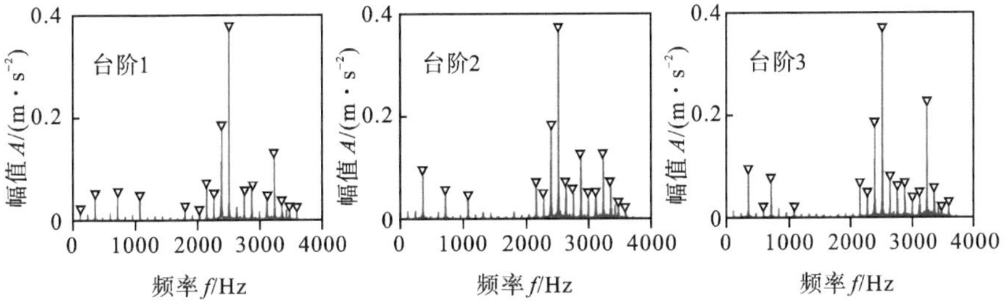

图 4-20　实验 5 信号时域图及三个台阶位置频谱图

6. 实验 6 结果分析

如图 4-21 所示为实验 6 中采集到的铣削振动信号时域图及方差比 VR、能量率 ER 与 C0 复杂度指标。从图 4-21(a)中可以看出，在 0～2 s 阶段，刀具处于空转阶段，振动信号幅值较小，随后刀具由空转进入铣削状态；在 5～7.2 s 阶段，刀具经过孔结构，振动信号的幅值呈现突增—突减—稳定—突增状态；在 13～13.7 s 阶段，刀具经过窄槽，振动信号幅值短暂减小后增大；在 16.8～18.8 s 阶段，刀具经过宽槽，振动信号幅值减小后增大，随后刀具完全退出工件，振动信号幅值迅速减小。从图 4-21(b)、(c)、(d)可以看出，VR 指标在整个切削过程中没有发现颤振，且较为平稳；ER 指标在刀具切出和切入孔时识别到颤振；C0 复杂度则没有明显的变化。对 ER 识别到颤振的两个位置附近的信号进行频谱分析，结果如图 4-22 所示。从图中可知：两个位置所对应的信号中均没有发现明显颤振频率成分，所以 ER 指标发生了误判，而 VR 指标和 C0 复杂度指标没有发生误判。

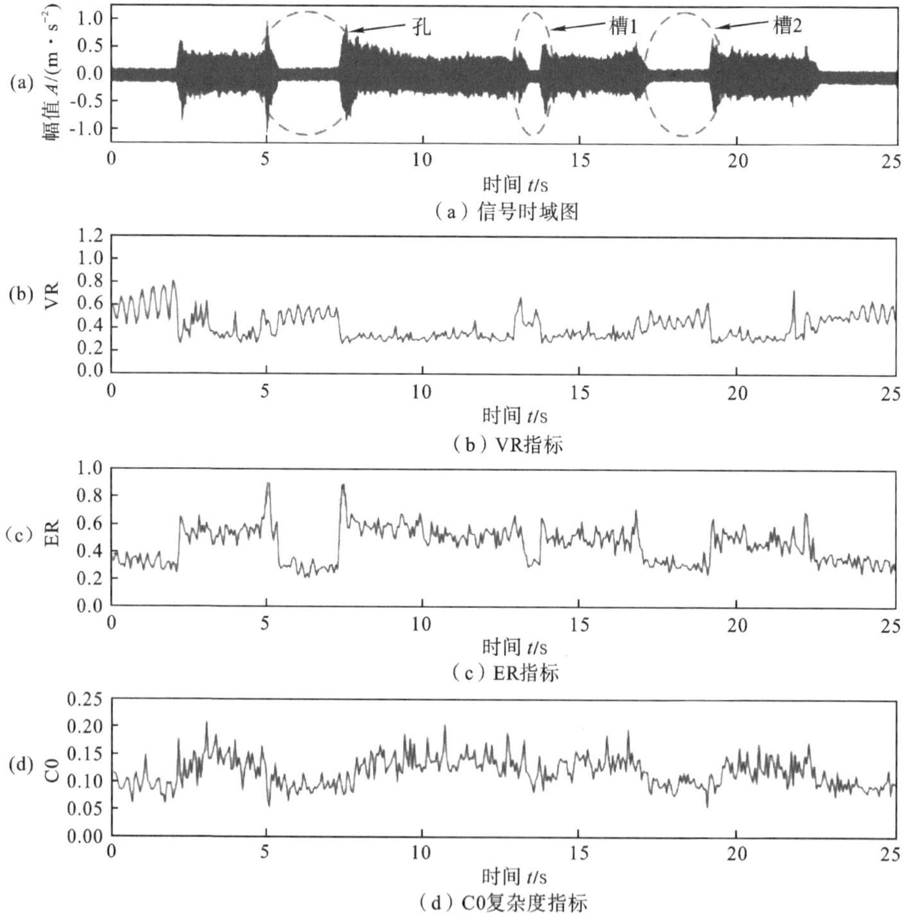

图 4-21　实验 6 结果

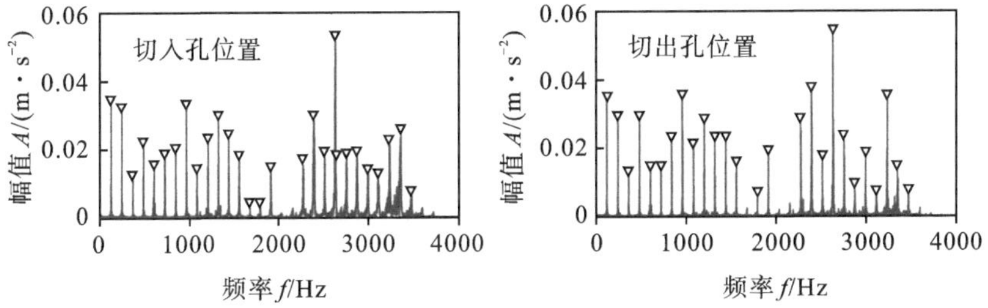

图 4-22　实验 6 信号时域图及 ER 指标识别颤振位置频谱图

通过以上六组实验结果分析可知，基于动态步长自适应滤波器的 VR 指标能够实现对多种铣削工况下的颤振早期识别，且能够有效避免误判、漏判情况。

4.7　本章小结

本章对铣削颤振状态识别和主颤振频率估计方法进行了研究，具体内容包括：

(1)介绍了用于在线反映信号状态的三类主要指标：时域类、时频域类和复杂度类，并针对 C0 复杂度进行详细介绍。

(2)基于动态步长自适应滤波和经验模态分解分别构建了无量纲时域指标——方差比(VR)和无量纲时频域指标——能量率(ER)，进一步通过状态识别指标实验验证了 VR、ER 和 C0 复杂度指标对于反映铣削加工不同状态的有效性。

(3)提出了两种主颤振频率估计方法：基于卡尔曼滤波的估计方法和基于希尔伯特变换的估计方法，从而实现对早期颤振信号中蕴含的主颤振频率的提取。

第 5 章

基于功率谱熵差的铣削颤振检测

5.1 引言

根据主动颤振消除方法的要求，铣削颤振早期检测需要在过渡阶段准确检测到颤振发生。然而，这一阶段内从传感器中采集到的信号成分复杂：包括谐波成分 $a_p(k)$、颤振频率成分 $a_c(k)$、少量干扰频率成分 $a_d(k)$ 以及噪声成分 $a_n(k)$。其中，与颤振关系最为密切的颤振频率成分集中分布在主轴-刀柄-刀具固有频率附近较窄的频率范围内，且与低阶谐波成分相比十分微弱。由于环境中其他设备的振动、电源的工频等干扰的影响，采集到的信号中存在着干扰频率成分，这些干扰频率成分的特点与颤振成分极为相似。当铣削力较小时，干扰频率成分的存在极易导致误判现象的发生。

为了实现快速准确地铣削颤振早期检测、降低阈值设置的难度、避免不同工况下的误判和漏判现象，需要从原始信号中识别并滤除干扰频率成分、分离颤振频率成分集中的颤振敏感频段信号、设计合理的检测指标。本章通过铣削加工前的空转信号确定干扰频率成分；利用 VMD 分解分离颤振敏感频段信号；分析了分解模态数量 K 和惩罚因子 α 对 VMD 分解效果的影响；设计了用于评价 VMD 分解效果的指标，利用高、中、低转速下的三个典型信号片段找到了一个较优的参数组合，在后续实验中发现该参数组合普遍适用，避免了各类优化方法必须反复分解优化的过程；考虑到干扰频率成分的存在，设计了两级串联的自适应滤波器，分别滤除信号中的干扰频率成分和谐波成分；设计功率谱熵差（ΔPSE）指标实现了铣削颤振早期检测，并极大地降低了铣削颤振阈值选择的难度；最后通过实验验证了该方法的有效性。

5.2 铣削颤振早期检测方法的步骤

本章提出的铣削颤振早期检测方法包括5个步骤：

(1)将采集的主轴振动加速度信号 X 分割为若干帧信号$\{\boldsymbol{X}_1,\boldsymbol{X}_2,\cdots,\boldsymbol{X}_i\}$，其中 $\boldsymbol{X}_i$ 表示第 i 帧信号。对于实际铣削过程，刀具在与工件相接触前存在着一段空转过程，因此 $\boldsymbol{X}_1$ 通常情况下为空转信号。

(2)利用空转信号 $\boldsymbol{X}_1$ 识别加工信号中的干扰频率成分。

(3)利用 VMD 分解从信号 $\boldsymbol{X}_i$ 中分离出颤振敏感频段的信号，记为 $\boldsymbol{X}_{i,\mathrm{c}}$。

(4)从 $\boldsymbol{X}_{i,\mathrm{c}}$中滤除谐波成分和干扰频率成分，得到滤波后的信号 $\boldsymbol{X}_{i,\mathrm{f}}$。

(5)计算滤波前后的信号 $\boldsymbol{X}_{i,\mathrm{c}}$和 $\boldsymbol{X}_{i,\mathrm{f}}$的功率谱熵的差值，并进行平滑。

在本章的5.3、5.4和5.5节中，将对步骤(2)到(5)展开论述。

5.3 干扰频率成分识别方法

直接采集的铣削加速度信号中含有干扰频率成分，有效地识别这些干扰成分并在后续的处理中将其滤除有助于避免误判现象的发生。

由于这些干扰频率成分来源于铣床周围环境中其他设备(如水冷机等)的振动、电源工频等，当系统启动时，所采集的信号中必然存在相应的干扰频率成分。因此，可以考虑使用空转状态下的主轴加速度信号对其进行分析。

在空转状态下主轴的加速度信号可以表示为

$$\boldsymbol{a}_{\mathrm{e}}=\boldsymbol{a}_{\mathrm{p}}+\boldsymbol{a}_{\mathrm{d}}+\boldsymbol{a}_{\mathrm{n}} \tag{5-1}$$

式中：$\boldsymbol{a}_{\mathrm{e}}$ 为空转状态下的主轴加速度信号；$\boldsymbol{a}_{\mathrm{p}}$ 为因主轴转动而产生的转频及其谐波成分；$\boldsymbol{a}_{\mathrm{d}}$ 为干扰频率成分；$\boldsymbol{a}_{\mathrm{n}}$ 为噪声成分。

$\boldsymbol{a}_{\mathrm{p}}$ 与 $\boldsymbol{a}_{\mathrm{d}}$ 均与颤振频率成分无关，在后续的信号处理中均需要滤除，因此可以将两者都按照干扰频率成分进行处理，不再进行区分。与噪声成分 $\boldsymbol{a}_{\mathrm{n}}$ 相比，干扰频率成分的幅值更大。针对这一特点，提出了如图5-1所示的识别方法，从空转信号中提取干扰频率成分：

(1)设 $\boldsymbol{X}_1=[x(1),x(2),\cdots,x(k),\cdots,x(N)]$是从采集到的加速度信号中分割出的第一帧信号，其长度为 N。则可以得到相应的傅里叶变换：

$$F_N(j)=\frac{1}{N}\sum_{k=1}^{N}x(k)W_N^{-kj},\quad j=1,2,\cdots,N \tag{5-2}$$

式中：$W_N=\exp\left(\frac{2\sqrt{-1}\pi}{N}\right)$。

（2）计算傅里叶变换序列 $F_N(j)$ 的均方根 G_N：

$$G_N=\sqrt{\frac{1}{N}\sum_{j=1}^{N}|F_N(j)|^2} \tag{5-3}$$

（3）考虑到噪声成分 $\boldsymbol{a}_\mathrm{n}$ 为白噪声，因此参考 3σ 准则，将幅值大于 rG_N 的频率成分认定为干扰频率成分。在实验中发现，$r=9$ 是较为合适的参数值。当 $|F_N(j)|\geqslant rG_N$ 时，相应的干扰频率成分的频率为

$$f_\mathrm{d}=\frac{f_\mathrm{s}}{N}\times j \tag{5-4}$$

式中：f_s 为信号的采样频率，Hz。

（4）当 $|F_N(j)|\geqslant rG_N$ 时，令 $F_N(j)=0$ 得到一个新的傅里叶变换序列。重复步骤（2）到（4）直至不再检出干扰频率成分。

通过该识别算法可以得到一系列的颤振干扰频率成分，其频率记为

$$\boldsymbol{f}_d=[f_\mathrm{d}(1),f_\mathrm{d}(2),\cdots,f_\mathrm{d}(m)] \tag{5-5}$$

式中：m 为干扰频率成分的数目。

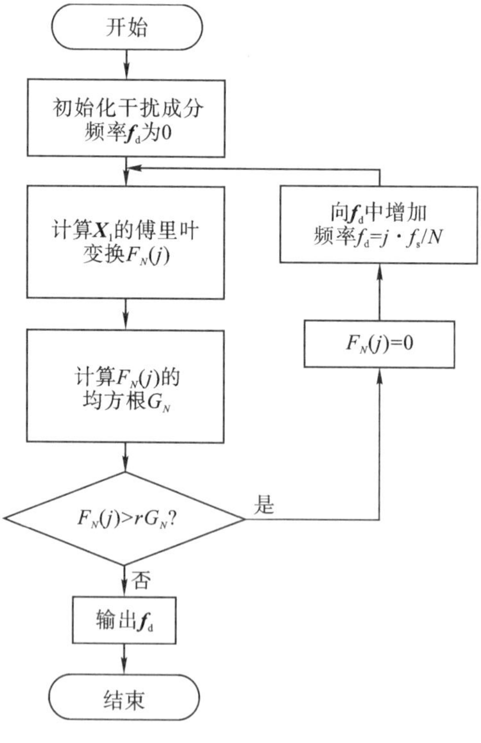

图 5-1　干扰频率成分识别方法流程

为了验证该干扰频率成分识别算法的有效性，开展了实验验证。图 5－2(a)为实验中采集的空转状态下主轴加速度信号。主轴转速为 4800 r/min，信号的采样频率为 4096 Hz，空转信号片段的长度为 512 个采样点，即 0.125 s。图 5－2(b)为该空转片段的幅频谱，其中所有幅值较大的成分均被准确地识别为干扰频率成分。其中低频段识别到的干扰成分主要是谐波成分。除干扰成分外，其他频率成分的幅值基本符合白噪声的特点。

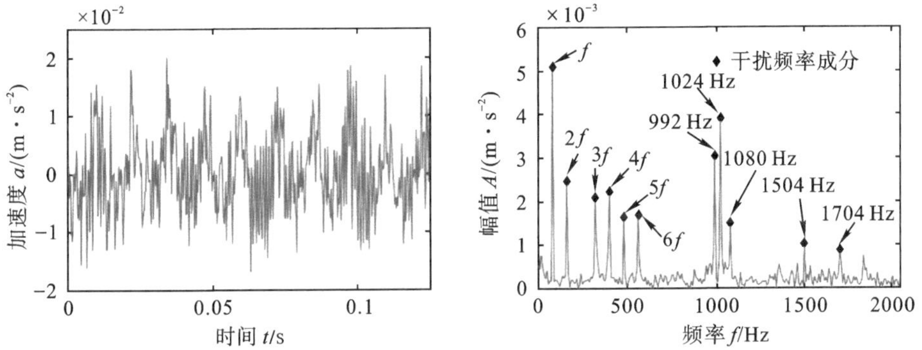

(a) X_1 的时域波形　　(b) X_1 的幅频谱

图 5－2　干扰频率成分识别结果

5.4　颤振敏感频段信号分离方法

根据自激振动的特点和铣削颤振频率特性的分析结果：①颤振频率成分集中在机床主轴-刀柄-刀具的固有频率附近；②在铣削颤振早期，颤振频率成分的幅值远远小于低阶谐波成分的幅值。因此在铣削颤振早期，颤振频率成分的信噪比较小，故有必要研究一种颤振敏感频段的信号分析方法。

现有的研究中常用的方法是将原始信号通过小波包分解、EMD/EEMD 等时频域方法分解为一系列的分量，然后根据各个分量的能量占比或能量变化筛选出其中的颤振敏感成分。例如：Yao 等[63]使用 db10 小波包分解铣削信号，选取其中颤振时能量占比大的分量作为颤振敏感成分用于重建新信号。曹宏瑞等[42]使用梳状滤波器去除原始信号中的谐波成分后，对信号进行 EEMD 分解；对比典型的平稳、微弱颤振和强烈颤振三种状态下的信号后，选取其中能量随颤振强度增大而增大的成分作为颤振敏感成分。然而，低阶谐波成分的幅值远远大于颤振频率成分，且与颤振频率成分相同，会随着轴向铣削深度的增加而增大。因此，根据各分量的能量并不能保证准确地分离出颤振敏感频段的信号。

5.4.1 VMD 分解分离颤振敏感频段

变分模态分解(variational mode decomposition,VMD)算法是由 Dragomiretskiy 在 2014 年提出的自适应、准正交、完全非递归的分解方法。其自适应性表现在确定序列的模态分解个数后的搜索和求解过程中可以自适应地匹配每种模态的最佳中心频率和有限带宽,实现 IMFs 的有效分离、信号的频域划分,进而得到给定信号的有效分解成分,最终获得变分问题的最优解。与 EMD 和 EEMD 方法相比,VMD 分解具有更坚实的数学理论基础,且有效克服了端点效应和模态分量混叠的问题,可以降低复杂度高和非线性强的时间序列非平稳性,分解获得包含多个不同频率尺度且相对平稳的子序列,适用于非平稳性的序列。

在 VMD 分解算法中,当给定分解模态数量 K 时,IMFs 被定义为一系列调幅调频信号:

$$u_k(t)=A_k(t)\cos(\varphi_k(t)),\quad k=1,2,\cdots,K \tag{5-6}$$

式中:$A_k(t)\geqslant 0$ 表示瞬时幅值;$\varphi_k(t)$ 为非递减相位,即 $\varphi'_k(t)\geqslant 0$;$\omega_k(t)=\varphi'_k(t)$ 表示瞬时频率。

对于一个给定的原始序列 $f(t)$,VMD 分解的过程可以转化为一个约束优化问题:

$$\begin{cases}\min\limits_{\{u_k\},\{\omega_k\}}\left\{\sum\limits_{k=1}^{K}\left\|\partial_t\left[\left(\sigma(t)+\dfrac{j}{\pi t}\right)*u_k(t)\right]\mathrm{e}^{-j\omega_k t}\right\|_2^2\right\} \\ \text{s.t.}\quad \sum\limits_{k=1}^{K}\boldsymbol{u}_k=\boldsymbol{f}\end{cases} \tag{5-7}$$

式中:$u_k(t)$ 和 ω_k 分别表示第 k 个 IMF 及相应的中心频率;$\sigma(t)$ 为狄拉克函数;$*$ 表示卷积运算。

该约束变分模型保证了分解序列为具有中心频率的有限带宽的 IMF 分量,且各模态的估计带宽之和最小。引入拉格朗日乘子 λ 和惩罚因子 α 将式(5-7)所示的约束优化问题转换为式(5-8)所示的无约束优化问题:

$$L(\{u_k\},\{\omega_k\},\lambda)=\alpha\sum_{k=1}^{K}\left\|\partial_t\left[\left(\sigma(t)+\frac{j}{\pi t}\right)u_k(t)\right]\mathrm{e}^{-j\omega_k t}\right\|_2^2+\left\|f(t)-\sum_{k=1}^{K}u_k(t)\right\|_2^2+ \left[\lambda(t)\cdot\left(f(t)-\sum_{k=1}^{K}u_k(t)\right)\right] \tag{5-8}$$

将式(5-8)转换至频域,并求解相应的极值,可以得到:

$$\hat{u}_k^{n+1}(\omega)=\frac{\hat{f}(\omega)-\sum\limits_{i\neq k}\hat{u}_i(\omega)+\dfrac{\hat{\lambda}(\omega)}{2}}{1+2\alpha(\omega-\omega_k)^2} \tag{5-9}$$

$$\omega_k^{n+1} = \frac{\int_0^\infty \omega \left| \hat{u}_k(\omega) \right|^2 \mathrm{d}\omega}{\int_0^\infty \left| \hat{u}_k(\omega) \right|^2 \mathrm{d}\omega} \tag{5-10}$$

最后利用交替方向乘子算法反复求解更新每个 IMF 分量和相应的中心频率，得到 K 个窄带 IMF 分量。

根据铣削颤振信号的频率特性和 VMD 分解的原理，提出颤振敏感频段信号分离方法，其流程如图 5-3 所示。

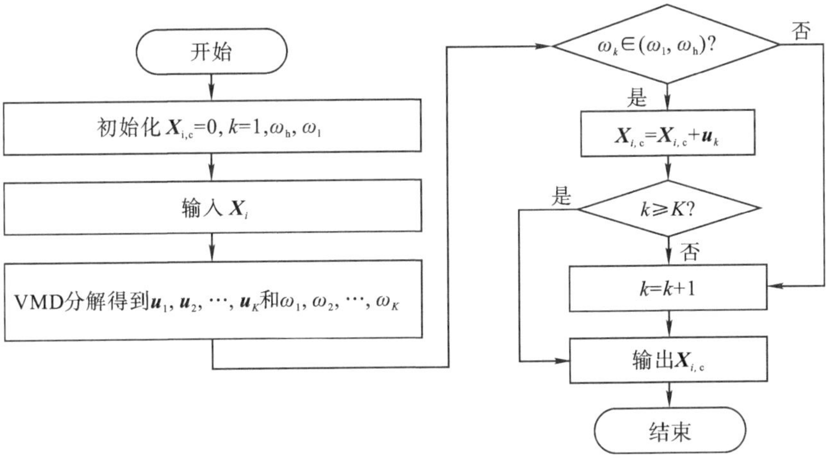

图 5-3　颤振敏感频段分离流程

首先，对每一个信号片段 X_i 进行 VMD 分解，得到一系列从低频到高频分布的 IMFs，记为 $u_1, u_2, \cdots u_K$。K 表示分解模态的数量，相应的中心频率记为 $\omega_1, \omega_2, \cdots, \omega_K$。

然后，将中心频率在主轴-刀柄-刀具系统的固有频率 ω_n 附近的 IMFs 累加，得到一个新信号，记为 $X_{i,c}$。即：

$$X_{i,c} = \sum u_{k,c} \tag{5-11}$$

式中：$u_{k,c}$ 为颤振相关的 IMF，其对应的中心频率为 $\omega_{k,c} \in (\omega_l, \omega_h)$。$\omega_l$ 和 ω_h 满足一下三个限制条件：$\omega_l < \omega_n < \omega_h$，$\omega_n - \omega_l > 2f_{sp}$，$\omega_h - \omega_n > 2f_{sp}$。其中 f_{sp} 表示主轴转频，单位为 Hz。

5.4.2　VMD 分解效果评价指标

在 VMD 分解算法中，分解模态数量 K 和惩罚因子 α 是直接影响到分解效果的关键参数。当 K 过大时，容易导致过分解的现象发生；当 K 偏小时，则不能实现完全分解；当 α 过大时，会遗漏部分幅值较小的模态信息；而 α 过小时，则易受噪声的干扰。为了选取合适的分解参数，国内外学者们使用了各种优化算法对其进行优化，然而无论是哪种优化算法都无可避免地需要对信号反复分解，优化过程耗时较长。

在概率论和信息论中，两个随机变量的互信息(mutual information, MI)是变量间相互依赖性的量度。相比于相关系数，互信息并不局限于实值随机变量，而是取决于联合概率分布函数和边缘概率分布函数的乘积的相似程度。对于两个随机变量 x 和 y，其互信息的表达式为

$$\mathrm{MI}(\boldsymbol{x},\boldsymbol{y}) = \sum_{x\in x}\sum_{y\in y} p(\boldsymbol{x},\boldsymbol{y})\lg\frac{p(\boldsymbol{x},\boldsymbol{y})}{p(\boldsymbol{x})(\boldsymbol{y})} \tag{5-12}$$

式中：$p(\boldsymbol{x},\boldsymbol{y})$为联合概率分布函数；$p(\boldsymbol{x})$、$p(\boldsymbol{y})$为随机变量 $\boldsymbol{x}$ 和 $\boldsymbol{y}$ 的边缘概率分布函数。

当 x 和 y 为完全独立的变量时，互信息的值为 0；互信息的值越大，意味着变量 x 和 y 的相关性越强。

当原始信号为 $\boldsymbol{X}$ 时，良好的 VMD 分解效果应当同时满足以下两个要求：分解出的各个本征模态函数 $\boldsymbol{u}_1,\boldsymbol{u}_2,\cdots,\boldsymbol{u}_K$ 之间应尽可能独立；重建信号 $\boldsymbol{X}_{\mathrm{rec}}=\sum_{i=1}^{K}\boldsymbol{u}_i$，应与原始信号尽可能相近。针对这两个条件，分别设计了$\mathrm{MI_{IMF}}$和$\mathrm{MI_{rec}}$指标。其中，$\mathrm{MI_{IMF}}$为相邻 IMFs 之间的互信息之和，即：

$$\mathrm{MI_{IMF}} = \sum_{i=1}^{K-1}\mathrm{MI}(\boldsymbol{u}_i,\boldsymbol{u}_{i+1}) \tag{5-13}$$

$\mathrm{MI_{rec}}$为重建信号与原始信号之间的互信息，即：

$$\mathrm{MI_{rec}}=\mathrm{MI}(\boldsymbol{X}_{\mathrm{rec}},\boldsymbol{X}) \tag{5-14}$$

为了分析参数分解模态数量 K 和惩罚因子α 对分解效果的影响，选取了三段低、中、高转速下的铣削信号进行分解实验，观察不同参数组合下$\mathrm{MI_{IMF}}$与$\mathrm{MI_{rec}}$的变化。三段信号的切削参数列于表 5－1 中。三个典型片段的时域信号如图 5－4 所示。每一段信号的采样频率都为 4096 Hz，采样长度为 512 个采样点，即 0.125 s。

表 5－1 低、中、高转速下典型信号片段

信号编号	主轴转速/(r/min)	轴向切深/mm	径向切深/mm	铣削状态
x_1	3600	2	1	平稳
x_2	4800	4	1	平稳
x_3	7200	4	1	颤振

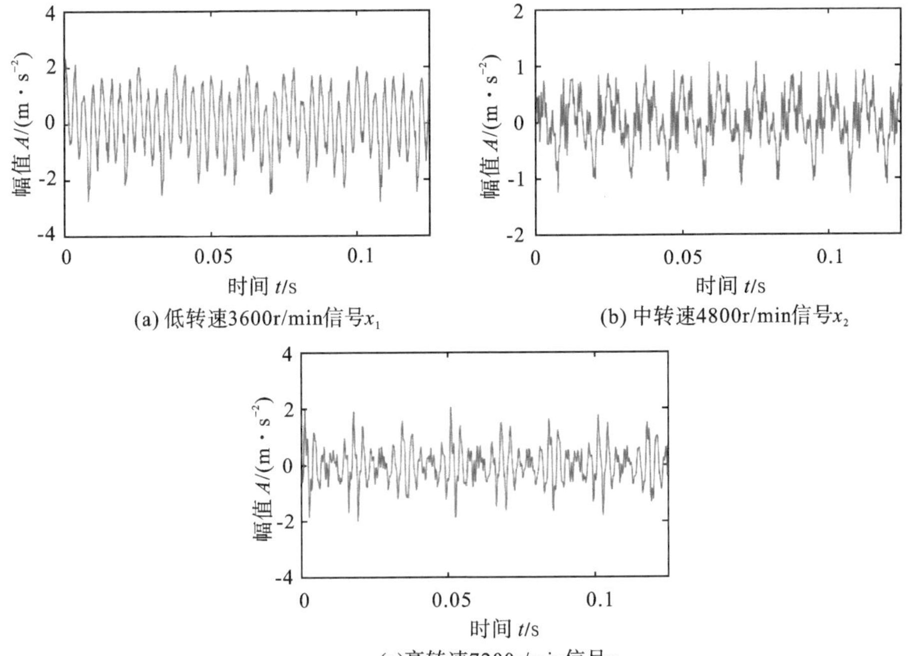

(a) 低转速3600r/min信号x_1　(b) 中转速4800r/min信号x_2　(c)高转速7200r/min信号x_3

图 5-4　低、中、高转速下典型信号片段

分析惩罚因子 α 对分解效果的影响时，固定分解模态数量 K 为 8，惩罚因子 α 从 100 到 5000 之间以 100 为步长进行取值。对于每一个 α 的取值，对上述三组典型信号进行分解，记录指标$\mathrm{MI_{IMF}}$和$\mathrm{MI_{rec}}$的变化，结果如图 5-5 所示。当 K 值固定时，随着 α 值的增大，$\mathrm{MI_{IMF}}$迅速减小；α 值超过 1000 后，$\mathrm{MI_{IMF}}$趋于平稳；与此同时$\mathrm{MI_{rec}}$在不断减小。这意味着，K 值固定时，随着 α 值的增大，VMD 分解所得的各本征模态函数之间的相关性迅速减弱即正交性增强，但重构信号的失真更加严重。

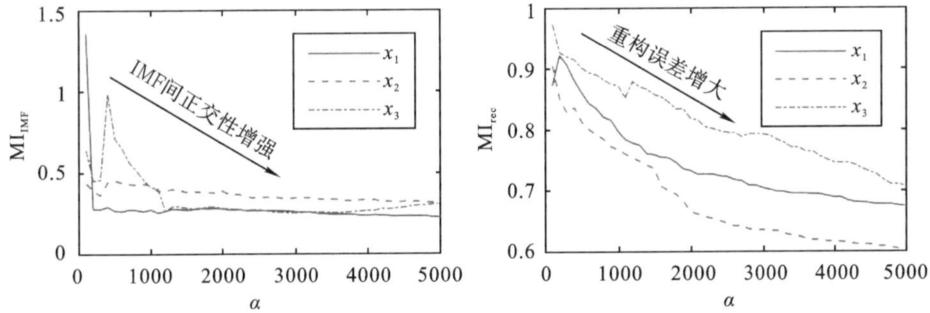

(a) 对IMFs间正交性的影响　(b) 对重构误差的影响

图 5-5　α 对分解效果的影响

相似地，在分析分解模态数量 K 对分解效果的影响时，取惩罚因子 α 为 3000（参考 $K=8$ 时，α 超过 1000 后的 MI_{IMF} 趋于平稳），K 以 1 为步长从 2 到 21 之间进行取值。对三组典型信号以每一组参数组合进行 VMD 分解，记录分解结果的 MI_{IMF} 和 MI_{rec} 值，结果如图 5-6 所示。随着分解模态数量的增加，MI_{IMF} 指标不断增大，分解出的本征模态函数之间的正交性减弱，换言之即发生了过度分解的现象。MI_{rec} 指标的值同样不断增大，即重构信号的失真较小。

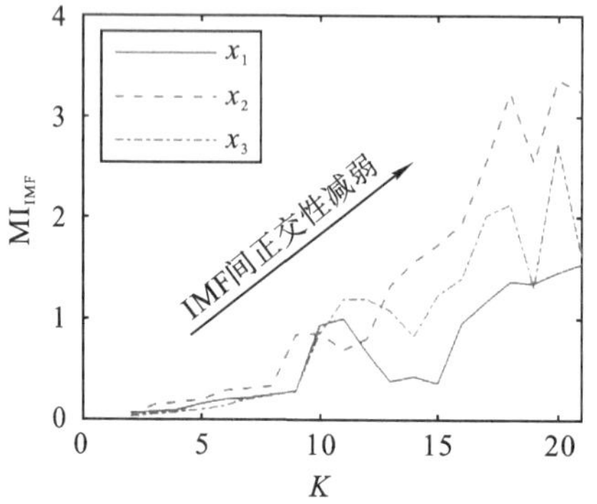

(a) 对IMFs间正交性的影响

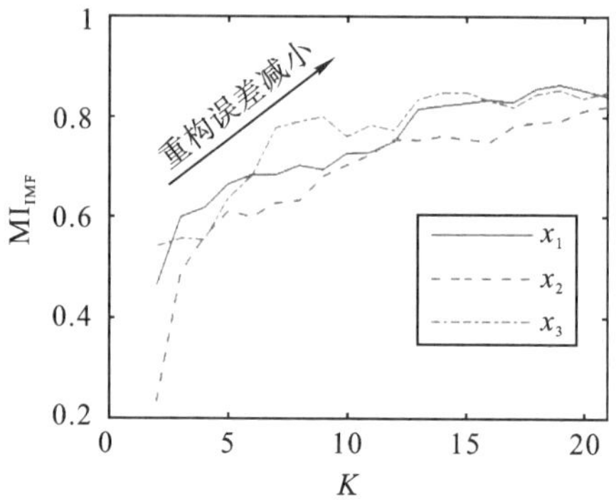

(b) 对重构误差的影响

图 5-6　K 对分解效果的影响

综合上述，可以得出前述良好的 VMD 分解效果的两个要求存在如下矛盾：分解出各本征模态函数间的独立性增强的同时，重建信号的失真增大。为了在两个要求之间取得合理的平衡，设计了指标 R_{MI}，其值为 MI_{IMF} 与 MI_{rec} 之比，即：

$$R_{MI}=\frac{MI_{IMF}}{MI_{rec}} \tag{5-15}$$

当 VMD 分解效果较好时，获得的本征模态函数间的相关性较小，即 MI_{IMF} 的值较小；重构信号的失真小，即 MI_{rec} 值大。因此，一组良好的参数组合应使 R_{MI} 的值较小。

5.4.3　VMD 分解参数选取

在各类优化算法中，设计了优化目标函数后，针对某一特定信号不可避免地需要进行分解、计算优化目标函数、更新参数并重复上述操作的过程。对于离线检测而言，通过这类方式获得的参数是在相应评价指标下的最优参数。然而，铣削颤振的早期检测为主动颤振消除的关键环节，要应用到实际当中需具备在线检测的能力。显然，通过各类优化算法选取参数的方式难以满足这一要求。

针对这一问题，放弃最优解的获取，转而通过对表 5-1 所列典型信号进行分析以求获取一个次优的可行解。通过牺牲少量的、可接受的分解效果换取优化算法所需要的时长。

考虑到参数可能的分布范围，分解模态数量 K 以 1 为步长，从 8 到 21 之间取值，共 14 个值；惩罚因子 α 则以 100 为步长，从 800 到 5000 之间取值，共 43 个值；合计共 602 组参数组合。使用每一组参数对表 5-1 所列的典型信号进行分解，计算相应的 R_{MI} 值，其结果如图 5-7 所示。三组典型信号的分解结果，总体而言都可以分为四块区域：A 区域——分解模态数量较多；B 区域——分解模态数量较少；C 区域——分解模态数量适中，惩罚因子较小；D 区域——分解模态数量适中，惩罚因子较大。对于同一个信号而言，A 区域中的 R_{MI} 值最大，即分解效果最差；B、C 区域中的分解效果一般；D 区域中的 R_{MI} 值最小，分解效果最佳。对于不同的信号而言，四块区域的分布并不相同，但存在一定的重叠。其中参数组合 $K=13$、$\alpha=4500$ 为三组结果在 D 区域内的一个重叠结果，且处于重叠区域的中心位置。故 VMD 分解的参数组合选定为分解模态数量 $K=13$、惩罚因子 $\alpha=4500$。在后续实验中，该参数组合具有良好的表现，证明其具有合理性。

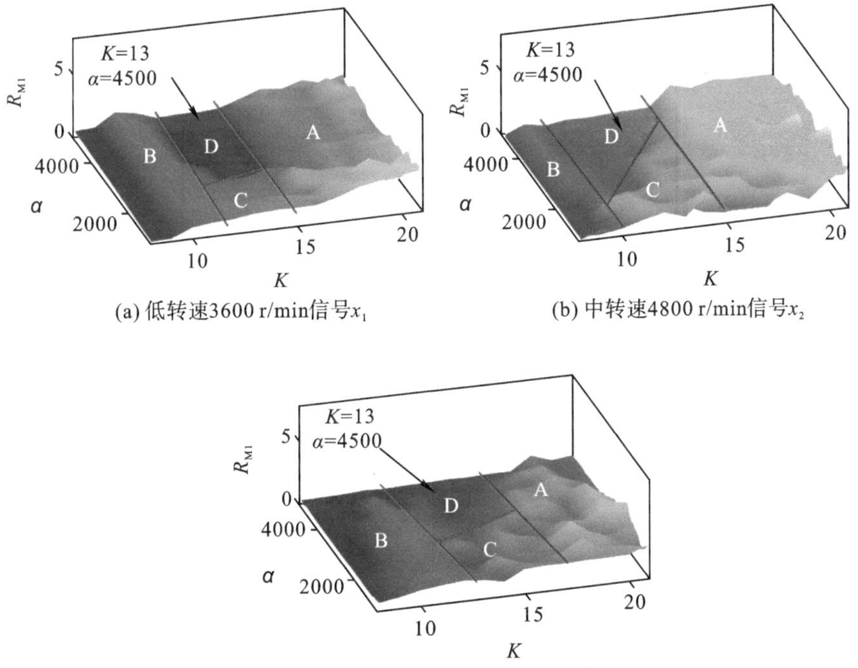

(a) 低转速3600 r/min信号x_1

(b) 中转速4800 r/min信号x_2

(c) 高转速7200 r/min信号x_3

图 5-7　不同参数组合下三组典型信号的 R_{MI} 值

5.5 颤振检测指标设计

在铣削颤振早期检测中，颤振检测指标的设计直接影响到颤振检测的效果。一个好的检测指标应当能够反映信号中的颤振信息，在实现快速、准确地颤振检测的同时有效避免误判、漏判现象的发生。在现有的研究中，常从分离出的颤振敏感信号中直接获取偏度、能量占比等指标作为颤振的检测指标。然而，这类指标存在着阈值设置困难的缺陷——同一阈值不适用于不同工况，同一工况下不同的阈值直接影响颤振检测效果。

对此问题设计了一个全新的颤振检测指标——功率谱熵差（difference of power spectrum entropy, ΔPSE）指标。该指标通过定性地反映自适应滤波操作对铣削信号的影响，有效地解决了铣削颤振检测中阈值选择困难的问题。

1. 两级串联自适应滤波

根据第2章对铣削颤振的频率特性分析可知：在稳定状态下，铣削信号的主要成分为主轴转频及其谐波成分、干扰频率成分和噪声（其中通过5.3节获得的干扰频率成分中包含部分主轴转频及其谐波成分）；在颤振状态下，铣削信号中多了颤振频率成分。

从加速度传感器中采集到的主轴加速度信号 $\boldsymbol{a}$ 可以描述为式(5-16)的形式：

$$\boldsymbol{a}=\boldsymbol{a}_{\mathrm{p}}+\boldsymbol{a}_{\mathrm{d}}+\boldsymbol{a}_{\mathrm{c}}+\boldsymbol{a}_{\mathrm{n}} \tag{5-16}$$

式中：$\boldsymbol{a}_{\mathrm{p}}$、$\boldsymbol{a}_{\mathrm{d}}$ 和 $\boldsymbol{a}_{\mathrm{n}}$ 的含义与式(5-1)相同；$\boldsymbol{a}_{\mathrm{c}}$ 表示颤振成分。

从直接采集得到的加速度信号 $\boldsymbol{a}$ 中滤除谐波成分 $\boldsymbol{a}_{\mathrm{p}}$ 和干扰成分 $\boldsymbol{a}_{\mathrm{d}}$，则剩余成分为颤振成分与噪声成分。梳状滤波器、卡尔曼滤波器和自适应滤波器等多种滤波器都可以实现这一功能。然而，梳状滤波器的滤波效果会随着滤波阶次的增大而出现明显下降，且不适用于不均匀分布的干扰成分的滤波。卡尔曼滤波器在背景噪声非白噪声时的滤波效果相对较差。相比于其他滤波器，自适应滤波器具有可滤除指定频率的信号成分、对样本长度不敏感等优点，所以更适用于铣削颤振信号的处理。

万少可等[99]对最小均方差准则下的自适应滤波器特性进行分析，对自适应滤波器改进后得到动态步长自适应滤波器，并分析其频率特性。在滤除干扰成分和谐波成分的过程中，滤波器的阶数由干扰成分数目和谐波成分阶数共同决定，可以调整的仅有初始步长因子。根据万少可等[99]的结论可以推论：当干扰成分的频率并非均匀分布时，不同频率的颤振成分的幅值增益并不相同。为了尽可能保留颤振相关信息，需要保持颤振成分的幅值增益尽可能相近，因此在滤除干扰成分时需要取较小的步长。另一方面，为了增大颤振信号的信噪比，在滤除谐波成分时宜采用较大的步长因子以放大颤振频率成分。综合上述两方面，设计了两级串联的自适应滤波器。其中第一级自适应滤波器用于滤除干扰频率成分，输入信号为通过 5.4 节所述方法得到的颤振敏感频段信号 $\boldsymbol{X}_{i,\mathrm{c}}$，输出信号流入第二级自适应滤波器，进一步滤除谐波成分，最终对外输出信号 $\boldsymbol{X}_{i,\mathrm{f}}$。

2. 功率谱熵差指标

在信息论中，设 $\boldsymbol{Y}=[y(1),y(2),\cdots,y(N)]$是一个长度为 N 的序列，则其中每个样本的出现概率为

$$\boldsymbol{P}_Y=[p_{y_1},p_{y_2},\cdots,p_{y_N}] \tag{5-17}$$

式中：$p_{y_i}\in[0,1]$，$i=1,2,\cdots,N$，且 $\sum_{i=1}^{N}p_{y_i}=1$。

则序列 $\boldsymbol{Y}$ 的信息熵可以写为

$$H_Y=-\sum_{i=1}^{N}p_{y_i}\log_2(p_{y_i}) \tag{5-18}$$

当 $\boldsymbol{Y}$ 序列为信号 $\boldsymbol{X}$ 的单边功率谱时，H_Y 即为信号 $\boldsymbol{X}$ 的单边功率谱熵，记为 $H(\omega)$，具体计算步骤如下：

(1)设信号 $\boldsymbol{X}=[x(1),x(2),\cdots,x(N)]$为长度为 N 的时间序列，利用其傅里叶变换序列得到信号的功率谱：

$$s(\omega)=\frac{1}{2\pi N}|X(\omega)|^2 \tag{5-19}$$

式中：$X(\omega)$为时间序列 $\boldsymbol{X}$ 对应的傅里叶变换序列中的每个值。

(2)设采样频率为 f_s，仅考虑从 0 到$\frac{f_\mathrm{s}}{2}$的频率范围，将功率谱进行归一化，得到 $s(\omega)$的概率密度函数：

$$P_j=\frac{s(\omega_j)}{\sum_{k=1}^{\lfloor\frac{N}{2}\rfloor}s(\omega_k)},\quad j=1,2,\cdots,\left\lfloor\frac{N}{2}\right\rfloor \tag{5-20}$$

式中：$\lfloor\cdot\rfloor$为向下取整；$s(\omega_j)$为频率为 ω_j 的成分的功率谱；P_j 为与 $s(\omega_j)$相对应的概率密度。

(3)计算 P_j 的信息熵，得到时间序列 $\boldsymbol{X}$ 的单边功率谱熵：

$$H(\omega)=-\sum{\left\lfloor\frac{N}{2}\right\rfloor}_{j=1}P_j\log_2(P_j+\delta) \tag{5-21}$$

式中：δ 为极小的正值，用于避免 $P_j=0$ 的特殊情况，这里取 0.00001；

为了方便不同长度信号之间的对比，用 $\ln\left\lfloor\frac{N}{2}\right\rfloor$ 对 $H(\omega)$ 进行规范化，得到：

$$E=\frac{H(\omega)}{\ln\left\lfloor\frac{N}{2}\right\rfloor}=\frac{-\sum_{j=1}^{\left\lfloor\frac{N}{2}\right\rfloor}P_j\ln(P_j+\delta)}{\ln\left\lfloor\frac{N}{2}\right\rfloor} \tag{5-22}$$

功率谱熵定量地反映了信号功率谱的不确定性。信号中的各频率成分分布越均匀，信号的功率谱熵越小；反之，信号的功率谱熵越大。

为了反映滤波操作对信号频谱的影响，提出了功率谱熵差指标。为提高功率谱熵差指标的稳定性，对其进行了平滑，最终得到第 k 帧信号的功率谱熵差指标的表达式：

$$\Delta\mathrm{PSE}(k)=\frac{1}{\min(i,M)}\sum_{k=0}^{\min(M-1,i-1)}\left[E_{\mathrm{c}}(i-k)-E_{\mathrm{cf}}(i-k)\right] \tag{5-23}$$

式中：M 为平滑参数，通常取 3～5；$E_{\mathrm{c}}(i)$、$E_{\mathrm{f}}(i)$ 分别为与 $\boldsymbol{X}_{i,\mathrm{c}}$ 和 $\boldsymbol{X}_{i,\mathrm{f}}$ 对应的规范化后的功率谱熵。

信号在滤波前后发生了如下变化：

(a)在稳定铣削状态下：$\boldsymbol{X}_{i,\mathrm{c}}$ 中的主要成分为谐波成分、干扰成分和噪声成分，经滤波后的 $\boldsymbol{X}_{i,\mathrm{f}}$ 仅剩余噪声成分，信号频谱变得均匀，信号的功率谱熵增大，即 $\Delta\mathrm{PSE}<0$；

(b)在颤振早期：$\boldsymbol{X}_{i,\mathrm{c}}$ 中的主要成分为谐波成分、干扰成分、颤振成分和噪声成分，且颤振成分与谐波成分的幅值相当，经滤波后的 $\boldsymbol{X}_{i,\mathrm{f}}$ 存在颤振成分和噪声成分，且颤振成分的幅值在一定程度上被放大，信号频谱变得更集中，信号的功率谱熵减小，即 $\Delta\mathrm{PSE}>0$；

(c)在颤振特别剧烈时：$\boldsymbol{X}_{i,\mathrm{c}}$ 中的主要成分为谐波成分、干扰成分、颤振成分和噪声成分，且颤振成分的幅值远远大于谐波成分，经滤波后的 $\boldsymbol{X}_{i,\mathrm{f}}$ 存在颤振成分和噪声成分，且颤振成分的幅值在一定程度上被放大，信号频谱进一步集中，信号功率谱熵小幅降低，即 $\Delta\mathrm{PSE}>0$。

从上述分析中可以得出，ΔPSE 指标的阈值应为 0；实际上，由于信号波动等因素的影响，其阈值并不总是 0，但始终保持在 0 附近。在这里，以 0 作为其阈值取得了良好的表现。

5.6 铣削颤振检测算法实验验证

为了验证本章所提出的铣削颤振早期检测算法的有效性，在本节中使用了

2.4.2 节中的实验信号对该算法进行简单验证，具体的实验设置可在 2.4.2 节中查看。

图 5-8(a)为采集到的铣削颤振信号。分割出的每帧信号的长度为 512 个采样点，即 0.125 s；VMD 分解的分解模态数量为 13，惩罚因子为 4500；第一级滤波器的初始步长为 0.05，第二级滤波器的初始步长为 0.2；平滑参数设置为 3，根据本章提出的算法得到的 ΔPSE 指标如图 5-8(b)所示。以 0 作为阈值时，算法在 32.625 s 处检测到颤振出现。截取 32.125～33.125 s 之间的信号，其幅频谱如图 5-8(c)所示。在 1000～1500 Hz 的频率范围内，幅频谱中出现大量的颤振信号，这表明该方法准确地检测到了颤振。此时的工件表面尚未有明显振纹，表明该方法满足快速性的要求。

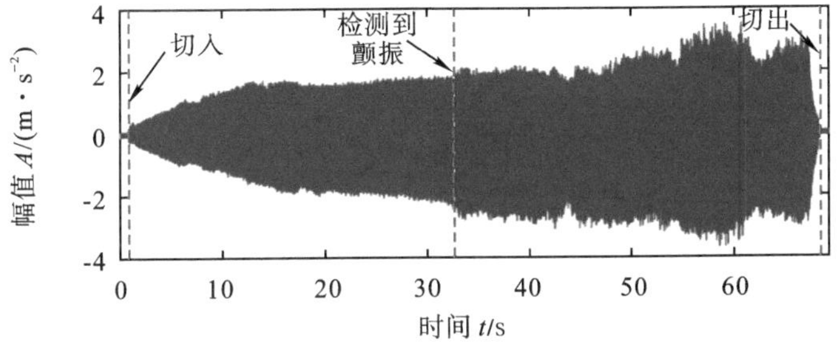

(a) 时域信号及工件表面

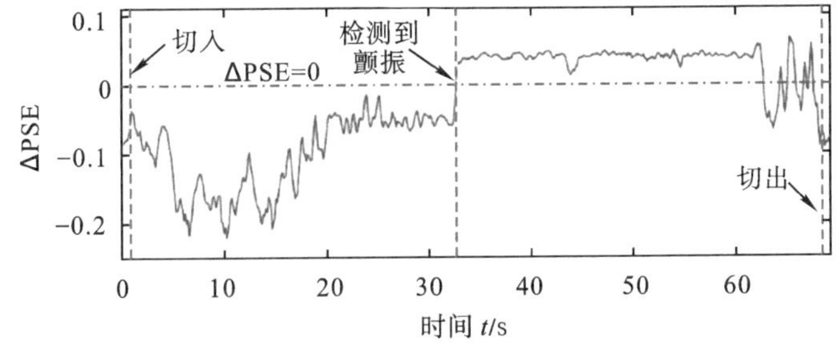

(b) 功率谱熵差指标

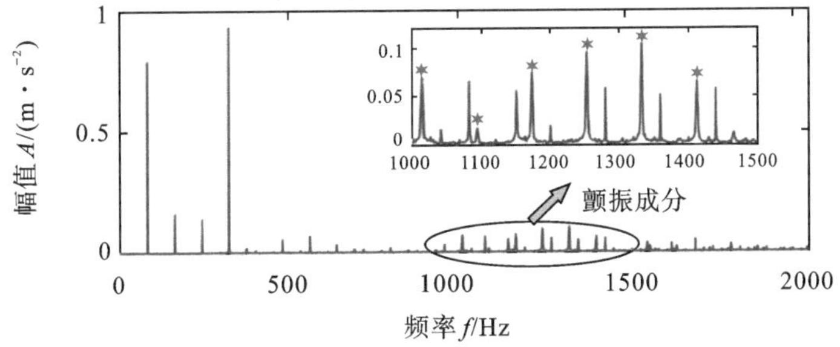

(c)检出颤振时的频谱

图 5-8　铣削实验信号验证结果

5.7 本章小结

根据第 2 章中分析得到的铣削颤振频率特性，在本章中设计了定性反映滤波操作对信号频谱影响的 ΔPSE 指标和相应的信号预处理方法。详细阐述了信号中干扰成分的识别方法；阐述了通过 VMD 分解算法分离颤振敏感频段信号的方法；分析了 VMD 算法中分解模态数量和惩罚因子对分解效果的影响，设计了评价 VMD 分解效果的 R_{MI} 指标；通过对三个典型片段的分析得到普遍适用的参数组合：$K=13$，$\alpha=4500$；简单阐述了滤波操作，以及 ΔPSE 指标的计算方法；阐述了滤波操作对信号频谱的影响，指出 ΔPSE 指标的阈值应在 0 附近，且 0 通常是一个效果较好的阈值。最后，实验验证了算法的准确性和快速性。

第 6 章

基于间隔频率信息熵的铣削颤振检测

6.1 引言

在颤振的早期发展阶段，颤振成分分布频带较宽且能量较低，容易被其他信号成分淹没，这导致了现有颤振识别方法难以及时识别信号中早期颤振的发生。在稳定的铣削过程中，主轴旋转的谐波频率作为主要成分存在于监测信号中。而当颤振发生时，监测信号的频谱中会出现新的颤振频率成分。因此，许多颤振识别方法是基于不同铣削状态下监测信号的能量或频率成分变化的特征建立的，并通过实验证明其有效性。然而，当前颤振识别方法的主要挑战是既要保证识别结果的准确性和鲁棒性，又要尽早识别到微弱颤振的发生。为了增强对微弱颤振信号的感知能力，诸多研究针对铣削系统精心设计合适的阈值或预处理参数，用于分类铣削状态或提取颤振关键成分。颤振识别方法在不同工况下的鲁棒性和对微弱颤振的敏感性难以兼顾。通过使用更加通用的信号预处理方法，构造不受工况影响的监测指标来提高颤振监测方法对微弱颤振识别结果的准确性和鲁棒性是亟需解决的课题。

针对早期颤振分布散乱且能量微弱因而难以识别的问题，本章提出了一种不受工况影响的通用性颤振监测方法。具体来说，为了避免非颤振成分信号对颤振信号的影响，首先从监测信号中滤除主轴转动谐波和有色噪声成分。考虑到 FFT 对短数据段的分辨率较低，使用总最小二乘的旋转不变性（total least squares based estimation of signal parameters via rotational invariance technique，TLS-ESPRIT）方法获得滤波后信号主要成分的精确频谱。基于再生颤振频率与其最近的谐波频率之间的频率间隔恒定的特征，提出了间隔频率的概念，并建立了无量纲的颤振监测指标间隔频率信息熵(interval frequency information entropy,IFIE)。IFIE 指标不关注颤振分布的频带范围,仅由与颤振相关的成分构建,因此其与工况和铣削系统的特性无关,对微弱颤振敏感。最后,通过铣削实验信号验证了 IFIE 的有效性。

6.2　基于间隔频率信息熵的颤振监测方法流程

本节首先给出所提出方法的整体流程,流程图如图 6－1 所示。基于间隔频率信息熵的颤振监测方法的具体步骤如下:

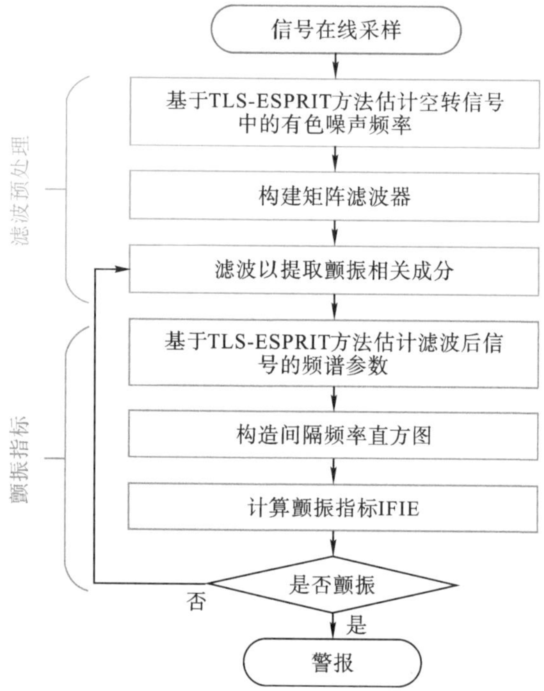

图 6－1　基于间隔频率信息熵的颤振检测方法流程图

步骤 1:利用监测信号周期性地获得具有恒定长度的信号段,并用于颤振识别。同时,每个数据段都是标准化的,以减少铣削条件的影响。

步骤 2:利用空转状态下的信号,使用 TLS-ESPRIT 方法对有色噪声分量进行估计,然后利用彩色噪声分量的频率和主轴旋转的谐波构造矩阵陷波滤波器。

步骤 3:对每个信号段执行信号滤波操作,并且基于 TLS-ESPRIT 方法来估计滤波信号中的主要分量的频域参数。

步骤 4：利用以上频域参数计算了所设计的颤振识别指标——IFIE，并在指标超过阈值时检测到颤振。

步骤 5：在每一次的恒速实验中，除了第一个信号段用于构造陷波滤波器之外，后续的信号段重复步骤 3 和步骤 4，以实现颤振检测。

6.3　基于矩阵陷波滤波器的信号滤波

对于早期颤振阶段的铣削操作监测信号，信号分量以主轴旋转频率的谐波和微弱的颤振分量为主。此外，机床辅助装置也会产生一些彩色噪声，如冷却液系统、电气系统等。这些意外信号会对识别颤振产生误导。因此，需要首先滤除主轴旋转频率和有色噪声分量的谐波，然后提取颤振频率分量。

矩阵陷波滤波器是一种出色的陷波滤波器，具有高滤波率，不影响其他频率的信号分量，特别适用于短数据的处理。矩阵陷波滤波器的设计如下。

矩阵陷波滤波器 $\boldsymbol{F}_{\omega_{\mathrm{n}}}$ 通过以下矩阵乘法工作：

$$\boldsymbol{S}_{\mathrm{out}}=\boldsymbol{S}_{\omega_{\mathrm{n}}}\boldsymbol{S}_{\mathrm{in}} \tag{6-1}$$

式中：$\boldsymbol{\omega}_{\mathrm{n}}$ 是陷波频率，即被滤除的目标；$\boldsymbol{S}_{\mathrm{in}}=(x_0,x_1,\cdots,x_{N-1})^{\mathrm{T}}$ 是长度为 N 的采样信号序列；$\boldsymbol{S}_{\mathrm{out}}$ 是滤波后的信号序列，不含有 $\boldsymbol{\omega}_{\mathrm{n}}$ 的频率成分。

根据离散傅里叶变换可知，信号 $\boldsymbol{S}_{\mathrm{in}}$ 可由 N 个稳定的周期信号 $\boldsymbol{x}_n$ 线性组合得到，而由离散傅里叶反变换可知其第 $n+1$ 个序列 $\boldsymbol{x}_n$ 可表示为

$$\boldsymbol{x}_n=\frac{1}{N}\sum_{k=0}^{N-1}X(k)\mathrm{e}^{j\frac{2\pi}{N}nk},\quad n=0,1,2,\cdots,N-1 \tag{6-2}$$

式中：$X(k)$为输入信号序列的离散傅里叶变换。式(6-2)表明，周期信号序列可以用 $\mathrm{e}^{j\frac{2\pi}{N}nk}$ 线性表示。令 $\omega=\dfrac{2\pi n}{N}$，则可构造一个由频率 ω 定义的向量 $\boldsymbol{e}(\omega)$，$\boldsymbol{e}(\omega)$能够完全线性地表示 $\boldsymbol{S}_{\mathrm{in}}$ 中的某个周期信号 $\boldsymbol{x}_n$。其中 $\boldsymbol{e}(\omega)$的表达式为

$$\boldsymbol{e}(\omega)=[1,\mathrm{e}^{j\omega},\mathrm{e}^{j\omega},\cdots,\mathrm{e}^{j(N-1)\omega}]^{\mathrm{T}} \tag{6-3}$$

设计的滤波器应尽可能接近理想滤波器，即满足要滤除的信号滤波后为零，不滤除的信号滤波后不变，可表示为

$$\boldsymbol{F}_{\omega_{\mathrm{n}}}\boldsymbol{e}(\omega)=\begin{cases}0, & \omega\in\boldsymbol{\omega}_{\mathrm{n}}\\ \boldsymbol{e}(\omega), & \omega\notin\boldsymbol{\omega}_{\mathrm{n}}\end{cases} \tag{6-4}$$

将要滤波的 m 个目标频率表示为向量 $\boldsymbol{f}_{\mathrm{notch}}=[f_1,f_2,\cdots,f_m]$，即为滤波阻带向量。同理，在滤波的通带中均匀选取 p 个频率组成通带向量。将通带频率和阻带频率分别转换为归一化频率 ω' 和 ω，并构造离散通带矩阵和阻带矩阵如下：

$$\boldsymbol{E}=[\boldsymbol{e}(\omega'_1),\boldsymbol{e}(\omega'_2),\cdots,\boldsymbol{e}(\omega'_p)] \tag{6-5}$$

$$\boldsymbol{S}=[\boldsymbol{e}(\omega_1),\boldsymbol{e}(\omega_2),\cdots,\boldsymbol{e}(\omega_m)] \tag{6-6}$$

所设计的滤波器应接近理想滤波器要求，将式(6-5)和式(6-6)代入式(6-4)，则可以通过拉格朗日乘子法求解得到矩阵滤波器为

$$\boldsymbol{F}_{\omega_n}=\boldsymbol{I}-\boldsymbol{S}(\boldsymbol{S}^{\mathrm{T}}\boldsymbol{U}\boldsymbol{S})^{-1}\boldsymbol{S}^{\mathrm{T}}\boldsymbol{U} \tag{6-7}$$

式中：$\boldsymbol{U}=(\boldsymbol{E}\boldsymbol{E}^{\mathrm{T}})^{-1}$，$\boldsymbol{I}$ 是单位矩阵。

可以发现，矩阵滤波器 $\boldsymbol{F}_{\omega_n}$ 只由陷波频率向量 $\boldsymbol{\omega}_n$ 和信号的采样频率决定。因此，一旦已知需要滤波的频率和信号的采样频率，就可以容易地建立滤波器，并且可以保证高的滤波效率。

由于通过机床系统可以很容易地获得主轴转速，因此可以获得与主轴转速谐波相关的陷波频率向量 $\boldsymbol{f}_r=[f_{sr},2f_{sr},\cdots,lf_{sr}]$，$l=\mathrm{floor}(f_s/2f_{sr})$表示谐波的最大阶数。由于有色噪声总是存在的，因此在空转条件下使用监测信号来识别有色噪声的频率分量是可行的。首先，利用上述矩阵陷波滤波器滤除主轴转速的谐波。然后，利用残余信号分量估计有色噪声的频率，并使用频域参数估计方法。

6.4　信号主成分频率估计方法

一般颤振在线监测是通过采集一段信号之后再分析这段信号中是否存在颤振成分，进而得到状态监测结果，因此状态监测的延迟时间总大于采样信号段的采样时间。为了保证在线颤振识别的实时性，用于颤振识别的每个信号段的采样时间不应过长。然而，较短的采样时间又会降低信号分析中的频域分辨率，这是许多频域和时频域方法面临的主要障碍之一。TLS-ESPRIT 是一种基于子空间划分的参数估计方法，能够从短数据序列中得到精确的频域参数估计结果[100-101]。此外，由于 TLS-ESPRIT 方法能够仅提取信号的基本成分，因此不必搜索其他研究中常用的颤振敏感频带就能提取关键颤振成分，适用于颤振识别算法中的参数估计。

6.4.1　基于 TLS-ESPRIT 的信号成分估计

铣削过程的振动监测信号可以看作是多个有阻尼的正弦曲线和高斯噪声的组合。因此，具有 P 阶固定频率分量的离散信号在时间 $n\Delta t$ 处可以表示为

$$x(n)=\sum_{i=1}^{P}a_i\mathrm{e}^{-\sigma_i n\Delta t}\cos(2\pi f_i n\Delta t+\phi_i)+e(n\Delta t),\quad n=0,1,2,\cdots \tag{6-8}$$

式中：Δt 为采样间隔；a_i、σ_i、f_i 和 ϕ_i 分别是信号的第 i 个频率分量的振幅、阻尼因子、频率和初始相位；$e(n\Delta t)$表示高斯噪声分量。

本章所提出的颤振识别算法需要滤除有色噪声和谐波成分，并估计剩余成分（颤振成分或白噪声）的频域参数。作为一种基于子空间的方法，ESPRIT 将信号中的前 P 阶具有固有频率的成分定义为信号子空间，而将残余成分定义为噪声子空间。ESPRIT 的主要思想是将信号样本组成的汉克尔矩阵（Hankel matrix）分解为主成分和次成分，即信号子空间和噪声子空间。然后基于旋转不变性技术，通过旋转矩阵估计信号子空间的频率参数[102-103]。

以下汉克尔矩阵是用长度为 N 的采样信号段 $\boldsymbol{x}=[x(0),x(1),\cdots,x(N-1)]^{\mathrm{T}}$ 构造的：

$$\boldsymbol{X}=\begin{bmatrix} x(0) & x(1) & \cdots & x(M-1) \\ x(1) & x(2) & \cdots & x(M) \\ \vdots & \vdots & & \vdots \\ x(L-1) & x(L) & \cdots & x(N-1) \end{bmatrix} \tag{6-9}$$

式中：L、M 分别为汉克尔矩阵的行数和列数，应满足 $L>2P$，$M>2P$。不妨令 $L<M$ 且 L 为偶数，则矩阵 $\boldsymbol{X}$ 可以用奇异值分解（singular value decomposition，SVD）分解为

$$\boldsymbol{X}=\boldsymbol{L\Sigma U}^{\mathrm{T}}=[\boldsymbol{L}_{\mathrm{S}},\boldsymbol{L}_{\mathrm{N}}]\begin{bmatrix} \boldsymbol{\Sigma}_{\mathrm{S}} & \boldsymbol{0} \\ \boldsymbol{0} & \boldsymbol{\Sigma}_{\mathrm{N}} \end{bmatrix}\begin{bmatrix} \boldsymbol{U}_{\mathrm{S}}^{\mathrm{T}} \\ \boldsymbol{U}_{\mathrm{N}}^{\mathrm{T}} \end{bmatrix} \tag{6-10}$$

设 $\sigma_1 \geqslant \sigma_2 \geqslant \cdots \geqslant \sigma_L \geqslant 0$ 为 $\boldsymbol{X}$ 的奇异值，则易知 $\boldsymbol{\Sigma}=\mathrm{diag}(\sigma_1,\sigma_2,\cdots,\sigma_L)$。$\boldsymbol{L}$ 和 $\boldsymbol{U}$ 的前几列分别构成 $\boldsymbol{L}_{\mathrm{S}}$ 和 $\boldsymbol{U}_{\mathrm{S}}$，表示信号子空间。与之对应的 $\boldsymbol{L}_{\mathrm{N}}$ 和 $\boldsymbol{U}_{\mathrm{N}}$ 构成了噪声子空间。大小为 $L\times 2P$ 的 $\boldsymbol{L}_{\mathrm{S}}$ 满足旋转移位不变性性质[102]：

$$\boldsymbol{L}_{\mathrm{S1}}=\boldsymbol{L}_{\mathrm{S2}}\boldsymbol{\Phi} \tag{6-11}$$

式中：$\boldsymbol{L}_{\mathrm{S1}}$ 和 $\boldsymbol{L}_{\mathrm{S2}}$ 是通过分别删除 $\boldsymbol{L}_{\mathrm{S}}$ 的第一行和最后一行得到的，包含所有频率信息的旋转矩阵。

为了获得更准确和稳健的估计，式（6－11）可以通过总最小二乘（total least squares，TLS）估计来求解[104]。式（6－10）和式（6－11）中关于 $\boldsymbol{L}_{\mathrm{S}}$ 的划分操作如图 6－2 所示。

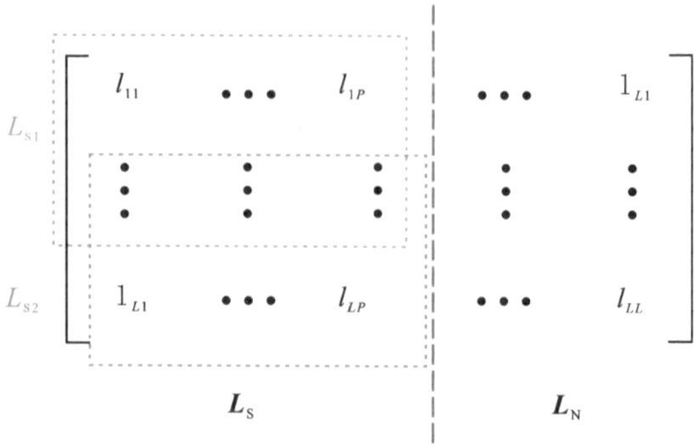

图 6-2 信号子空间划分

根据 $\boldsymbol{\Phi}$ 的 P 阶特征值 $\lambda_i, i=1,2,\cdots,P$,可以得到每阶信号的频率和幅值为

$$f_i=\frac{\text{angle}(\lambda_i)}{2\pi\Delta t} \tag{6-12}$$

$$a_i=2\left|(\lambda_V^H\lambda_V)^{-1}\lambda_V^H\boldsymbol{x}\right| \tag{6-13}$$

式中:angle(·)为根据复向量求出角度的函数;Δt 为采样周期;λ_V 是由 λ_i 组成的范德蒙德矩阵(Vandermonde matrix)。

6.4.2 获取信号子空间阶数

式(6-10)中对信号子空间和噪声子空间的划分是 TLS-ESPRIT 方法所必需的关键参数。一旦确定了固定频率分量的数量 P,就可以很好地估计相关信号分量的参数。然而,对于实际的铣削过程,要知道监测信号中包含多少周期性分量并不容易。因此,正确的阶数估计是准确估计模型参数的保证[105]。Li 等[106]认为,超过一定比例的归一化奇异值的个数就是模型阶数。然而,在第一奇异值占很大比例的严重颤振状态下,这种方法很容易忽略一些有用的分量。最近,一些基于相邻奇异值的相对差来划分信号子空间的方法更为流行[107-108]。但也有研究人员指出,由于噪声和系统非线性,大奇异值和小奇异值之间的差异并不明显[109]。

因此,本章提出了一种单阶能量比 SER_i 的方法来确定信号阶数。当给定采样点的长度时,在式(6-10)中获得的第 i 阶分量的振幅和奇异值之间的关系可以近似为[106]

$$A_i\approx\frac{\sigma_{2i-1}+\sigma_{2i}}{N/2},\quad i=1,2,\cdots,L/2 \tag{6-14}$$

则第 i 阶分量的能量比为

$$\mathrm{SER}_i=\frac{E_i}{E_{\mathrm{all}}}=\frac{A_i^2}{\sum_{i=1}^{L/2}A_i^2} \tag{615}$$

当 SER_i 小于阈值时，意味着该阶的能量不足以被视为信号分量，即信号从信号子空间进入噪声子空间。信号子空间的阶数 P 是 SER_i 超过所确定的阈值的阶数，合理的阈值与信号段长度有关，将阈值设置为 0.01。SER_i 不会遗漏值得注意的信号分量，并且适用于相邻奇异值之间差异不明显的复杂条件，这使得它能够在铣削过程中估计复杂的信号分量。

6.5　构造间隔频率信息熵指标

经过 6.4 节对加速度信号的滤波和估计滤波后信号的主要成分参数等预处理步骤后，得到一系列仅与颤振或白噪声有关的频率与其对应的幅值信息。根据第 2 章对颤振频率特性的分析，当发生颤振时多个颤振频率呈规则分布，颤振频率和与其相邻的主轴转动谐波频率之间距离保持恒定，这一距离也称为颤振基频。而当铣削过程稳定时，滤波后信号中的主要成分是随机噪声，这些成分的频率呈不规则分布。因此，可以基于上述特征设计颤振监测指标。

在此，提出了间隔频率的概念，每个间隔频率包含一个频率间隔参数和对应的幅值参数。具体来讲，滤波后信号经过参数估计后会得到一系列频率及其对应的幅值，这些频率与幅值代表了多个周期信号的频域参数。进一步将其中的频率估计值转换为其与相邻的主轴转频谐波频率之间的距离，这些频率间距和幅值则构成多个间隔频率，并用于设计颤振指标。

获得多个间隔频率的步骤如下：

(1)滤除主轴旋转频率的谐波和有色噪声分量来获得滤波后的信号。

(2)用改进的 TLS-ESPRIT 估计滤波信号的频域参数，这些估计的主要结果表示为频率向量 $\boldsymbol{f}_{\mathrm{e}}=[f_1,f_2,\cdots,f_P]$ 和相应的幅度向量 $\boldsymbol{a}_{\mathrm{e}}=[a_1,a_2,\cdots,a_P]$。

(3)通过计算频率向量 $\boldsymbol{f}_{\mathrm{e}}$ 关于主轴转动频率 f_{sr} 的余数，可以得到余数向量 $\Delta f=\mathrm{mod}(f_{\mathrm{e}},f_{\mathrm{sr}})=[\Delta f_1,\Delta f_2,\cdots,\Delta f_P]$，其中余数也即频率间隔，每个频率间隔可以确定如下：

$$f_{\Delta,i}=\begin{cases}\Delta f_i, & \Delta f_i<f_{\mathrm{sr}}/2\\ f_{\mathrm{sr}}-\Delta f_i, & \Delta f_i\geqslant f_{\mathrm{sr}}/2\end{cases},\quad i=1,2,\cdots,P \tag{6-16}$$

(4)余数向量 $\Delta\boldsymbol{f}$ 和幅度向量 $\boldsymbol{a}_{\mathrm{e}}$ 共同组成间隔频率向量。

可以很容易地理解，当颤振发生时，滤波后信号主要成分是颤振信号，间隔频率的频率值将聚集到颤振基频附近；而在稳定铣削条件下，滤波后信号主要成分是白噪声，间隔频率的频率值则随机分布。因此，间隔频率的分布特征可以准确地反映是否发生颤振的状态。

考虑到信息熵可以用来评估数据的分布，因此间隔频率信息熵（IFIE）被设计为颤振检测的指标。由于信息熵的计算需要间隔频率的概率密度，因此使用统计直方图来表征间隔频率的分布概率。首先，将间隔频率的频率向量分布在一系列宽度为 $\Delta=4$ Hz 的组中，即将频率间隔的分布区间 $[0,\ f_{sr}/2]$ 划分为 $K=\lceil f_{sr}/2\Delta \rceil$（$\lceil\cdot\rceil$ 表示向上取整）组。之后，以每组中间隔频率的累计幅值比作为直方图的高度，计算方法如下：

$$p_i=\frac{\sum\limits_{j\in J_i}a_j+\varepsilon}{\sum\limits_{k=1}^{P}a_k+K\varepsilon},\quad J_i=\left\{j\,\middle|\,\left|f_{\Delta,j}-\tilde{f}_{\Delta,i}\right|<\frac{\Delta}{2}\right\},\quad i=1,2,\cdots,K \tag{6-17}$$

式中：$\tilde{f}_{\Delta,i}=(i-0.5)\cdot\Delta$ 是第 i 组的中点频率；J_i 是第 i 组中包含的间隔频率的数，P 是信号子空间的阶数；$\varepsilon=0.1$ 是一个小的常数，以避免 $p_i=0$ 的情况。

最后，通过计算区间频率直方图的信息熵可以得到 IFIE，表示为

$$\text{IFIE}=-\sum_{i=1}^{K}p_i\ln p_i/\ln K \tag{6-18}$$

值得注意的是，IFIE 指标也可以基于一般的 FFT 等方法获得的频谱来构造，但考虑到本章使用了较短的信号段，TLS-ESPRIT 方法获得的信号频谱参数有利于颤振频率在直方图中的分布更加集中。为了便于理解，以上构造间隔频率直方图的过程可以表示为图 6-3 所示的流程示意图。

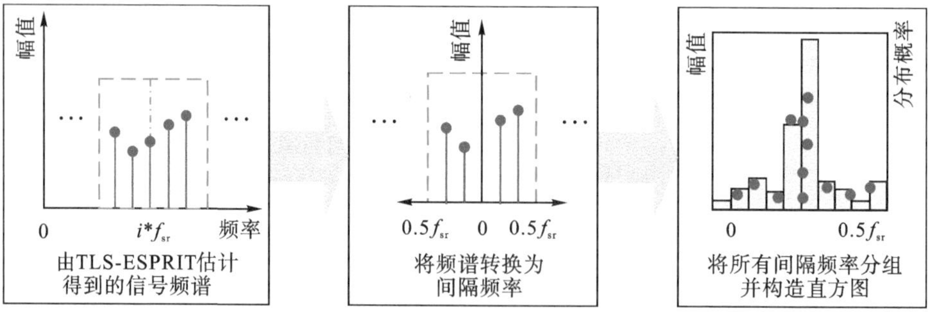

图 6-3　构造间隔频率直方图的示意图

颤振指标的阈值设置一直是颤振识别方法中的难点。IFIE 是分布在 0 到 1 之间

的无量纲指标。当铣削过程稳定时,间隔频率的分布是随机的,IFIE 非常接近 1;而当颤振发生时,间隔频率的分布变得集中,IFIE 的值会降低。因此,选取 0.9 作为颤振阈值,在多个变工况实验中都能及时准确地识别到颤振的发生且无误判。

6.6　变工况实验验证与分析

6.6.1　变工况实验设计

为了模拟实际加工过程中变化工况的复杂性,实验在多种铣刀和在不同的加工参数下进行。实验过程中使用的刀具与刀柄等配件如图 6-4 所示。其中刀柄型号为 BT40-ER40-70。一共使用了三把刀具,分别为刀具 1、刀具 2 和刀具 3,每把刀具的参数如表 6-1 所示。

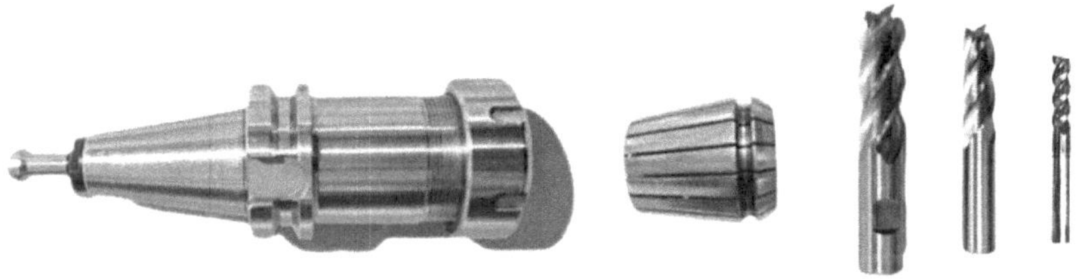

(a) BT40刀柄　(b) 筒夹　(c) 铣刀

图 6-4　刀具及其配件

表 6-1　刀具参数

名称	直径/mm	总长度/mm	刃长/mm	齿数	装夹长度/mm
刀具 1	20	110	55	4	30
刀具 2	12	85	40	4	25
刀具 3	8	75	30	3	25

楔形工件能够产生由平稳铣削向颤振铣削逐渐转变的信号,可用于验证不同算法对微弱颤振的敏感性,因此设计了更多斜坡铣削实验进一步测试本节算法的性能。斜坡工件铣削实验在立式加工中心 VMC850L 上进行,实验参数设置如表 6-2 所示。另外,为了增强工况差异,还增加了使用 45 钢材料的槽铣实验。

表 6 - 2　变工况铣削实验参数设置

序号	主轴转速/(r/min)	径向浸没比IM	轴向切深d_a/mm	每齿切削量f_z/ mm	刀具	工件形状	工件材料
♯1	7300	0.4	0～8	0.0137	刀具 3	楔形	Al7075
♯2	6000	0.5	0～8	0.0375	刀具 2	楔形	Al7075
♯3	7200	0.5	0～8	0.025	刀具 2	楔形	Al7075
♯4	6000	0.2	0～8	0.0137	刀具 3	楔形	Al7075
♯5	3000	1	1	0.0137	刀具 1	矩形	45♯
♯6	3000	1	2	0.0137	刀具 1	矩形	45♯

所设计的实验工况涵盖了不同的加工参数(转速、轴向切深和径向切深)、铣削系统配置(不同刀具)和不同的工件材料组合,工况类型复杂且丰富,足以检验颤振识别方法在各种情况下的性能。

6.6.2　颤振指标有效性验证与分析

选取了楔形工件下的铣削实验♯1 中加速度振动信号对前述滤波过程和颤振识别指标进行检验。通过截取不同铣削状态阶段下的振动信号,分析其中的信号成分和滤波效果,结果如图 6 - 5 所示。

图 6 - 5(a)显示了实验♯1 中的监测信号,分别选择了空转状态的阶段 A、稳定切削的阶段 B、早期颤振的阶段 C 和严重颤振的阶段 D 信号。阶段 A 和 B 的信号频谱如图 6 - 5(b)所示,可以很容易地发现,监测信号中的主要成分是主轴旋转频率的谐波。此外,一些频率分量既存在于空转条件下,也存在于稳定切削条件下,它们恰好属于有色噪声,可以用空转信号来识别。利用第 6.3 节中提出的信号滤波方法,基于主轴转速和估计的有色噪声频率构建矩阵陷波滤波器,然后在阶段 C 用于对监测信号进行滤波,结果如图 6 - 5(c)所示。由于主轴旋转频率的谐波和有色噪声成分被很好地滤除,滤波信号的主要成分与颤振有关,这有利于颤振的检测。阶段 D 的严重颤振状态频谱如图 6 - 5(d)所示。在这种情况下,颤振频率的振幅明显增长并有聚集的趋势,但颤振频率与旋转频率谐波之间的关系仍然存在。结果表明,所提出的信号滤波方法在滤除谐波和有色噪声方面表现良好,可以保证颤振检测的性能。

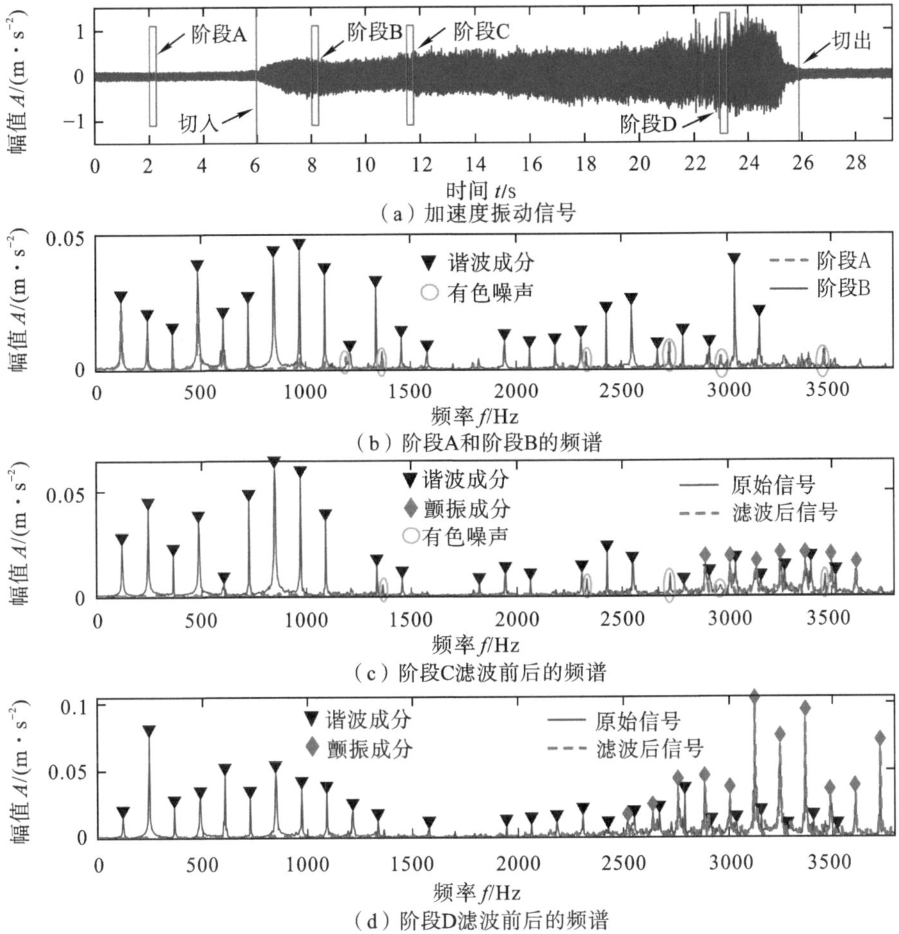

(a) 加速度振动信号

(b) 阶段A和阶段B的频谱

(c) 阶段C滤波前后的频谱

(d) 阶段D滤波前后的频谱

图 6-5　实验#1 信号成分分析及滤波结果

此外,使用间隔频率信息熵指标,通过 TLS-ESPRIT 方法估计的间隔频率及其在不同铣削阶段下的类直方图分别如图 6-6 所示。通过图 6-6(a)中的结果可以发现,平稳铣削状态下估计的间隔频率分布较为均匀,并且它们的幅值比图 6-6(b)中间隔频率幅值更小,这表明稳定切削条件下的间隔频率中的主要成分是随机噪声。当颤振发生时,滤波信号中的主要成分变成了与颤振相关的成分,因此使用 TLS-ESPRIT 估计的间隔频率应集中在颤振基频周围,图 6-6(b)和(c)中的间隔频率类直方图分布也越来越集中,其结果验证了间隔频率的分布特征。

利用所构建的间隔频率类直方图还分别计算了颤振指标 IFIE 的值。在稳定切削(阶段 A)条件下,IFIE=0.984,非常接近 1;而在阶段 B(发生颤振)中,IFIE=0.846;在阶段 D(严重颤振)中,IFIE=0.724。随着颤振的增长,颤振信号的能量比越大,所估计的间隔频率的幅值就越大,这使其进一步集中在类直方图中。因此,IFIE 通常随着颤振的发展而减小。基于以上结果可以得出结论,所设计的颤振指标 IFIE 能够灵敏地反映铣削状态。

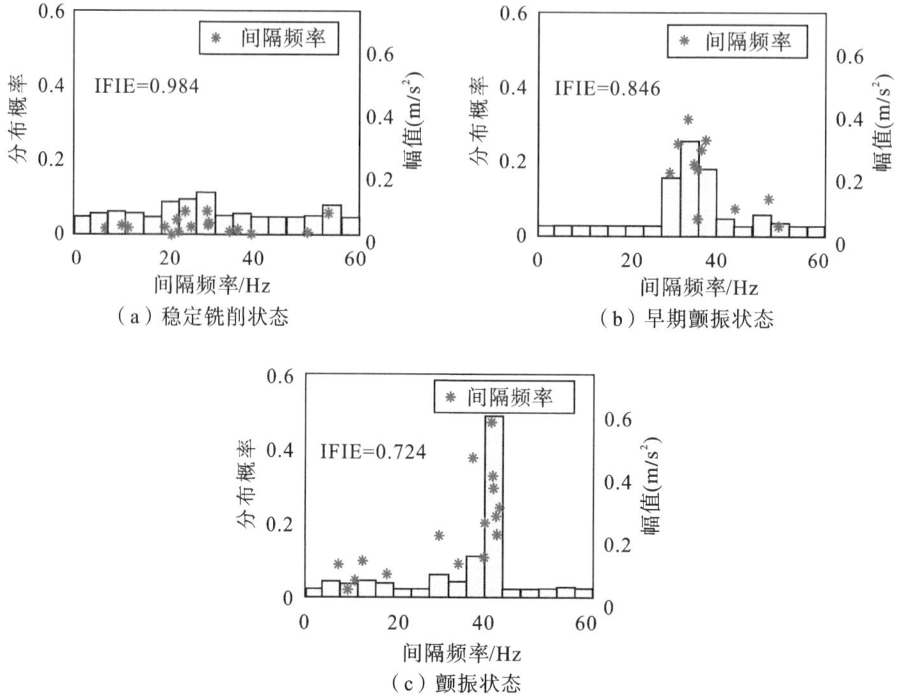

图 6-6　不同铣削状态下的间隔频率分布及其类直方图

6.6.3　实验验证与对比分析

对于铣削加工,希望颤振检测方法能够准确、及时并且适用于可变铣削条件,因此执行了表 6-2 所示的不同刀具、工件材料和切削参数的铣削实验,检验所提出方法对于连续变切深信号的颤振识别性能。此外,分别选择了性能优异的基于能量变化特征和基于频率特征的颤振监测方法进行对比。Chen 等[110]滤除了信号中的谐波成分,将滤波前后的信号构造为归一化循环平稳能量比(normalized-cyclostationary energy ratio,NER)的颤振识别指标。李小虎等[111]根据颤振发生后信号功率谱成分的变化特征构造了功率谱熵差(ΔPSE)颤振识别指标。本章再现了以上两种算法用于对比,所有参数设置均参考了原论文。在以下测试期间,每个信号段的长度被设置为 800 个点(即 0.0625 s)。

加工过程中是否发生颤振常常根据振动信号的频谱成分或工件的铣削表面状

态判断。平稳铣削时，铣削表面光滑平整，振动信号中无颤振频率成分。早期颤振阶段的工件铣削表面有不明显的振纹，振动信号频谱中出现颤振频率成分。颤振爆发阶段的铣削表面有明显颤振纹理，振动信号主要成分都是颤振频率成分。因此，下面同时给出铣削表面和信号频谱作为验证颤振识别方法是否准确的参考。

图 6-7 展示了第二组（♯2）信号的颤振识别结果。铣削工件表面如图 6-7(a)所示，根据工件表面纹理可以观察到从其中的红色虚线处开始出现微弱的颤振纹理。随着轴向切深的不断增加，颤振纹理越来越明显，振动信号的幅值也逐渐增加。图 6-7(c)为本章提出的颤振识别指标 IFIE 随着切深增加的变化曲线，以阈值 0.9 判别铣削状态。IFIE 方法在 2.875 s 时就检测到颤振成分，此时信号幅值没有明显变化，工件表面的颤振纹理也不明显。图 6-7(d)和(e)分别是基于循环平稳能量比指标 NER 和功率谱熵差指标 ΔPSE 的变化曲线。IFIE 的颤振识别结果比 NER 早 0.375 s，比 ΔPSE 早 0.625 s。IFIE 方法检测到颤振时的信号段频谱如图 6-7(f)所示，可以发现此时信号频谱中存在多个较微弱的颤振频率，表明其识别结果正确。同时，频谱中也可以观察到有色噪声频率，但这没有引起 IFIE 方法的误判。

(a) 铣削工件表面

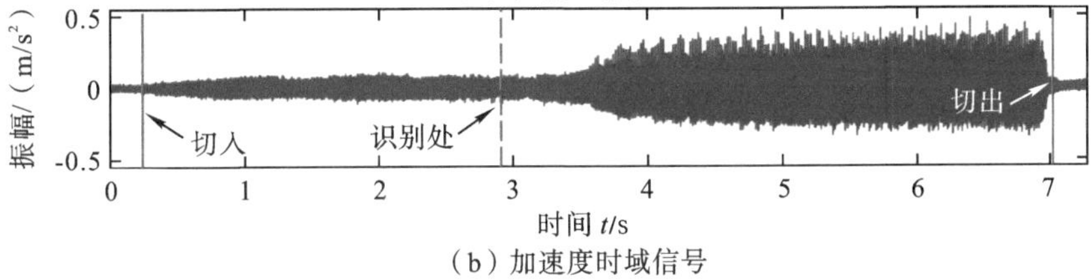

(b) 加速度时域信号

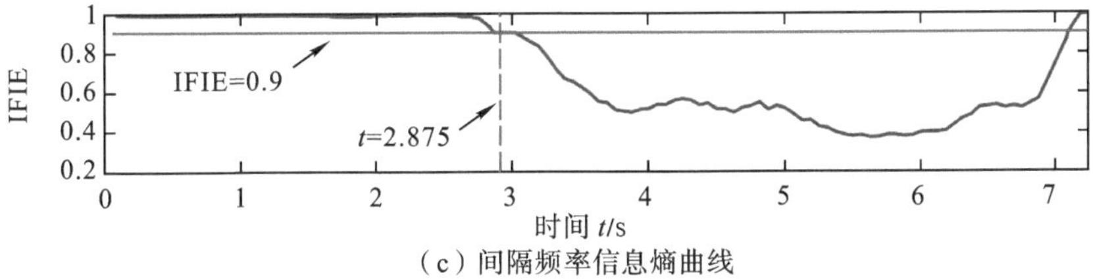

(c) 间隔频率信息熵曲线

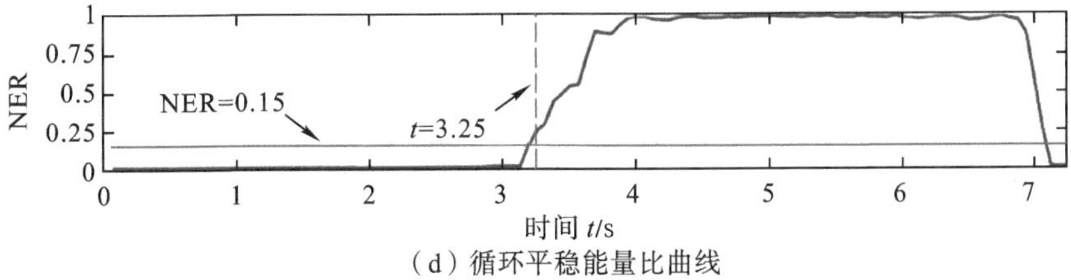

(d) 循环平稳能量比曲线

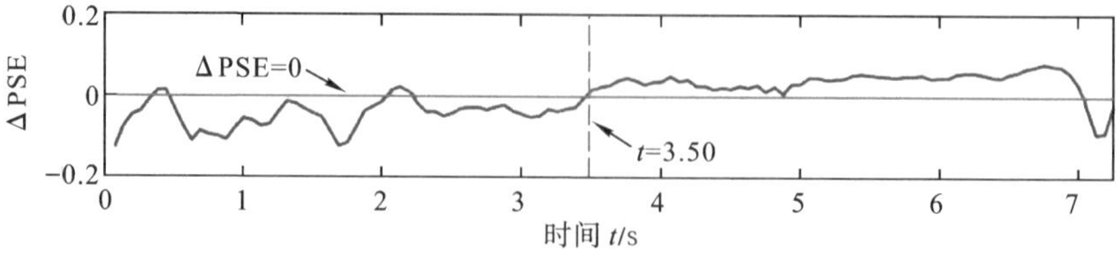

（e）功率谱熵差曲线

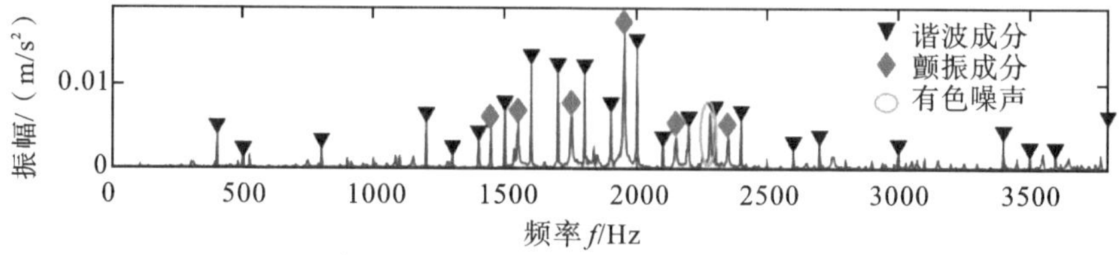

（f）IFIE方法识别到颤振时的信号频谱

图 6-7 铣削颤振早期识别实验结果（#2）

图 6-8 展示了第三组（#3）信号的颤振识别结果。铣削工件表面如图 6-8(a)所示，可以观察到这段信号的工件表面颤振纹理变化十分明显，在 5.4 s 左右（红色虚线处）出现轻微颤振纹理，在 6.8 s 左右出现明显的斜向颤振纹理。振动信号的幅值也与铣削状态相关，随着颤振程度的加深，信号幅值呈现台阶式上升。图 6-8(c)是 IFIE 随着切深增加的变化曲线，IFIE 方法在 5.4375 s 时就检测到颤振成分，与工件表面的颤振纹理出现时间基本一致。图 6-8(d)和(e)分别是颤振识别指标 NER 和 ΔPSE 的变化曲线，其中 ΔPSE 方法在平稳阶段存在少许误判点。IFIE 的颤振识别结果比 NER 早 0.9375 s，比 ΔPSE 早 0.0625 s。IFIE 方法检测到颤振时的信号段频谱如图 6-8(f)所示，可以看到多个颤振频率成分混杂在谐波频率中间，表明此时处于早期颤振阶段。这些颤振频率具有前述颤振频率的分布特征，即颤振相关频率与其最近的主轴旋转谐波频率之间存在固定距离。尽管这些颤振频率分量在谐波频率之间能量微弱，但这些方法都能灵敏地检测到它们，其中 IFIE 方法对微弱颤振更敏感。

（a）铣削工件表面

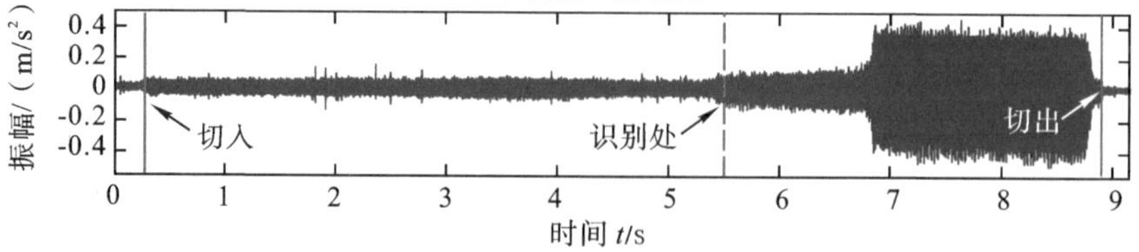

（b）加速度时域信号

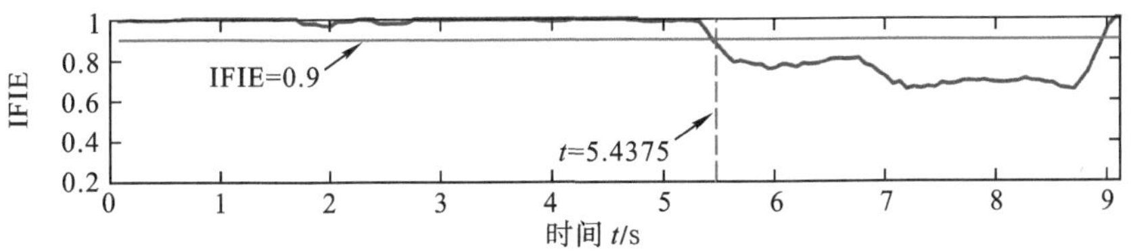

（c）间隔频率信息熵曲线

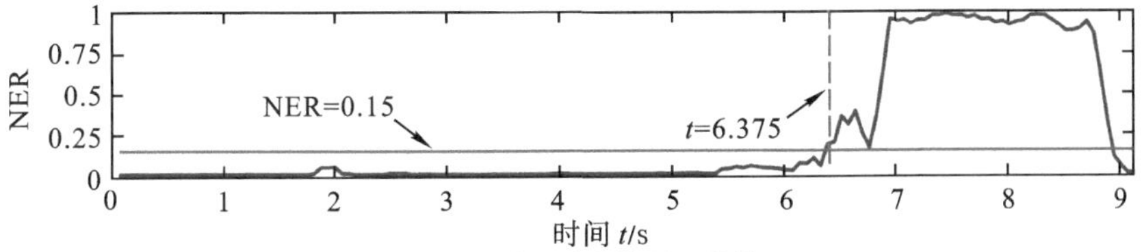

（d）循环平稳能量比曲线

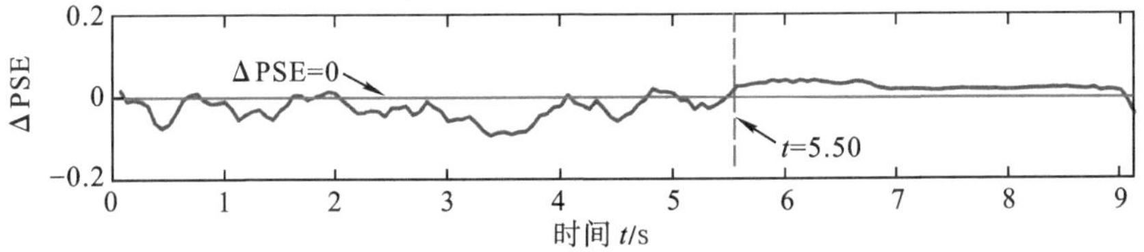

（e）功率谱熵差曲线

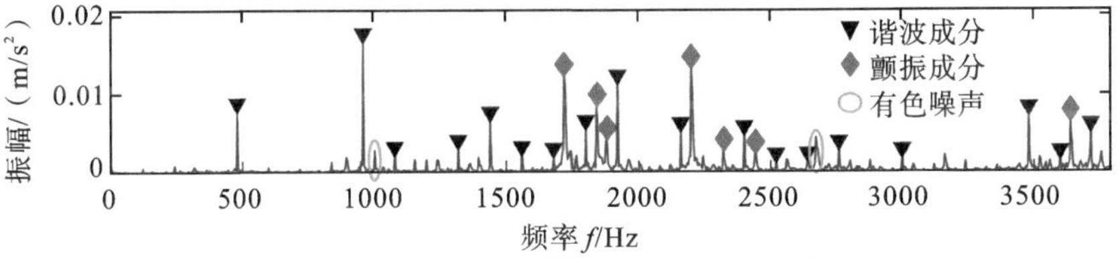

（f）IFIE方法识别到颤振时的信号频谱

图 6－8　铣削颤振早期识别实验结果（♯3）

图 6－9 显示了第四组（♯4）信号的颤振识别结果。铣削工件表面如图 6－9(a)所示，工件表面出现了轻微的黏刀现象，因此处于平稳切削位置处的工件表面也略显粗糙，信号振幅也在中间位置处略有减小。振动信号的幅值在 7.6 s 左右略有上升。图 6－9(c)是 IFIE 随着切深增加的变化曲线，IFIE 方法在 7 s 时识别到颤振发生，略早于工件表面颤振纹理的出现时间。图 6－9(d)和(e)分别是颤振识别指标 NER 和 ΔPSE 的变化曲线。IFIE 的颤振识别结果比 NER 早 0.375 s，比 ΔPSE 早 0.625 s。IFIE 方法检测到颤振时的信号段频谱如图 6－9(f)所示，可以看到多个微弱颤振频率成分，表明此时处于早期颤振阶段。由于存在黏刀现象，NER 方法在 4 s 附近的平稳铣削阶段出现了部分误判，ΔPSE 在颤振阶段出现部分漏判，但 IFIE 方法在全程都没有误判漏判现象，识别结果最为准确。

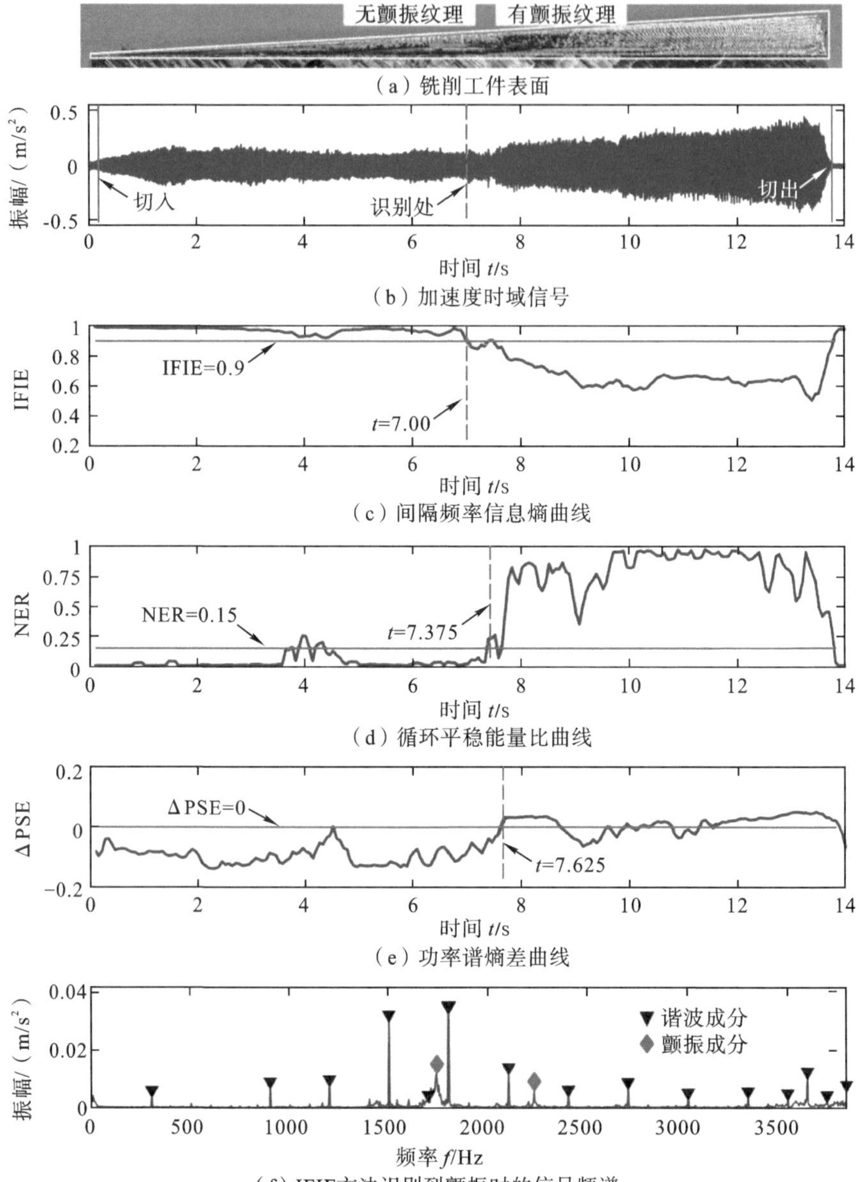

（a）铣削工件表面

（b）加速度时域信号

（c）间隔频率信息熵曲线

（d）循环平稳能量比曲线

（e）功率谱熵差曲线

（f）IFIE方法识别到颤振时的信号频谱

图 6－9　铣削颤振早期识别实验结果(＃4)

以上实验结果验证了 IFIE 指标适用于铝合金的侧铣过程，以下检验其在不同铣削方式和材料下的颤振识别能力。第五组(＃5)和第六组(＃6)实验是使用 45 钢矩形工件进行的槽铣实验，实验结果分别如图 6－10 和图 6－11 所示。槽铣过程中，铣刀全部切入工件，并保持切深不变，因此不再比较不同方法对颤振的敏感性，仅截取了前 6 秒的实验结果进行分析。

第五组（♯5）实验设置轴向切深为 1 mm。铣削工件如图 6－10(a)所示，工件表面光滑，表明没有颤振发生。图 6－10(d)的频谱也验证了此时处于平稳切削状态。IFIE 指标全程没有误判，能准确地指示切削过程中的铣削状态。

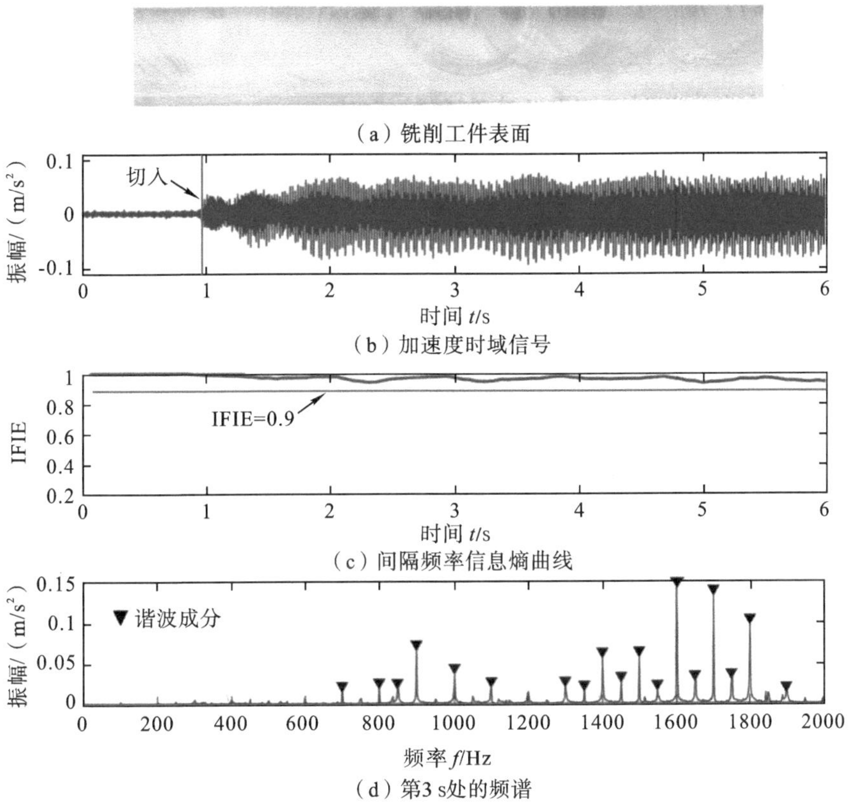

图 6－10　铣削颤振早期识别实验结果（♯5）

第六组（♯6）实验设置切深为 2 mm。铣削工件如图 6－11(a)所示，工件表面有明显颤振纹理，表明发生了颤振。图 6－11(d)中信号的频谱中有明显的颤振频率成分，验证了此时处于颤振切削状态。IFIE 指标在刀具切入后就及时识别到颤振的发生，没有发生漏判，能准确地指示切削过程中的铣削状态。

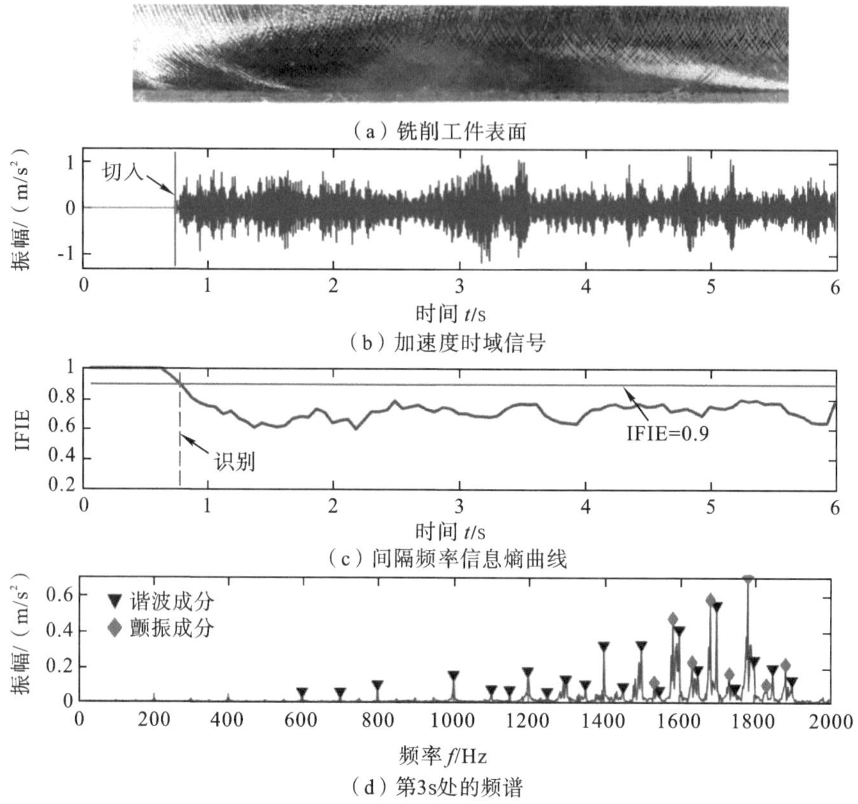

图 6-11 铣削颤振早期识别实验结果(#6)

以上实验结果表明,IFIE 颤振识别指标方法能够及时、准确地检测颤振。IFIE 方法在所有实验中都能在最少误判条件下尽可能早地检测到颤振,并且在各种复杂工况条件下都表现良好,有利于实际应用。

6.7 本章小结

本章提出了基于颤振频率的固有特征构造的颤振识别指标——IFIE,它不关注主颤振成分的分布范围,与谐波成分的分布和能量无关,因此避免了不同工况和铣削系统的影响。通过滤波和主成分参数估计等方法获得精确的信号频率信息,并有效抑制了噪声的影响,使指标对微弱颤振更加敏感。最后使用多工况的实验信号验证了 IFIE 的性能,结果表明 IFIE 能够有效指示不同的铣削状态,对早期颤振十分敏感。该方法的贡献主要如下:

(1)提出了一种基于颤振频率分布特征的新型颤振识别方法,该方法在复杂铣削条件下对早期颤振具有突出的敏感性，同时识别准确性和鲁棒性也很高。

(2)定义了间隔频率的概念，其分布特征能够表征信号中是否存在颤振成分。进一步设计了描述间隔频率分布状态的颤振指标 IFIE，该指标对早期状态下颤振的发生反应灵敏。

基于 IFIE 的颤振识别方法在以上的实验验证中有效、准确且及时地识别到信号中早期颤振的发生。但美中不足的是，算法中的 SER_i 和 IFIE 的阈值都是根据经验和信号分析结果设置的，不能保证是最优的参数。为了发挥间隔频率特征的最大潜力，针对自动分类的方法值得进一步的探索。

第 7 章

基于改进 SVM-Adaboost 算法的铣削颤振检测

7.1 引言

前面的章节提出了多种基于颤振指标和阈值的铣削颤振早期检测方法，这些方法的阈值设置对铣削颤振的检测效果存在关键影响。对于不同铣削工况，信号各成分分布可能存在差异，因此固定的阈值难以满足复杂铣削条件的需要。近年来，随着人工智能算法的发展，越来越多的人工智能算法被用于机器的故障诊断之中。使用人工智能方法进行颤振检测可以完全避免阈值选取的问题，且能够与前述的早期检测算法形成互补。但基于人工智能算法的铣削颤振识别尚存在以下困难需要解决：可用于模型训练与测试的样本数量相对有限；过渡状态下的样本标签错误率较高；单个模型的准确率较低，且受数据特征选取的影响较大。

针对上述问题，本章提出了一种基于改进的自适应增强(adaptive boosting, Adaboost)和 SVM 的铣削颤振识别方法。首先，采集不同工况的铣削振动信号制作训练和测试用的数据集。然后，提取样本的时域和频域的常规特征，并筛选出其中和颤振相关的特征。接下来，利用栈式降噪自编码器自动提取样本特征，并与常规特征共同构成组合特征。最后，对 Adaboost 算法进行改进，提高算法对样本标签的鲁棒性，并与 SVM 共同构成改进的 SVM-Adaboost 模型，实现铣削颤振识别。

7.2 不同工况铣削振动信号的采集

利用人工智能算法进行铣削颤振识别，实质上是将铣削信号分为稳定状态和颤振状态的二分类问题。有监督学习是解决这类问题最常用的方法。而对于一个有监督学习的模型而言，数据集的质量直接关系到模型的性能：首先，当训练集中的数据过少时，模型易出现过拟合现象（即在训练集中表现突出，而在测试集中表现较差）；当训练集中的数据过多时，一方面数据采集困难，另一方面模型收敛慢。其次，由于训练集中不可能包含所有的工况，当训练集的代表性较差时，模型的泛化能力较弱（即在训练集中未出现的工况下表现欠佳）。最后，训练集中的标签起到对模型进行修正的作用，标签的准确性直接关系到模型准确性。

由于铣削加工表面的形貌直接反映了铣削状态，故在制作数据集时将其作为对应信号的标签依据。图 7-1 展示了铣削过程中稳定状态（图 7-1(a)）、过渡状态（图 7-1(b)）和颤振状态（图 7-1(c)）的三种典型表面。其中稳定状态和颤振状态十分容易进行区分，而过渡状态介于两者之间，仅从工件表面形貌难以准确地将其归类。因此，在制作数据集时将舍弃过渡状态下的数据。

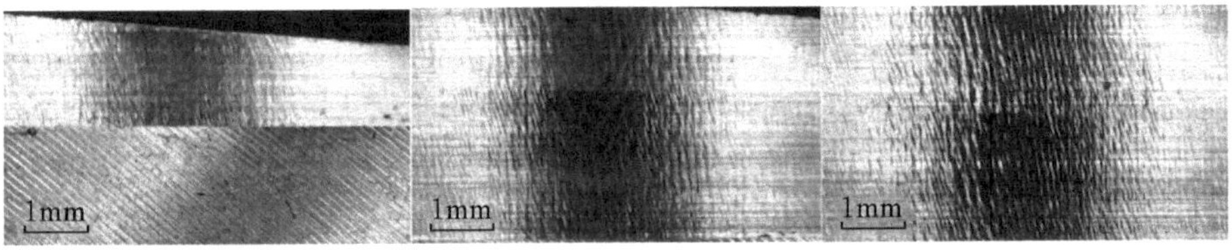

(a) 平稳状态表面　　(b) 过渡状态表面　　(c) 颤振状态表面

图 7-1　三种状态的典型表面形貌

本章的数据集主要来源于斜坡形工件和台阶形工件的切削实验。实验装置见 4.6 节，工件材料有 7075 铝合金和 6061 铝合金两种；两种工件形状：长为 100 mm，坡度为 8%的斜坡形工件和每级台阶的高度为 0.5 mm，共 10 级台阶的台阶型工件；采集的信号为主轴端的加速度信号；采样频率为 4096 Hz；铣刀为西门德克公司生产的硬质合金立铣刀，型号为 CESM20400，直径为 4 mm，两刃。更多具体的切削参数列于表 7-1 中。

表 7-1　不同工况铣削参数

编号	工件形状	工件材料	主轴转速 /(r/min)	轴向切深 /mm	径向切深 /mm	进给速度 /(mm·s^{-1})
1	斜坡形	7075	3600	0～8	1	1
2	斜坡形	6061	5100	0～8	1	1
3	斜坡形	7075	5400	0～8	1	1

续表

编号	工件形状	工件材料	主轴转速 /(r/min)	轴向切深 /mm	径向切深 /mm	进给速度 /(mm·s^{-1})
4	台阶形	6061	2700	0.5～5	1	1
5	台阶形	6061	2850	0.5～5	0.5	1
6	台阶形	6061	3700	0.5～5	1	1
7	台阶形	6061	4200	0.5～5	1	0.5
8	台阶形	6061	5400	0.5～5	0.5	1
9	台阶形	6061	5500	0.5～5	1	0.5
10	台阶形	6061	5700	0.5～5	1	0.75

在制作数据集的过程中，不同形状工件的振动信号分别采用了不同处理方式：对于斜坡形工件的加工信号(即第 1～3 组信号)，从平稳铣削阶段和颤振状态阶段分别截取 100 个长度为 512 个采样点的样本，共计得到 600 个样本；对于台阶形工件的加工信号(即第 4～10 组信号)，从每个可以确定平稳或颤振状态的台阶中截取 50 个长度为 512 个采样点的样本，并分别从所有平稳样本中随机抽取 700 个样本，共计得到 1400 个样本。两者合计得到 2000 个样本，将其按照以 7:3 的比例随机分为训练集和测试集。训练集中颤振样本数量为 706 个，占 50.43%；测试集中颤振样本数量为 294 个，占 49.57%。

通过该方式制作的数据集具有如下几个优点：平稳样本和颤振样本的比例相当；数据集中的错误标签比例较低；样本所涉及的工况更多。

7.3 不同工况铣削振动特征提取

为了有效地训练机器学习的模型，本节首先提取了训练集样本的时域和频域的若干特征；对于每个特征，通过对比颤振样本和平稳样本之间的显著性差异确定该特征是否为颤振相关特征。然后构造并训练了栈式去噪自编码器模型，用于从样本中自动提取特征；常规特征指标与自动提取的特征构成组合特征用于训练及其学习的模型。最后使用 t-SNE 算法可视化从训练集中提取到三种特征，并做了对比。

7.3.1　常规特征指标

1. 时域特征

与平稳铣削相比，颤振状态下铣削信号的幅值更大且表现出非平稳特性。某些时域统计特征可以反映这些特性。时域统计特征分为有量纲特征参数和无量纲特征参数两种。常用的有量纲特征参数有峰值、均值、均方根值、方差等。有量纲特征参数通过信号在时域内的幅值和能量反映铣削状态，但受工况影响较大，难以用于不同工况下。无量纲特征参数基本不受主轴转速、切削用量等因素的影响，对工况不敏感，更加适用于不同工况下的铣削颤振检测。常用的无量纲特征参数有峰值因子、峭度指标、波形因子、脉冲指标、裕度系数等。不同的特征参数反映了信号的不同特征，本章选取了以下 6 个无量纲时域特征参数进行分析：峭度指标、偏斜度指标、裕度指标、峰值指标、脉冲指标、波形指标。表 7－2 为时域特征参数的计算公式，其中振动信号为 $\boldsymbol{X}=x_k$（$k=1,2,\cdots,N$，其中 N 为采样点数）。

表 7－2　时域统计特征指标

时域统计量	表达式	时域统计量	表达式
均值	$\bar{X}=\frac{1}{N}\sum_{k=1}^{N}x_k$	波形指标	$S_f=\frac{X_{rms}}{X_a}$
均方根值	$X_{rms}=\sqrt{\frac{1}{N}\sum_{k=1}^{N}x_k^2}$	峰值指标	$C_f=\frac{X_{max}}{X_{rms}}$
方根幅值	$X_s=\left(\frac{1}{N}\sum_{k=1}^{N}\sqrt{\lvert x_k\rvert}\right)^2$	脉冲指标	$CL_f=\frac{X_{max}}{X_a}$
平均幅值	$X_a=\frac{1}{N}\sum_{k=1}^{N}\lvert x_k\rvert$	偏斜度指标	$S_v=\frac{S}{\sigma^3}$
偏斜度	$S=\frac{1}{N}\sum_{k=1}^{N}\lvert x_k\rvert^3$	峭度指标	$K_v=\frac{K}{\sigma^4}$
峭度	$K=\frac{1}{N}\sum_{k=1}^{N}x_k^4$	裕度指标	$I_f=\frac{X_{max}}{X_s}$
方差	$\sigma^2=\frac{1}{N}\sum_{k=1}^{N}x_k^2$		

2. 频域特征

在颤振发生时，铣削信号在时域上发生变化的同时在频域上也发生着变化，主要表现为位于主轴-刀柄-刀具的固有频率附近的颤振频率成分的幅值不断增大。频域特征参数反应信号在频域上的特点，常用的频域特征参数有重心频率(FC)、均方频率(MSF)、均方根频率(RMSF)、频率方差(VF)、频率标准差(RVF)等。其中 RMSF$=\sqrt{\mathrm{MSF}}$、RVF$=\sqrt{\mathrm{VF}}$，所以不使用均方根频率和频率标准差指标。其余 3 个频域特征指标的计算公式如下：

$$\mathrm{FC}=\frac{\sum_{i=0}^{n} f_i S(f_i)}{\sum_{i=0}^{n} S(f_i)} \tag{7-1}$$

$$\mathrm{MSF}=\frac{\sum_{i=0}^{n} f_i^{2} S(f_i)}{\sum_{i=0}^{n} S(f_i)} \tag{7-2}$$

$$\mathrm{VF}=\frac{\sum_{i=0}^{n} (f_i-\mathrm{FC})^2 S(f_i)}{\sum_{i=0}^{n} S(f_i)} \tag{7-3}$$

式中：f_i 为频率，Hz；$S(f_i)$为与 f_i 相对应的傅里叶变换值。

3. 振动特征筛选

本章中所提出的 6 个无量纲时域特征参数和 3 个频域特征参数并不总能满足与颤振相关这一要求，因此需要对这 9 组特征参数进行筛选。如果一个特征与铣削状态相关，则该特征在平稳状态下的概率分布应和颤振状态下的概率分布存在差异。

这里计算了训练集和测试集共 2000 个样本的上述 9 个特征，并依据样本标签分为颤振样本和稳定样本两类。两类样本的特征分布如图 7－2 所示，除偏斜度指标 S_v 外，其余特征在两类样本之间存在一定的重叠，但分布存在一定的差异。为了更加准确地反映两类样本的特征之间是否存在显著性差异，采用 t 检验比较两者之间是否存在显著性差异。t 检验的基本原理是用 t 分布理论推测差异发生的概率，从而比较两组样本的平均数差异是否显著。在显著性差异水平设置为 10% 时，仅有偏斜度指标 S_v 不满足显著性差异，故将其从设计的特征中去除。

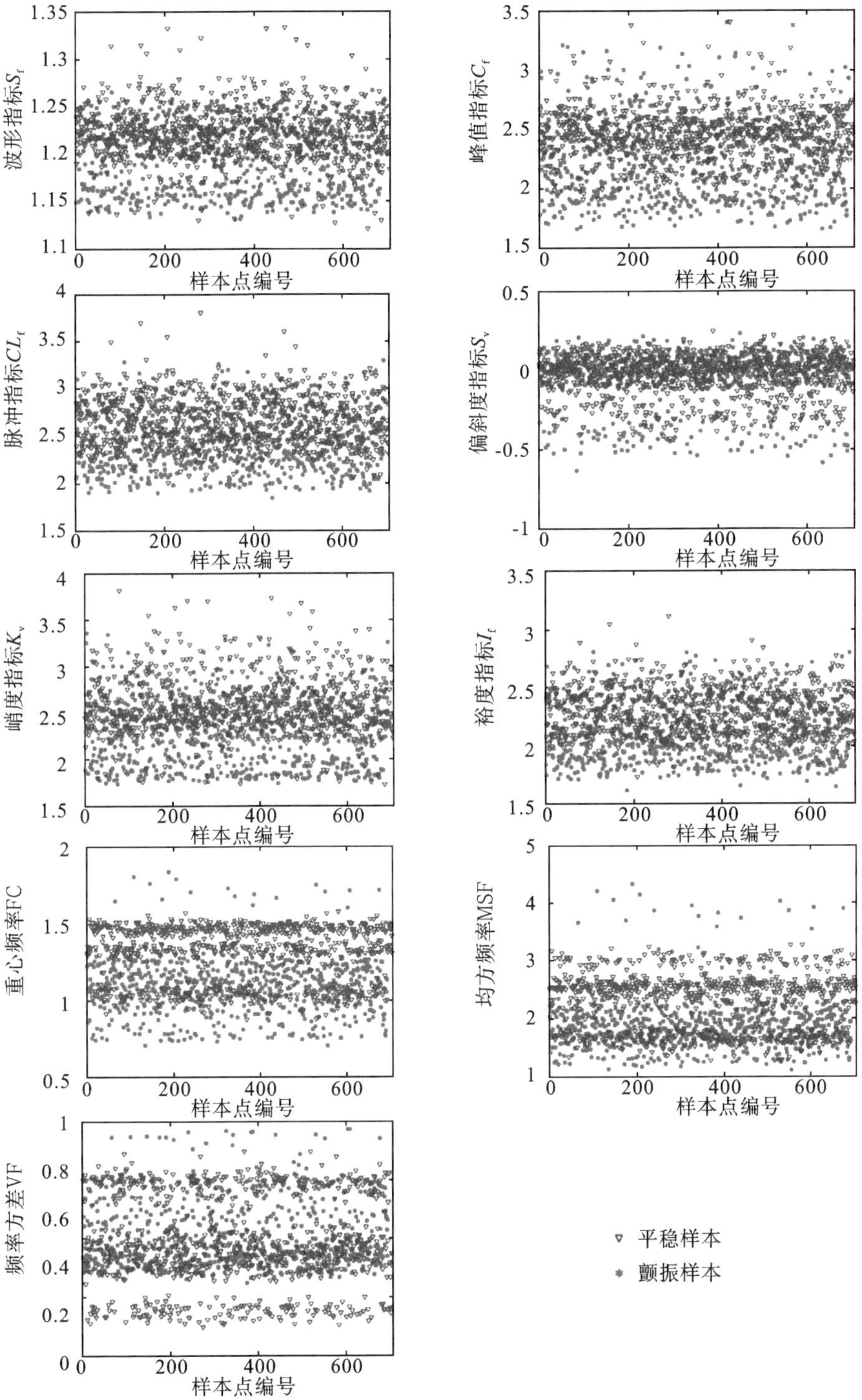
波形指标S_f
峰值指标C_f
脉冲指标CL_f
偏斜度指标S_v
峭度指标K_v
裕度指标I_f
重心频率FC
均方频率MSF
频率方差VF
样本点编号
平稳样本
颤振样本

图 7-2　常规特征分布

7.3.2 自动提取特征

常规特征的选取比较依赖操作者的经验，选用的特征质量较难保证。在许多研究中，各种神经网络被用于提取信号特征，其中自编码器是使用最广泛的一类。

1. 自编码器

自编码器是由 Rumelhart 等[112]提出的一类特殊的人工神经网络，通常为由输入层、隐层、输出层组成的三层神经网络，其结构如图 7-3 所示。输入层和隐层共同构成编码器网络，将输入信号 $\boldsymbol{Y}_i$ 转化成维数更小的编码输出 $\boldsymbol{H}_i$。隐层和输出层则构成解码器网络，其输入即为编码器的输出。解码器将编码输出转化至与输入信号维数相同的解码输出 $\boldsymbol{X}_i$。

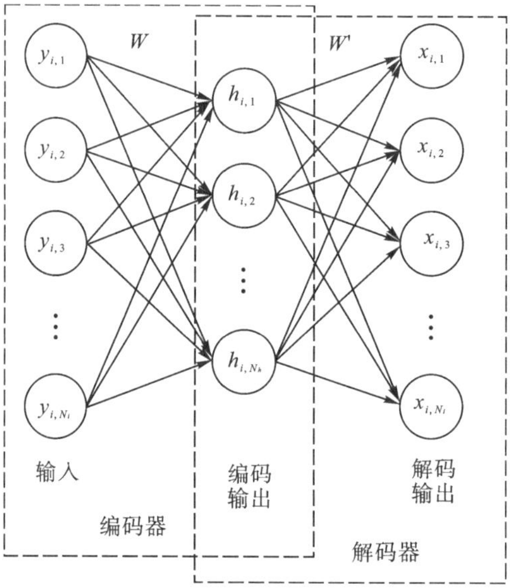

图 7-3 自编码器结构示意图

设输入信号为一向量：

$$\boldsymbol{Y}_i=\{y_{i,1},y_{i,2},\cdots,y_{i,N_i}\} \tag{7-4}$$

式中：N_i 为向量长度。

设编码器网络的权重为 $N_i \times N_h$ 的矩阵 $\boldsymbol{W}$，解码器的权重为 $N_h \times N_i$ 的矩阵 $\boldsymbol{W}'$。则编码器和解码器的输出分别为

$$\boldsymbol{H}_i=f(\boldsymbol{Y}_i\boldsymbol{W}) \tag{7-5}$$

$$\boldsymbol{X}_i=f(\boldsymbol{H}_i\boldsymbol{W}')=\{x_{i,1},x_{i,2},\cdots,x_{i,N_i}\} \tag{7-6}$$

式中：$f(\cdot)$为网络的激活函数。

在自编码器中，网络的损失函数通常为

$$e=\frac{1}{N_i}\sum_{j=1}^{N_i}(x_{i,j}-y_{i,j})^2 \tag{7-7}$$

该损失函数的形式说明自编码器实现的功能是将原始输入数据进行压缩，并利用压缩后的数据重建原始输入。所以，自编码器的编码输出可以视为包含了原始数据大部分信息的特征。自编码器的训练使用误差反向传播算法实现。

2. 降噪自编码器

Vincent 等[113]在自编码器基础上改进的一类编码器称为降噪自编码器，其结构如图 7－4 所示。与自编码器相比，降噪自编码器中多了一个腐蚀环节。在腐蚀环节中，按一定概率（腐蚀概率）将输入信号中的若干个神经元的值置为 0。此时，模型中编码器的输出变为

$$\boldsymbol{H}_i=f(g(\boldsymbol{Y}_i)\boldsymbol{W}) \tag{7-8}$$

式中：$g(\cdot)$为腐蚀操作。

除此之外，模型的损失函数、训练方法等都和自编码器一致。降噪自编码器能够从受损的数据中恢复出原始数据，与自编码器相比，这种方式提取到的特征效果更好。

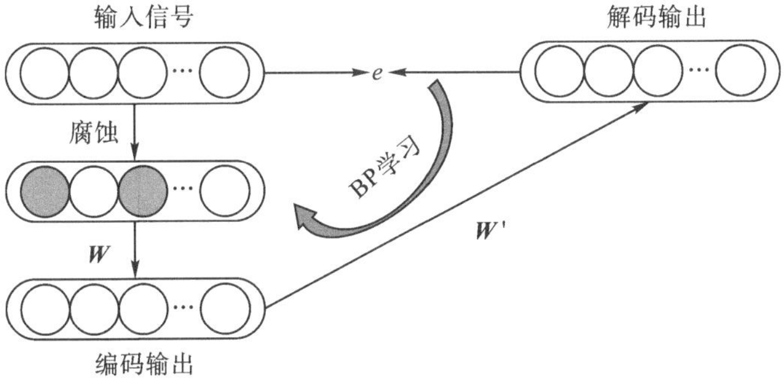

图 7－4　去噪自编码器结构

3. 栈式降噪自编码器

Bengio 等[114]在降噪自编码器的基础上提出栈式降噪自编码器（stacked-denoising auto-encoder，SDAE）。SDAE 由多个降噪自编码器堆叠而成，其结构如图 7－5 所示，图中隐藏了输入信号的腐蚀环节。第 N 个降噪自编码器的输入为第 $N-1$ 个降噪自编码器的编码输出。因此，栈式降噪自编码器的编码层实际上是在

逐层抽象输入数据的特征。

栈式降噪自编码器的训练方式为逐层训练,即按照去噪自编码器的训练方式训练完成第 N 层的降噪自编码器后,固定第 $1\sim N$ 层的降噪自编码器的权重,训练第 $N+1$ 层的降噪自编码器。

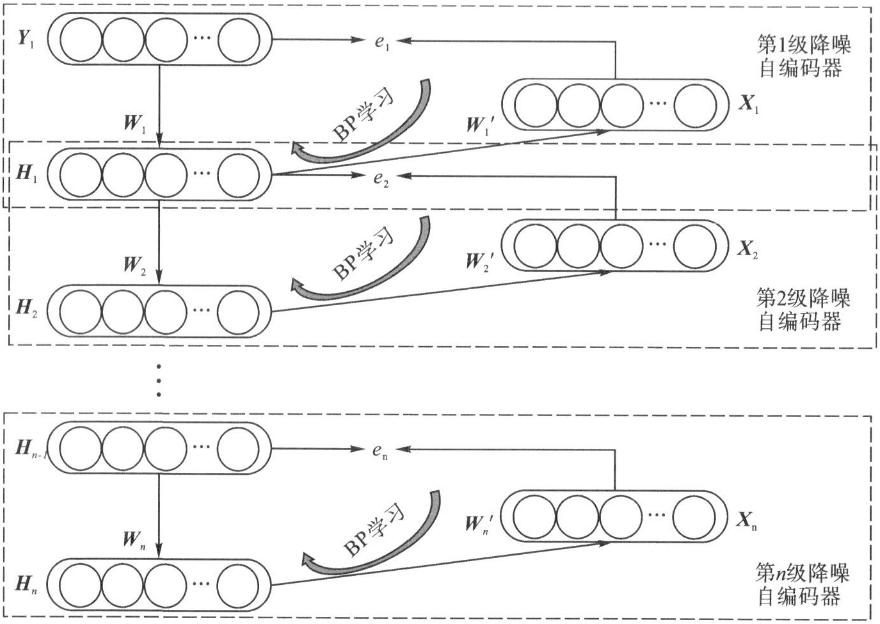

图 7-5 栈式降噪自编码器结构

基于上述分析,使用一个三层的栈式降噪自编码器用于自动提取信号特征。每经过一层编码器,特征维数变为原来的 1/4,即每层降噪自编码器的编码输出维数分别为 128、32、8;每层编码器的激活函数为 sigmoid 函数;腐蚀概率均为 0.5。训练栈式降噪自编码器的样本包括训练集和测试集共 2000 个样本;每层自编码器的学习率分别为 1、0.5、0.2,每遍历一次样本集后,学习率降为原来的 99%;每个训练批次的样本数为 50 个,遍历 50 次样本集。

7.3.3 组合特征

常规特征指标与栈式降噪自编码器自动提取的特征按照图 7-6 所示的方式进行组合,形成新的组合特征。原始信号输入后,一方面经过训练后的栈式降噪自编码器的编码层进行编码,提取第 3 层的 8 个编码特征;另一方面,提取原始信号中的时域指标(峭度指标、裕度指标、峰值指标、脉冲指标、波形指标)和频域指标

(重心频率、均方频率、频率方差)。两组特征组合,形成组合特征,作为分类器的输入。

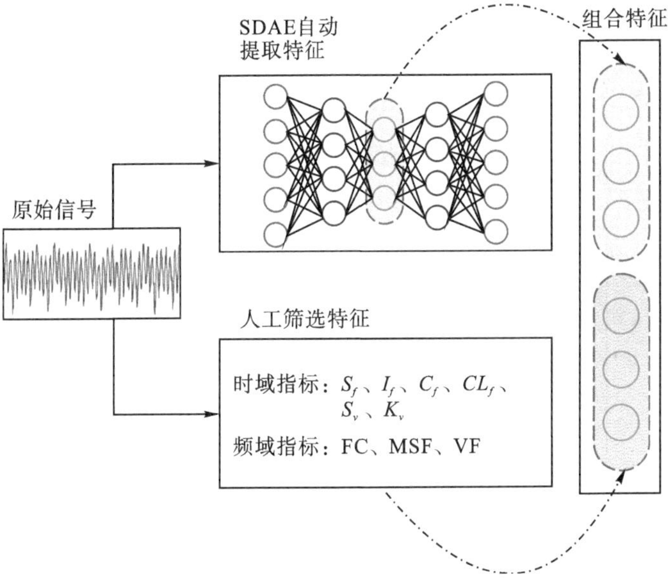

图 7-6　特征提取组合示意图

7.3.4　特征分析

t 分布随机近邻嵌入(t-distributed stochastic neighbor embedding, t-SNE)是由 Laurens 等[115]在 2008 年提出的一种非线性降维算法。为了直观地说明常规特征、SDAE 提取的特征和组合特征三者之间的差异,提取了训练集的三组特征(常规特征、SDAE 特征、组合特征),并使用 t-SNE 算法将高维特征降至 2 维,实现特征的可视化。图 7-7 为可视化结果。常规特征在整体上能够区分颤振和稳定样本,但是两种状态的样本之间存在较严重的混叠,影响分类效果;且同种状态的样本内部明显可以分为多簇,这表明这些特征值仍与工况有较大的关联。SDAE 提取的特征同样能够区分颤振和稳定样本;相比于常规特征,两种状态的样本之间混叠程度降低,表明区分能力增强;且同种状态的样本内各簇之间的距离更近,说明与工况的关联性降低。与上述两种特征相比,组合特征在同种状态的样本内各簇之间的距离十分接近,表明组合后特征与工况的关联度较低;不同状态的样本间的混叠较弱,区分度较高。

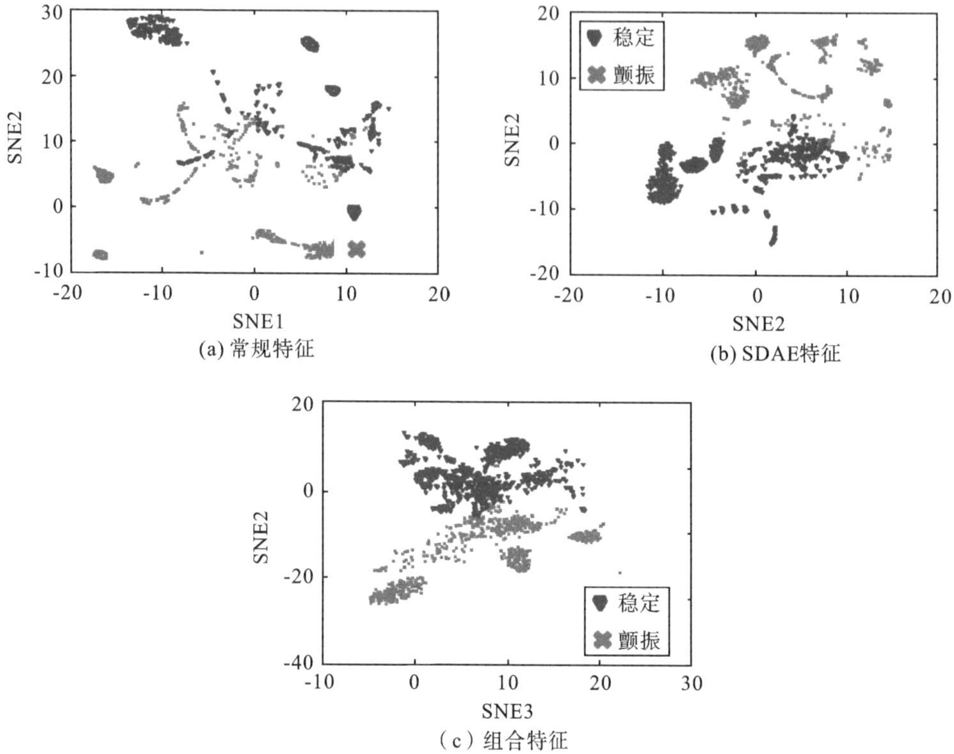

图 7-7　三组特征可视化结果

7.4　改进 SVM-Adaboost 算法

与其他人工智能算法相比，支持向量机（support vector machine，SVM）具有许多突出优点。例如：SVM 适用于样本数量较少的情况；SVM 采用结构风险最小化准则，折衷考虑经验风险和置信范围，具有较好的推广能力；只考虑少数几个支持向量，不易出现过拟合现象等。而在铣削颤振识别问题中，样本数量较少且样本标签可能存在较多错误。因此，SVM 尤其适用于铣削颤振识别问题当中。

然而，尽管支持向量机的泛化能力强，但是准确率并不高。在 7.3 节所述的提取组合特征的基础上，使用图 7-8 所示的模型对铣削颤振进行分类，其准确率仅在 90%左右，如果采集到的样本集中包含过渡状态的样本，则准确率还将进一步降低至不足 90%。因此该模型尚不能满足实际使用的需要，必须进行改进，使其能够用于实际。

集成学习是指将一系列相对准确率较低的弱分类器按照一定的规则组合成分类准确率较高的强分类器。从理论上说，当集成学习的每个弱分类器的错误率都低于 0.5 时，无数个弱分类器可以组合出一个准确率趋近于 1 的强分类器。当数据集规模较大时，常分成多个子数据集，学习多个模型进行组合；而当数据集规模较小时，可利用 Bootstrap 方法进行抽样获取多个子数据集，分别训练多个模型再进行组合。常见的集成学习算法有自适应增强(Adaboost)算法、提升树算法、随机森林等。

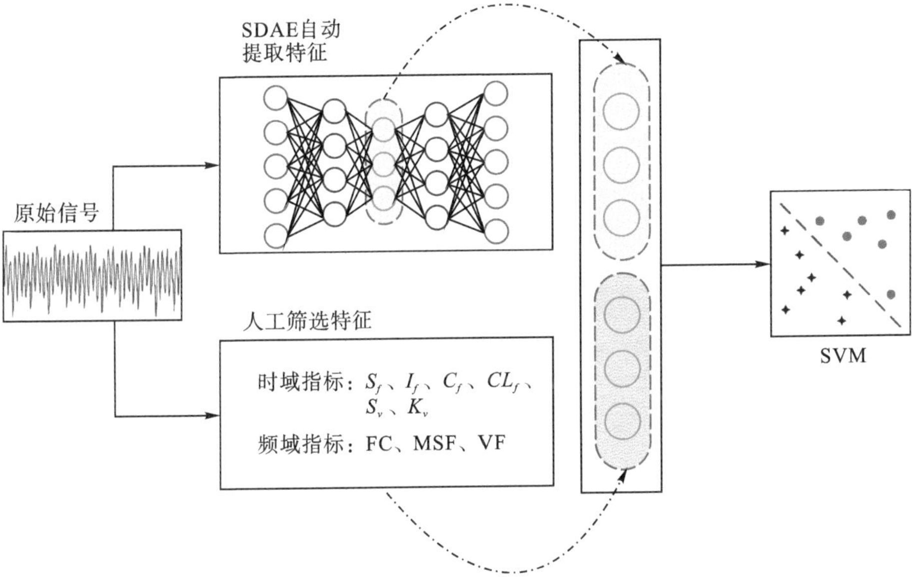

图 7-8　基于 SVM 的铣削颤振识别模型

Adaboost 算法[116]是最常用的集成学习算法之一，图 7-9 为 Adaboost 算法的示意图。表 7-3 中列出了 Adaboost 的具体算法。

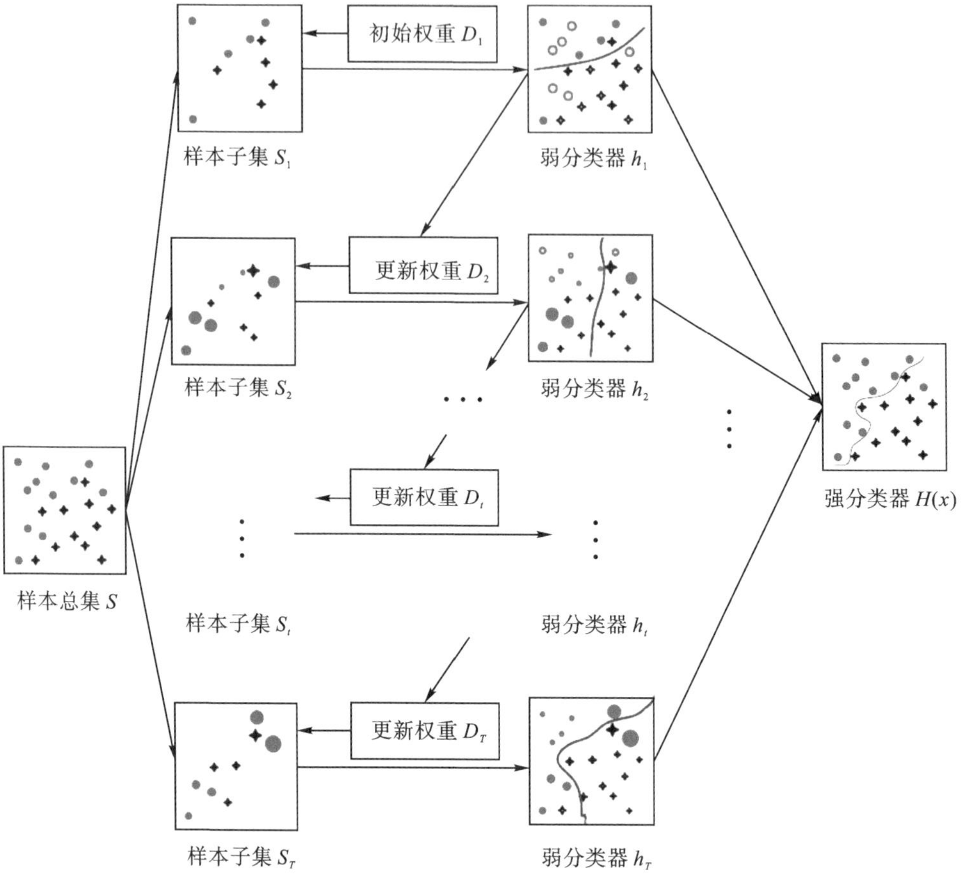

图 7-9 Adaboost 算法示意图

设样本总集为 S；训练每个弱分类器时先按照 $D_{t,i}$（t 表示第 t 个弱分类器，i 表示第 i 个样本）的抽样权重从样本总集中抽取一个样本子集 S_t；弱分类器训练完成后，根据其分类误差更新该弱分类器的决策权重 α_t 和下一个弱分类器的抽样权重 $D_{t+1,i}$ 的采样权重；在所有的弱分类器训练完成后，通过加权每个弱分类器的学习结果，得到最终的强分类器 $H(x)$；

表 7-3 Adaboost 算法

输入： 训练样本集 $S=\{(x_1,y_1),(x_2,y_2),\cdots,(x_n,y_n)\}$，其中 $y_i\in\{-1,1\}$
训练子集大小 M
弱分类器算法 ζ
训练轮次 T
输出： $H(x)\in\{-1,1\}$，为强分类器获得的分类结果

续表

1. 初始化每个训练样本的抽样权重 $D_{1,i}=1/n, i=1,2,\cdots,n$。
2. **for** $t=1$ **to** T **do**
3. 　　根据训练样本权重进行不等概率抽样，得到由 M 个样本组成的样本子集 S_t
4. 　　基于抽样得到的样本子集 S_t 训练得到弱分类器 $h_t=\zeta(S_t)$
5. 　　计算 h_t 的加权分类误差 $\varepsilon_t=\sum_{i=1}^{n} D_{t,i}\delta(h_t(x_i)\neq y_i)$
6. 　　**if** $\varepsilon_t>0.5$ **then**
7. 　　　$\alpha_t=0$, **continue**
8. 　　**end if**
9. 　　$\alpha_t=\frac{1}{2}\ln\left(\frac{1-\varepsilon_t}{\varepsilon_t}\right)$
10. 　　更新训练样本的抽样权重 $D_{t+1,i}=\frac{D_{t,i}}{2}\times\begin{cases} e^{-\alpha_t}, h_t(x_i)\neq y_i \\ e^{\alpha_t}, h_t(x_i)=y_i \end{cases}$

$$=\frac{D_{t,i}e^{-\alpha_t h_t(x_i)y_i}}{Z_t}$$

11. **end for**
12. 输出最终分类结果 $H(x)=\sum_{i=1}^{T}\alpha_t h_t(x)$

Adaboost 算法的核心在于不断提高分类错误的样本的采样权重，降低正确分类样本的采样权重，将模型聚焦于难以分类的样本上。在铣削颤振的检测中，对颤振早期的样本，无论是根据工件表面还是检测信号进行标注，标注的样本并不完全准确，甚至存在较大比例的错误标注。这种情况下，在传统的 Adaboost 算法中，这些标注错误的样本权重被不断增大。很显然，当数据集中的标签错误时，无论在数据集中表现多么突出，模型在实际数据中的表现会大打折扣。

为此，对 Adaboost 进行改进，引入两个参数：样本连续错误分类的次数 $a_{t,i}$（t 表示第 t 个弱分类器，i 表示第 i 个样本）和抑制因子 $r\geqslant 0$，其详细算法列于表 7－4 中。在更新训练样本的采样权重时，权重的放大倍数从 α_t 变为 $e^{\alpha_t \frac{2}{1+e^{r a_{t,i}}}}$。当抑制因子 $r=0$ 时，改进算法相当于传统的 Adaboost 算法。

设连续分类错误次数 $a_t=3$，与不同错误率 ε_t 相对应的放大系数如图 7－10 所示。当 $r>0$ 时，错误分类的样本权重增大速度被有效抑制，其随着 r 的增大，抑制因子对样本采样权重的放大倍数的抑制作用增强。实验中发现，$r=1$ 是一个效果较好的值。

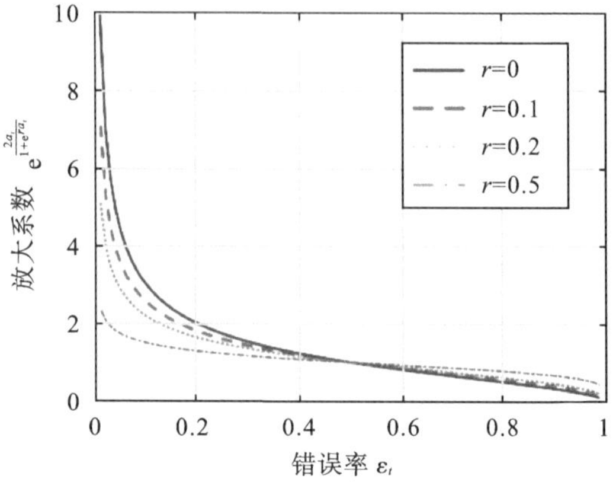

图 7 - 10 放大系数与错误率的关系

表 7 - 4 Adaboost 改进算法

输入： 训练样本集 $S=\{(\boldsymbol{x}_1,y_1),(\boldsymbol{x}_2,y_2),\cdots,(\boldsymbol{x}_n,y_n)\}$，其中 $y_i\in\{-1,1\}$

训练子集大小 M

弱学习器算法 ζ

训练轮次 T

抑制因子 r

输出： $H(\boldsymbol{x})\in\{-1,1\}$，为强分类器获得的分类结果

---

1. 初始化每个训练样本的抽样权重 $D_{1,i}=\dfrac{1}{n}$，$i=1,2,\cdots,n$；初始化每个样本被连续错误分类的次数 $a_{1,i}=0$，$i=1,2,\cdots,n$。

2. **for** $t=1$ **to** T **do**

3. 根据训练样本权重进行不等概率抽样，得到由 M 个样本组成的样本子集 S_t

4. 基于抽样得到的样本子集 S_t 训练得到弱分类器 $h_t=\zeta(S_t)$

5. 计算 h_t 的加权分类误差 $\varepsilon_t=\sum_{i=1}^{n}D_{t,i}\delta(h_t(\boldsymbol{x}_i)\neq y_i)$

6. **if** $\varepsilon_t>0.5$ **then**

7. $\alpha_t=0$，**continue**

8. **end if**

9. $\alpha_t=\dfrac{1}{2}\ln\left(\dfrac{1-\varepsilon_t}{\varepsilon_t}\right)$

10. 更新训练样本的抽样权重 $D_{t+1,i}=\dfrac{D_{t,i}}{Z_t}\times\begin{cases}\mathrm{e}^{-\alpha_t\frac{2}{1+\mathrm{e}^{ra_{t,i}}}}, & h_t(\boldsymbol{x}_i)\neq y_i\\ \mathrm{e}^{\alpha_t\frac{2}{1+\mathrm{e}^{ra_{t,i}}}}, & h_t(\boldsymbol{x}_i)=y_i\end{cases}=\dfrac{D_{t,i}\mathrm{e}^{-\alpha_t h_t(\boldsymbol{x}_i)y_i\frac{2}{1+\mathrm{e}^{ra_{t,i}}}}}{Z_t}$

11.　　　**if** $h_t(\boldsymbol{x}_i) \neq y_i$ **then** $a_{t+1,i} = a_{t,i} + 1$

12.　　　**else** $a_{t+1,i} = 0$ **end if**

13. **end for**

14. 输出最终分类结果 $H(\boldsymbol{x}) = \sum\limits_{i=1}^{T} \alpha_t h_t(\boldsymbol{x})$

当错误率 $\varepsilon_t = 0.3$ 时,放大系数与样本被连续分类错误次数 a_t 之间的关系如图 7-11 所示。当抑制因子 $r > 0$ 时,随着连续分类错误次数的增大,分类错误的样本权重增大速度不断减慢,且在连续分类错误达到一定次数后,难分类样本权重不再增大。传统的 Adaboost 算法的分类错误样本的权重始终保持着指数级别的增大速度。

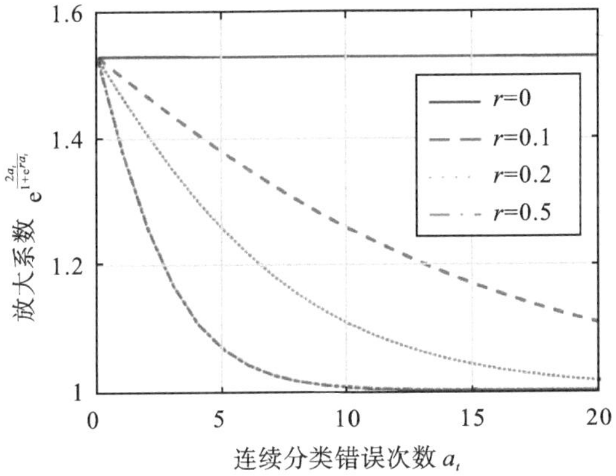

图 7-11　放大系数与连续分类错误次数的关系

综合上述,引入样本连续分类错误的次数和抑制因子后,对于难分类的样本,改进的 Adaboost 算法给予更大权重,但并不忽视其余的样本。这使得改进的 Adaboost算法对错误标签具有更强的鲁棒性。

将使用改进前和改进后的 Adaboost 算法提高 SVM 分类效果的方法分别称为 SVM-Adaboost 和改进的 SVM-Adaboost。为了验证改进的 Adaboost 算法对标签的鲁棒性,使用二维分布的数据进行了仿真实验。100 个颤振样本(标签为 1)的概率分布为 $N(-2, 2, 4, 4, 0)$ 的正态分布,100 个稳定样本(标签为 -1)的概率分布为 $N(2, -2, 4, 4, 0)$ 的正态分布。其中 20% 的颤振样本的被标记为稳定,

20%的稳定样本被标记为颤振，即 20 个漏判样本和 20 个误判样本。样本的分布如图 7-12 所示。弱分类器为 5 个 SVM。每个弱分类器使用 20 个随机抽取的样本训练后，通过改进前后的 Adaboost 算法增强其分类效果。SVM-Adaboost 算法的仿真结果如表 7-5 所示，第 4、5 个弱分类器的分类器权重几乎为 0，这意味着对强分类器的作用几乎为 0；强分类器的实际准确率仅为 84.5%。改进后的 SVM-Adaboost 算法的仿真结果如表 7-6 所示，5 个弱分类器均对强分类器的效果有较大贡献，强分类器的实际准确率达到 96%。

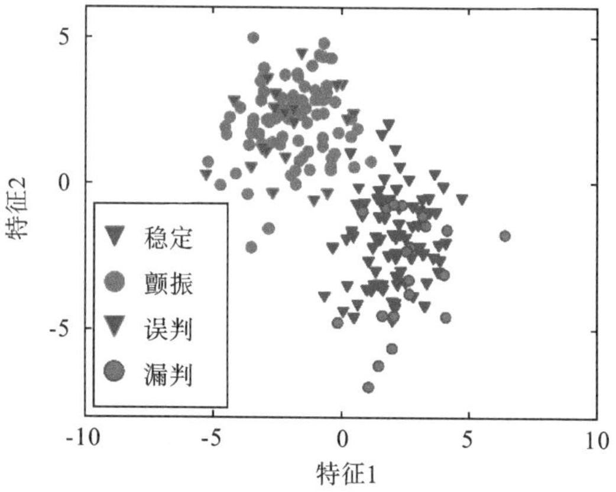

图 7-12　仿真实验特征

表 7-5　改进前的 Adaboost 仿真结果

弱分类器编号	名义准确率①/%	实际准确率/%	弱分类器权重	错误标签样本总采样权重
1	69	82	0.4	0.2
2	59	65	0.2416	0.2915
3	65	74	0.1001	0.3253
4	50	50	0.0718	0.3470
5	50	50	≈0	0.3486

① 名义准确率是指根据含假阳性、假阴性的标签计算得到的准确率。

表 7-6　改进后的 Adaboost 仿真结果

弱分类器编号	名义准确率/%	实际准确率/%	弱分类器权重	错误标签样本总采样权重
1	59	69	0.1820	0.2
2	58	64	0.2327	0.2253
3	56.5	58.5	0.1139	0.2310
4	77.5	95.5	0.5277	0.2346
5	79	99	0.3331	0.3273

7.5　本章小结

本章采用机器学习的方法进行铣削颤振识别，完全避免了检测阈值选取的问题。针对基于机器学习的铣削颤振识别的难点，本章首先采集不同工况下的铣削信号制作了机器学习所需的训练集；然后提取了样本信号的时域和频域特征，并根据两种铣削状态下特征之间的显著性差异水平筛选出其中的颤振相关特征；介绍了栈式降噪自编码器，并设计了一个三层的栈式降噪自编码器用于自动提取信号特征；最后阐述了 SVM 在铣削颤振识别问题中的优点，并改进了 Adaboost 算法，使其对错误标签的鲁棒性提高，使用改进后的 Adaboost 算法提高 SVM 分类效果，使其能够用于实际铣削颤振识别当中。

第 8 章

基于间隔频率特征图和卷积神经网络的颤振识别方法

8.1 引言

第 7 章提出了基于改进 SVM-Adaboost 算法的铣削颤振检测方法，避免了阈值设置的难点。然而，所使用的常规特征和自动提取特征与颤振状态之间不具有严格的对应关系，并且自动提取特征物理意义难以解释，与训练数据集密切相关。因此，本章基于铣削动力学建模结果设计了具有物理意义的间隔频率特征图用作颤振识别特征，使用卷积神经网络提取图像特征并分类，构造了可解释的基于卷积神经网络的颤振识别方法。

为了构造可解释的神经网络，本章构造了间隔频率特征图（interval frequency feature map，IFFM）作为网络的输入特征。通过将 FFT 获得的频谱直接转换为 IFFM，避免了复杂的预处理过程。间隔频率特征图不仅包含频谱本身的所有信息，同时融合了颤振频率与其最近的谐波频率间隔恒定的特征，形成颤振频率在空间上聚集于一条线上的空间特征，使得神经网络具有明确的特征提取目标。

为了进一步解决神经网络需要大量训练数据的困难，本章采用实验数据与铣削动力学模型联合驱动的网络训练方法。对铣削过程进行动力学建模，获得仿真振动信号，采用仿真振动数据对神经网络进行预训练，减少对实验数据的需求。基于动力学模型可以轻易获得各种铣削系统参数和加工参数下的仿真信号，既降低了建立实验数据的成本，又增加了网络训练数据的多样性，提高了网络泛化能力。

8.2　铣削状态评估流程

本章构造的卷积网络模型的独特之处在于对输入特征图的改进和对仿真信号的应用。为了克服神经网络的黑箱特征，基于颤振频率特征构造了 IFFM 作为网络的输入特征，使神经网络具有可解释性。为了克服传统神经网络对训练数据量要求大的问题，使用仿真数据对网络进行预训练，再由少量实验数据将网络模型迁移到针对新的数据集中。该方法集合了传统方法理论严谨和深度学习方法鲁棒性好的优点，为颤振识别方法提供了新的思路。基于间隔频率特征图和卷积神经网络的颤振识别方法的主要流程如图 8-1 所示，具体如下：

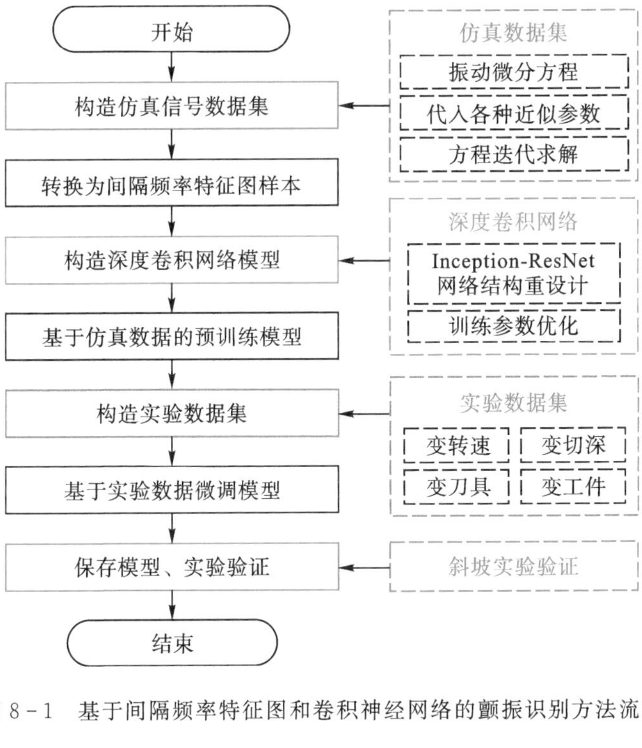

图 8-1　基于间隔频率特征图和卷积神经网络的颤振识别方法流程

(1)制作数据样本。分别通过铣削过程动力学仿真和铣削实验，获得各种工况下的仿真振动数据集和实验振动数据集。

(2)将上一步获得的数据样本转换为 IFFM 样本，增强样本对颤振的表征能力。

(3)构造并训练深度卷积网络。基于 Inception-ResNet 模型，调整模型结构以构造合适的深度卷积模型，并使用仿真信号的 IFFM 预训练模型。

（4）使用实验信号对模型进行微调，提高模型对实验工况的分类能力。

8.3 间隔频率特征图构造方法

第 6 章的颤振频率信息熵方法已经证明所提出的间隔频率特征能够灵敏地反映信号中的颤振成分。但是间隔频率信息熵方法预处理过程相对繁琐，也没有利用到转频谐波相关的信息。因此为了进一步利用间隔频率的信息特征，本章构造了间隔频率特征图来表征铣削状态，再利用深度卷积神经网络对特征图进行分类。

8.3.1 间隔频率特征图定义及其特征分析

第 6 章提出间隔频率的概念，并且实验验证了间隔频率具有在颤振状态下分布集中，而在平稳铣削状态下分布分散的特点。从间隔频率转换为间隔频率直方图，再到间隔频率信息熵的过程中损失一些有用的信息。因此，本章进一步将间隔频率特征转换为二维矩阵形式，并用卷积神经网络直接对其进行分类。得益于神经网络强大的分类能力，构造 IFFM 时可以省略第 6 章的诸多预处理步骤。构造 IFFM 的步骤如下：

（1）对采样信号段进行 FFT 变换得到频谱。

（2）将频谱中每个点的频率按照谐波阶次划分为 n 个频带，每个频带内有 m 个频率点，则这些频率点同样符合间隔频率的分布特征。其中 n 和 m 与采样点数、采样频率和转速等参数有关。

（3）第 i 个频带内所有点的幅值可记为向量 $\boldsymbol{a}_i=[a_{i,1},a_{i,2},\cdots,a_{i,m}]$，则整个频谱可以构造成一个二维矩阵，即 IFFM，表示为

$$\text{IFFM}=\begin{bmatrix} a_{1,1} & a_{1,2} & \cdots & a_{1,m} \\ a_{2,1} & a_{2,2} & \cdots & a_{2,m} \\ \vdots & \vdots & & \vdots \\ a_{n,1} & a_{n,2} & \cdots & a_{n,m} \end{bmatrix} \tag{8-1}$$

为方便理解，图 8-2 展示了从信号频谱转换为 IFFM 的过程。将信号频谱按照谐波频率划分频带，再将每个频带中频率幅值依次对应到 IFFM 中。IFFM 的元素记录了间隔频率的幅值信息，而其频率信息隐含在元素位置中，因此 IFFM 矩阵包含了所有间隔频率信息，具有监测颤振的潜力。

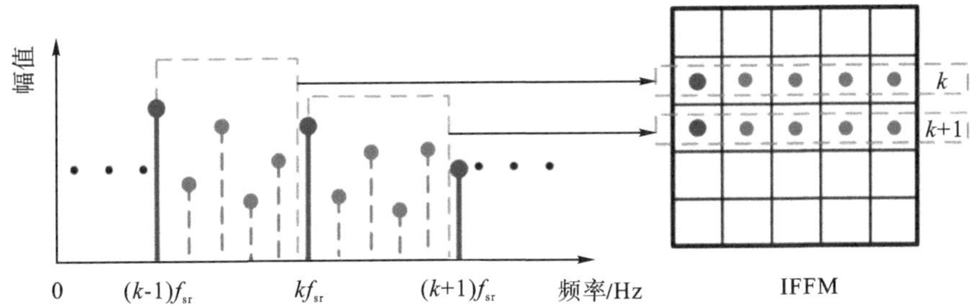

图 8-2　IFFM 构造过程示意图

颤振发生时，颤振频率对应的幅值变大，且颤振频率距离转频的谐波频率的距离不变。在式(8-1)所示的矩阵中，矩阵第一列元素位置即对应转频谐波频率，因此颤振频率所在的位置在 IFFM 中处于其中一列的位置上。

为了验证这一特征，选取了转速为 6000 r/min、在不同铣削状态下的实验信号，将其转换为 IFFM，并表示为图像形式，如图 8-3 所示。

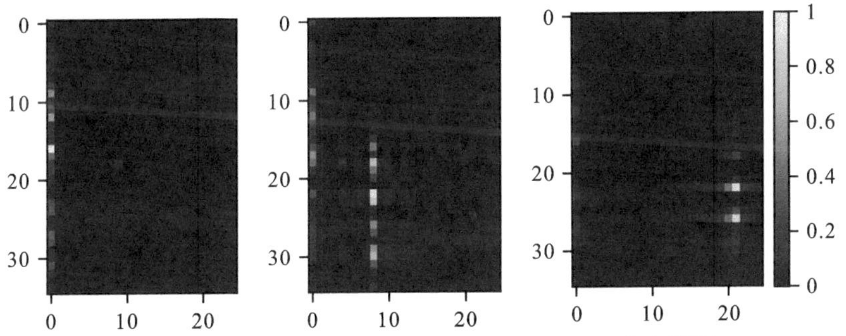

(a) 平稳铣削　(b) 早期颤振　(c) 颤振

图 8-3　不同铣削状态下的间隔频率特征图

图 8-3(a)为平稳铣削状态，此时仅在图像矩阵的第一列或最后一列(对应于谐波频率所在位置)具有明显频率成分。图 8-3(b)为早期颤振状态下的 IFFM，此时图像中间位置会出现一条明亮的竖线，且第一列也较为明显，呈现出显著的图像特征。当颤振发展为信号的主要成分时，IFFM 如图 8-3(c)所示，此时仅在图像中间位置有少数明亮的点，即颤振频率所在的位置。

分析不同状态下的特征图可以发现：平稳状态下特征图中的信号能量基本集中在最左侧的一列；微弱颤振时，特征图中间的某一列出现新能量成分，同时转频处能量依然明显；颤振状态下的特征图能量集中在少数几个颤振频率位置处。这种显著的分布特征是所提出的方法能够实现高精度铣削状态识别的前提，也表明

IFFM 能够被用于颤振监测的输入特征。

8.3.2　特征图归一化与缩放

对特征图进行归一化，使其中所有值限制在 0 到 1 之间，既能避免不同工况对频谱幅值的影响，也有利于训练神经网络。若将 8.3.1 节构造的特征图记为 $IFFM_1$，归一化后特征图记为 IFFM，则归一化的操作过程为

$$IFFM = IFFM_1 / \max(IFFM_1) \tag{8-2}$$

其中 max(·)是求矩阵中的最大值的操作。以下 IFFM 都表示缩放后的特征图。

显然对于不同的转速，以上步骤构造的特征尺寸并不统一，这对于神经网络最终的全连接层是不利的。本章构造 IFFM 时，使用的信号采样频率为 $f_s = 12800$ Hz，信号段长度为 $N = 3200$ 个点。前面的实验结果表明，颤振发生时的颤振频率主要出现在 3500 Hz 以下的频带范围。因此为了避免无效频率的影响，构造特征图的频率范围为 0～3500 Hz，即频带宽度为 $f_r = 3500$ Hz。对于转速为 Ω 的信号，相邻转频谐波之间的频率间隔为 $\Delta f_h = \Omega/60$ Hz，则原始特征图的高度 h_o 和宽度 w_o 分别为

$$h_o = \lfloor f_r / \Delta f_h \rfloor \tag{8-3}$$

$$w_o = \lceil \Delta f_h / (f_s / N) \rceil \tag{8-4}$$

式中：$\lceil \cdot \rceil$和$\lfloor \cdot \rfloor$分别为向上取整和向下取整运算。

表 8-1 展示了几种典型转速下特征图的尺寸参数。可见当转速变化范围很大时，IFFM 的尺寸变化也很大。综合考虑不同转速下特征图的长宽比例与神经网络的结构，将 IFFM 统一缩放到宽度为 $w_s = 30$、高度为 $h_s = 60$ 的尺寸。

表 8-1　不同转速下的特征图尺寸

转速/(r/min)	3000	4000	5000	6000	7000
特征图宽度	13	17	21	25	30
特征图高度	70	52	42	35	30

为了统一特征图尺寸，同时保持特征图原始的特征，需要对特征图进行缩放操作。常用的缩放方法有最邻近插值、双线性插值、4×4 像素邻域内的双立方插值、8×8 像素邻域内的 Lanczos 插值等。但是间隔频率特征图具有尺寸多样且较小、边缘信息多和像素梯度大等特殊性，且缩放过程存在在一个维度上放大的同时在另一个维度上缩小的情况。双线性插值能最大化保留 IFFM 的原始输入图像信

息，因此被用作此处的缩放算法。

8.3.3　特征图数据增强方法

增大数据集是避免神经网络过拟合最简单最常用的方法，足够的数据量对于参数量大的深度网络更加重要。对输入数据进行数据增强操作能够快速增加数据量，而仅增加很少的计算量。

常见的数据增强方法有翻转、旋转、缩放、裁剪、移位、添加噪声以及其他高级数据增强技术[117]。IFFM 的第一列和最后一列是谐波频率所在的位置，而颤振频率分布在图中某一列上。因此可知，IFFM 的特征在于其列方向上的分布特征，而在行方向上没有明显特征。鉴于 IFFM 的这种特点，可以对其采用行方向的裁剪、翻转等数据增强操作。使用这种数据增强操作后，还能削弱 IFFM 中各成分分布的绝对位置的特征，而保留间隔频率所描述的相对位置的特征。

8.4　数据集构造方法

这里构造的间隔频率特征是颤振频率的固有特征，与工况和铣削系统特性参数无关。因此，基于间隔频率特征的神经网络模型对不同工况和铣削系统都应该具有适用性。为了使仿真数据涵盖尽量多的工况场景，设计了多种不同铣削系统模态参数和加工参数的组合工况。铣削系统的模态参数和切削力系数等关键参数是对铣削过程仿真所必要的参数，然而由于换刀、工件被切除等过程会导致这些参数的变化，使得精确的系统参数难以获得。得益于 IFFM 特征是与工况无关的，因此并不需要使用实际铣削系统的各种参数。这里设计了多个接近实际系统的虚拟模态参数以涵盖实际系统模态参数的所有可能取值，以其他研究中常用的经验切削力参数应用于仿真模型。最后，为了验证所设计神经网络不受工况影响，在不同的铣削机床和切削参数下建立了实验数据集。

8.4.1　实验数据集构造方法

这里提出的颤振监测方法以及间隔频率特征与铣削系统的特性参数无关，因此对于任意铣削系统都应该适用。为了验证所设计方法在不同工况下的性能，这里设计了多种工况，并在不同的机床上分别进行实验。

不同工况下的颤振分布特征存在区别。不同的切削深度和进给速度等会影响铣削力的大小，从而造成振动信号幅值的大范围变化。铣削系统在不同转速和刀具下的固有频率也会变化，不同的转速还会造成所构造的特征图尺寸不断变化。这些因素都会对颤振监测造成不利影响。因此设计了在不同切削用量、转速和不同刀具下的铣削实验，旨在提供足够复杂的操作条件下的信号，用于验证所提出方法的可靠性和鲁棒性。

为验证所设计方法在不同工况下的性能，在不同的车铣复合中心上进行了多种变工况实验。这里使用的两个实验平台如图 8－4 所示，分别为立式加工中心 VMC850L 和立式加工中心 PV800。为了进一步增大实验工况差异，在立式加工中心 VMC850L 上使用的刀具直径为 20 mm，在立式加工中心 PV800 上使用的刀具直径为 12 mm。

为了建立不同工况下的铣削实验数据集，在如图 8－5 所示的矩形工件上进行定切深实验。基于矩形工件的定切深过程能够在每种工况下一次性获得多个数据样本，有利于构造完备的数据集。矩形工件尺寸为 40 mm×40 mm×90 mm 的矩形块，材料为 7075 铝合金。

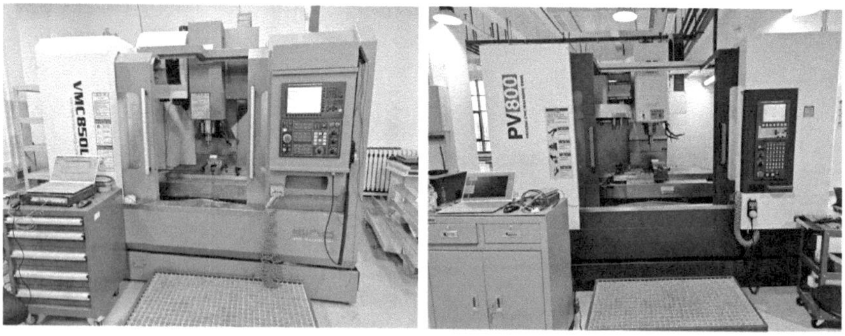

（a）机床1：VMC850L　　（b）机床2：PV800

图 8－4　铣削实验机床

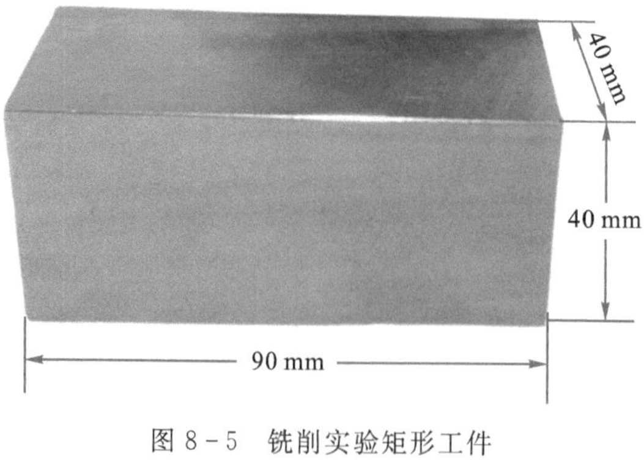

图 8－5　铣削实验矩形工件

矩形工件用于构造多工况下的铣削数据集，进而用于神经网络的训练和验证过程。铣削实验的参数设置如表 8-2 所示。

表 8-2　矩形工件铣削实验参数设置

实验批次	主轴转速 /(r/min)	轴向切深 d_a/mm	径向浸没比 IM	每齿切削量 f_z/mm	工件形状	工件材料
1	3000	1,2,3,4,5	0.5	0.025	矩形	Al7075
2	4000	1,2,3,4,5	0.5	0.025	矩形	Al7075
3	5000	1,2,3,4,5	0.5	0.025	矩形	Al7075
4	6000	1,2,3,4,5	0.5	0.025	矩形	Al7075
5	7000	1,2,3,4,5	0.5	0.025	矩形	Al7075

在两台机床上分别进行表 8-2 中各种参数组合下的实验，即每台机床分别进行 5 批变转速实验，每批实验在不同轴向切深下进行 5 组。在两台机床上一共进行了 50 种工况条件下的铣削实验。每种工况采集 10 个不重叠的有效信号样本，则一共有 500 个样本。最后，基于 IFIE 方法对样本打标签。500 个样本中，由于颤振状态样本相对较少，因此随机选取了平稳铣削样本和颤振铣削样本各 200 个，构建成各类标签均衡的实验数据集。

8.4.2　仿真过程中的模态参数设置

铣削系统的固有频率和其他模态参数受到不同机床和不同刀具的影响，由此导致颤振频率的分布范围和能量占比发生变化，这是导致颤振识别方法对于不同铣削系统性能下降的主要原因。为了保证提出的颤振识别方法具有较好的适用性和鲁棒性，在不同的机床和刀具组合下进行了实验，获得了复杂工况下的实验数据。在进行铣削振动的仿真过程中，也使用了较大范围内变化的系统模态参数来尽量囊括各种加工情况。首先设计了模态实验，来初步确定不同机床和刀具组合下的模态参数范围。

机床 1 的模态实验示意图和实验现场如图 8-6 所示。将刀具装夹在数控加工中心上，并将微型加速度传感器固定于铣削刀尖处测量原点响应的振动信号。由于铣削系统刚度较大，固有频率较高，因此使用钢头力锤激励刀尖。需要注意的是，由激励信号和响应信号直接计算的结果为加速度频响，需经过转换得到位移频响。

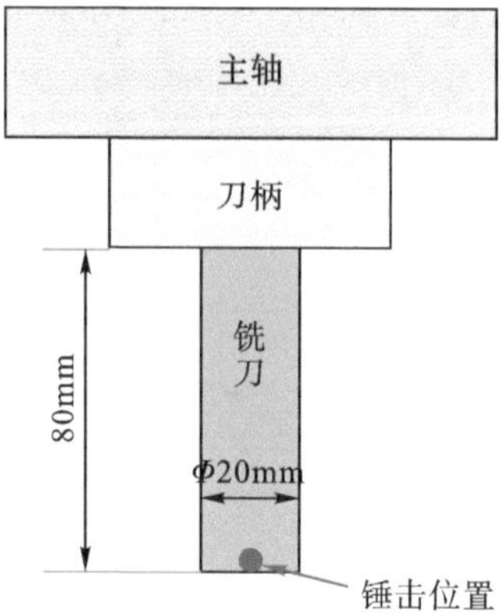

(a) 模态实验示意图

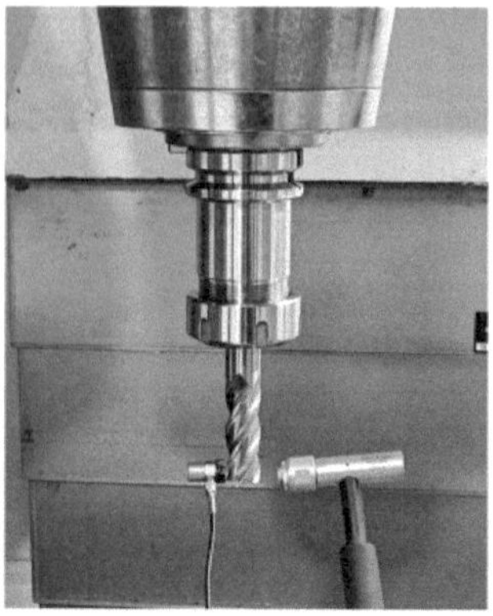

(b) 实验现场

图 8-6　刀尖点振动频响函数辨识实验

模态实验的结果在本章中仅用于铣削仿真过程的参数参考，并考虑到实验机床主轴具有对称的结构，因此可以认为主轴在 X、Y 两个方向上的动态特性一致。机床 1 的刀尖点处频响函数及其拟合结果如表 8-3 所示，可以看出铣削系统有两阶明显的模态，且两阶模态的固有频率相距较近，分别为 1440 Hz 和 1685 Hz。频响函数的测量结果和拟合结果对应较好，模态参数估计结果有效。根据实验结果拟合得到铣削系统的前两阶模态参数，根据模态质量和模态刚度可以推测第一阶模态由筒夹造成，第二阶模态由刀具造成，其中刚度较小的刀具是系统中的薄弱部分。

表 8-3　机床 1 系统模态参数

模态阶数	固有频率/Hz	阻尼比	模态刚度/($\times 10^6$ N/m)	模态质量/kg
1	1440	0.0399	8.3478	0.1020
2	1685	0.0549	4.950	0.0442

机床 2 的刀尖点频响函数及其拟合结果如表 8-4 所示，可以看到系统中也有两阶明显的模态，且两阶模态的固有频率相距较远，其固有频率分别为 981 Hz 和 1731 Hz。根据模态质量和模态刚度可以推测第一阶模态由筒夹造成，第二阶模态由刀具造成。其中，刀具的刚度较小，仍然是导致系统颤振的主要原因。此外，从之前的多个实验信号的频谱中可以发现颤振频率分布范围总在 1000 Hz 以上，因此可以忽略该系统的第一阶模态对铣削颤振的影响。

表 8-4　机床 2 系统模态参数

模态阶数	固有频率/Hz	阻尼比	模态刚度/($\times10^6$ N/m)	模态质量/kg
1	981	0.0462	12.852	0.3381
2	1731	0.0468	8.2523	0.0697

由以上的模态实验结果可知，铣削系统的固有频率分布范围主要在 1400 Hz 到 1800 Hz 之间，据此设计仿真信号的固有频率取值范围。再根据刀具的模态参数，设置铣削过程仿真时的阻尼比为 0.05，模态刚度为 8×10^6 N/m。

8.4.3　仿真数据集构造方法

训练数据的数量直接决定了神经网络的性能，铣削振动信号通常通过铣削实验获得。然而，通过铣削实验获取振动信号费时费力、成本高昂，且能够实验的工况有限。为了减少对实验数据的需求，同时增加工况类型，本章使用仿真数据进行预训练。

根据第 2 章的仿真过程建模可知，仿真过程需要铣削力系数和铣削系统的模态参数等铣削系统参数。这些参数通常通过实验确定。然而每次切削时，当刀具、工件或装夹方式等工况变化时，这些铣削系统参数也会变化。因此，本章不使用某次实验获得的参数，而是使用多个近似参数来覆盖所有情况。

仿真过程的模态参数以 8.4.2 节的模态实验的结果为参考，固定模态阻尼为 $c=0.05$，模态刚度为 $k=1\times10^7$ N/m。另外取较大范围内的多个固有频率以涵盖实际系统的固有频率范围，具体为 $f_n=[1400,1600,1800,2000]$ Hz。铣削力系数根据参考文献[118]取值，分别为 $K_t=6\times10^8$ N/m^2，$K_r=2\times10^8$ N/m^2。仿真过程的其他加工参数如表 8-5 所示。其中转速 3000：500：7000 指从 3000 r/min 开始，每次增加 500 r/min 直至 7000 r/min。

表 8-5　仿真加工参数

浸没比	每齿切削量/mm	刀齿数	轴向切深/mm	转速/(r/min)
0.3	0.025	4	1，2，3，4，5，6	3000：500：7000
0.5	0.025	4	1，2，3，4，5，6	3000：500：7000
0.7	0.025	4	1，2，3，4，5，6	3000：500：7000

每次仿真过程持续 1 s，截取达到稳定后的 0.75 s 的数据保存，则每种工况下

可以获得 3 段信号样本。根据表 8-5 的设置可以仿真 648 种工况、1944 个仿真数据样本。在获得仿真信号数据后，基于间隔频率信息熵方法为信号打标签。在系统固有频率为 1400 Hz、刀齿浸没比为 0.5 时的仿真数据的打标签结果如图 8-7 所示。

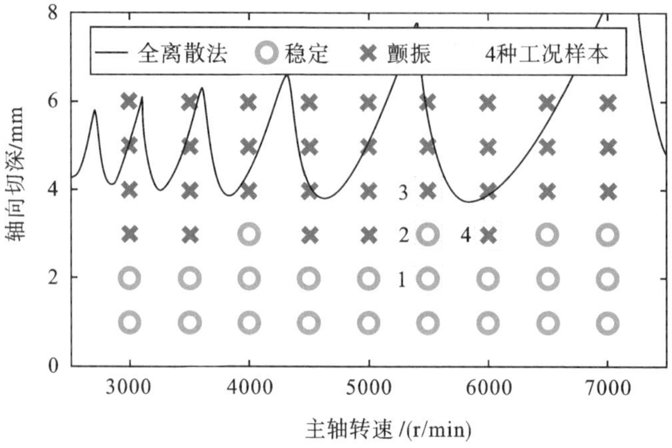

图 8-7　仿真数据的打标签结果

图 8-7 中的黑色曲线是使用全离散法[118]得到的颤振稳定域边界。早期颤振发生时的轴向切深还未达到稳定域边界，而间隔频率信息熵方法对于早期颤振也十分敏感，因此得到比较保守的标签结果，这与 Maamar 等[119]的实验结果也是一致的。

为了验证间隔频率信息熵方法标注的颤振状态是否可靠，从图 8-7 中选取了 4 个包含不同标签的工况(图 8-7 中方框标注的 4 个点)对应的仿真信号进行分析，其结果如图 8-8 所示。值得注意的是，对所有信号都进行了标准化处理以消除不同工况下信号振动幅度的影响。

为了便于分析频率成分，对信号中的谐波成分使用矩阵滤波器进行滤波。工况 1 和工况 2 滤波前后的频谱分别如图 8-8(b)和(d)所示，频谱中只有谐波成分，表明此时铣削处于平稳状态。工况 3 和工况 4 滤波前后的频谱分别如图 8-8(f)和(h)所示，滤波后频谱中有明显的颤振成分，表明此时为颤振铣削状态。频谱分析结果与标签一致，表明基于间隔频率信息熵的标注方式是可靠的。

最终获得颤振样本 486 个、稳定铣削样本 632 个、信号发散样本 826 个。为了保持数据集的样本比例平衡，随机选择颤振样本和稳定铣削样本各 480 个。为了进一步增加样本数量，利用裁剪的数据增强方式对样本进行扩充。最后将信号样本转换为 IFFM，与标签数据一起制作成仿真数据集。

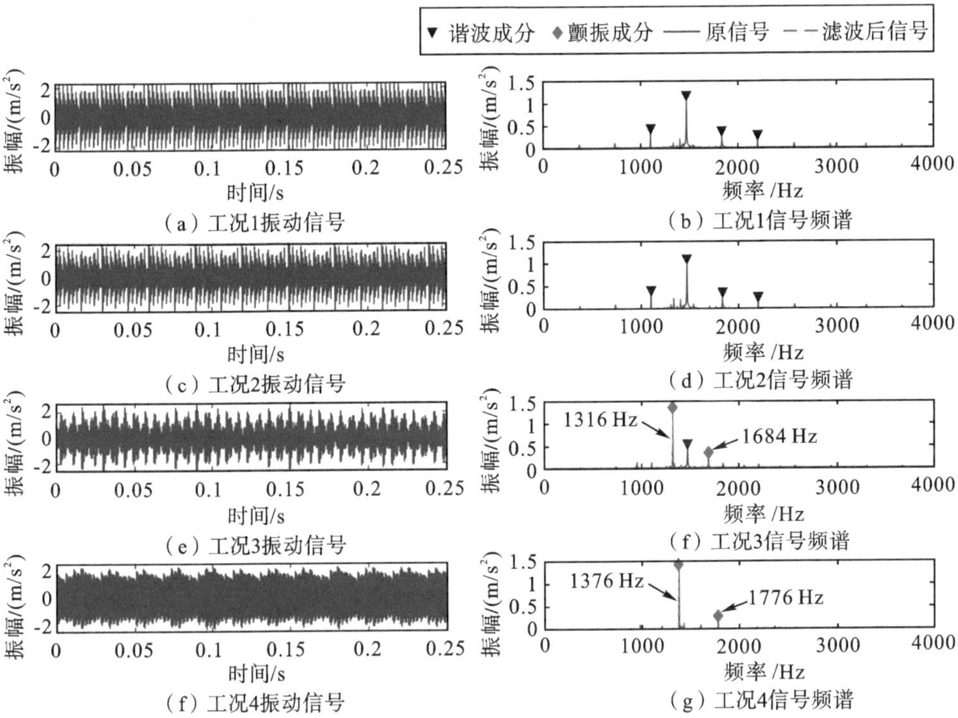

图 8-8　不同工况下仿真数据信号及其频谱

8.5　IFFM-CNN 结构设计与训练参数选择

本章的卷积神经网络模型是在 Inception-ResNet-v2[120] 网络结构的基础上改造而来。针对颤振识别的分类任务，本章构造的是二分类卷积网络模型，训练样本相对较少，输入特征图尺寸小，因此需要重新设计整体网络结构和其中各个模块。

网络总体结构与 Inception-ResNet-v2 相似，输入特征图经过 stem 部分调整特征图尺寸，然后经过多个 Inception-ResNet 模块和 Reduction 模块循环提取图像特征，最后经过池化、全连接层后输出结果。首先根据特征图的尺寸要求设计 stem 部分。网络的输入尺寸为 60×30，经由 stem 将输入的 IFFM 调整为 30×30（矩阵大小）的方形。为尽量保留输入图像信息，stem 应该在增加通道维数的同时尽量简单。最后考虑到本章的输出结果维度较小，因此控制全连接层参数量不要太大，以及网络各层的特征图通道数要合理。基于以上考虑，本章深度卷积模型结构如图 8-9 所示。

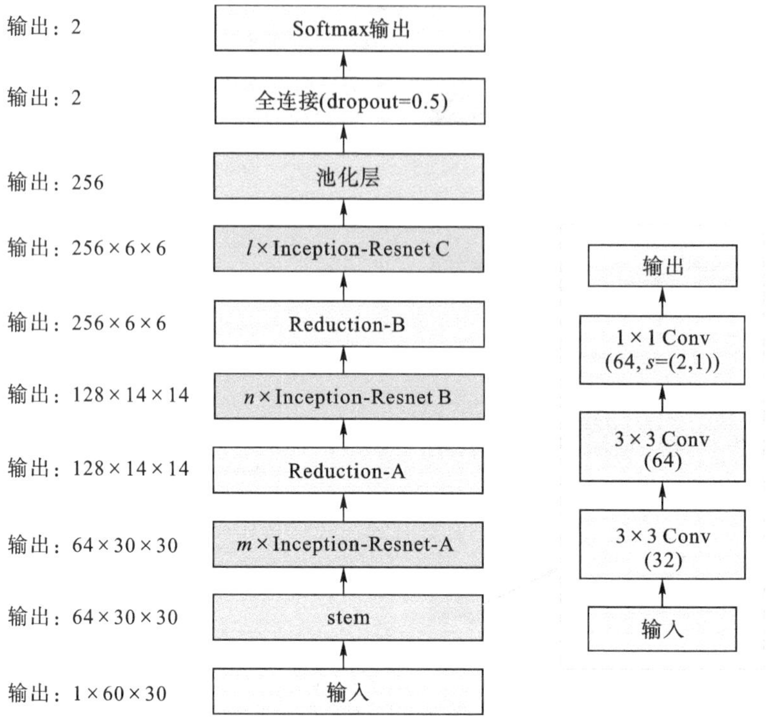

图 8-9　IFFM-CNN 结构

图 8-9 中的 Inception-ResNet-A、Inception-ResNet-B 和 Inception-ResNet-C 模块在 IFFM-CNN 结构中分别循环 m、n、l 次。其中池化层采用了一种新的模块，在下一节将详细介绍。在 stem 部分中，"1×1 Conv"表示进行卷积核为 1×1 的卷积操作。在卷积和池化的过程中，需要根据输出特征图的尺寸要求控制是否进行填充等操作。卷积和池化过程可以根据填充的多少分为三种模式，分别是完整模式(full mode)、相同模式(same mode)和有效模式(valid mode)。相同卷积模式是先对特征图进行填充，使得卷积核的中心与图像的边角重合时开始做卷积运算，输出尺寸与输入一致。有效池化模式是指不对特征图填充就进行池化操作，此时输出尺寸会变小。本章未作说明时，卷积操作是相同模式，池化操作是有效模式。

确定 IFFM-CNN 的主体架构后，根据各层网络的输入输出要求调整其中各模块细节。本章的 Inception-ResNet 和 Reduction 模块结构是参考 Inception-ResNet-v2 的各个模块修改而来，具体细节如图 8-10 和图 8-11 所示。

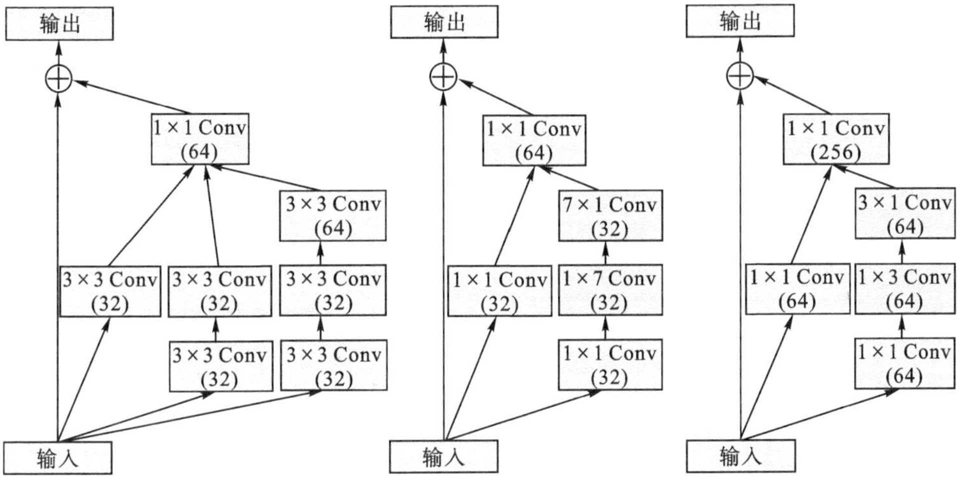

(a)Inception-ResNet-A　　(b)Inception-ResNet-B　　(c)Inception-ResNet-C

图 8－10　IFFM-CNN 中的 Inception-ResNet 模块

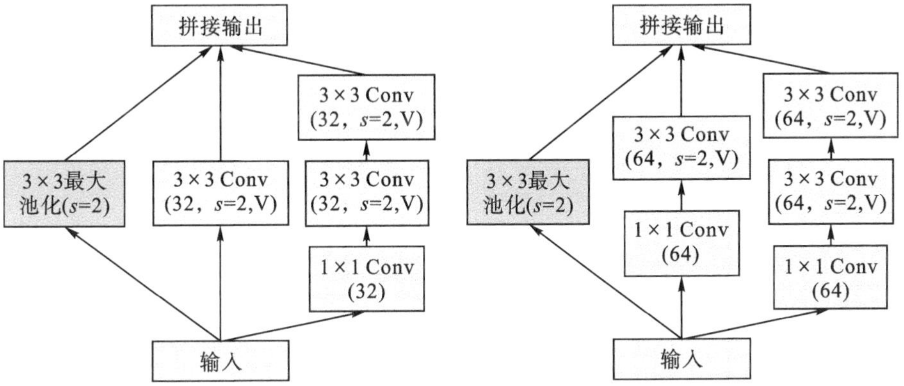

(a)Reduction-A　　(b)Reduction-B

图 8－11　IFFM-CNN 中的 Reduction 模块

Inception-ResNet 的一大优点就在于网络结构的模块化设计，因此可以便捷地插入或移除一些 Inception 块来改变网络结构。如图 8－9 所示，首先改变 m、n、l（各Inception-ResNet块的循环次数）的参数组合来寻找最优的网络结构。网络训练过程采用了 RMSprop 优化器并取得优异效果。由于本章网络模型是 Inception-ResNet-v2 的变体设计，因此网络优化器及其多个参数设置与其保持统一。另外，设置学习率为 0.005，每 10 个周期衰减一次，衰减率为 0.9，训练周期为 100 个。

确定模型结构训练参数后，进一步分析模型是否存在过拟合、欠拟合等情况。

将仿真数据集按照7∶3的比例随机划分为训练集和测试集。使用仿真数据对IFFM-CNN模型训练过程中的损失和识别准确率如图8-12所示。在训练的早期阶段，测试集的损失和准确率波动较大，是由于本章选取了较小的批量进行训练，以保证模型的泛化能力。训练40个周期后，测试集和训练集的损失和准确率基本相同且不变，表明模型已经训练完善，且没有发生过拟合、欠拟合等现象。因此在后面的训练中，本章合理选取训练周期总数为50个周期。

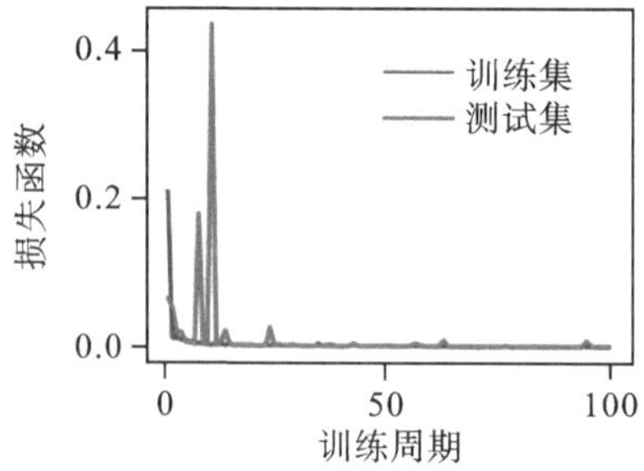

(a) 训练过程损失函数

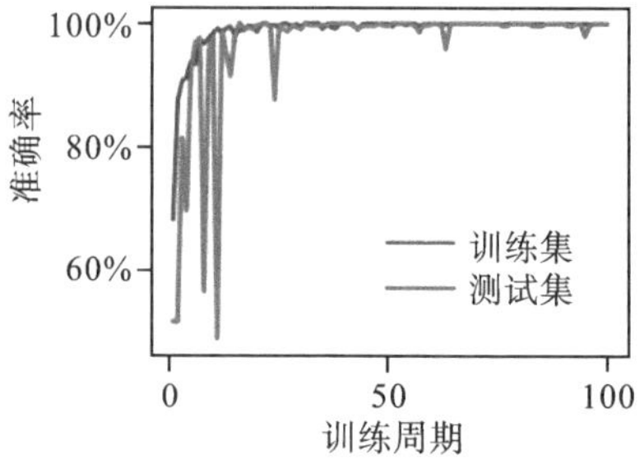

(b) 训练过程分类准确率

图8-12 IFFM-CNN在仿真数据集上的预训练结果

8.6 铣削颤振卷积神经网络的模型迁移与实验验证分析

8.6.1 不同实验样本数量对模型迁移的影响

为解决实验成本高、制作铣削样本费时费力的问题，本章提出使用仿真信号代替实验信号进行网络训练，再通过迁移学习使模型对实际信号具有识别能力。迁移学习的源域为仿真信号样本，目标域是实验信号样本。得益于IFFM具有显著的空间特征，这使得源域和目标域要提取的特征是相似的，因此适用于基于模型的迁移学习方法[121]。具体来说，将使用仿真信号训练的大数据集上训练得到的模型参数作为新环境下的监测模型的初始化权重，使用少量实验数据重新训练该网络以得到适应于当前铣削系统的模型。卷积网络前几层的特征中包含更多的一般特征（比如边缘信息、色彩信息等），后面几层的特征学习是针对数据集的高层语义特征，不同的数据集后面几层学习的语义特征也是不同的，因此需要微调模型来适应不同的系统。

由仿真信号构造的IFFM虽然也具有颤振频率分布于特征图中某一列的特

征，但由于仿真过程中的各种简化以及实验中的各种干扰，两种数据集之间必然存在差异。由仿真数据训练得到的模型直接应用于实际的铣削过程仍不具有可行性。因此仿真数据得到的模型应作为预训练模型，经实验数据微调后迁移到适用于实验数据的新模型。仿真数据集中有 960 个数据样本，先对其进行数据增强获得 2880 个样本。使用数据增强后的仿真数据集训练的结果如图 8-13 所示，根据训练过程的损失变化可以确保预训练模型已经收敛，且无过拟合现象。

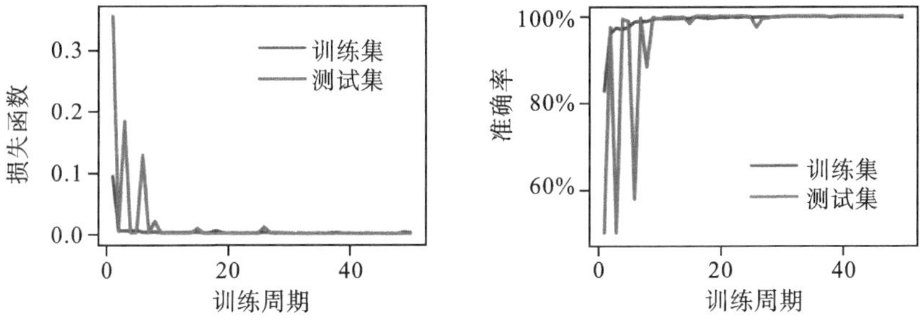

(a) 训练过程损失函数　　(b) 训练过程分类准确率

图 8-13　IFFM-CNN 在数据增强后的仿真数据集上的预训练结果

为了探寻本章模型至少需要的实验数据样本的数量，下面以不同比例的实验样本数量对预训练模型进行微调，分析不同比例的实验数据样本数量对模型性能的影响。

首先，需要构造基于实验数据的训练集和测试集。将 8.4 节构造的实验数据集按照 1∶1 随机划分为总训练集和测试集，即测试集中包含 200 个有效实验数据样本。要探究模型在不同样本量下的模型性能，还需要构造具有不同实验数据样本量的多个训练集。从总训练集中依次随机选取 4 个、8 个、12 个…依次累加的实验数据样本，分别制作成小训练集。由于小训练集的数据较少，因此使用裁切的方式进行数据增强，将每个样本重新生成 3 个样本。最后，使用各个小训练集分别进行训练。在构造各个数据集时，本章都保证了其中的标签比例均衡。不同实验数据量微调的模型分类结果如表 8-6 所示。

表 8-6　不同实验数据量对模型性能影响

实验数据样本量	实验数据占据总训练的比例	测试集准确率
0	0.00%	88.00%
4	0.14%	91.50%

续表

实验数据样本量	实验数据占据总训练的比例	测试集准确率
8	0.28%	94.00%
12	0.41%	95.50%
16	0.55%	97.50%
20	0.69%	97.50%

从表 8-6 中可知，即使是没有任何实验数据的预训练模型，对实验数据集仍然具有 88%的分类准确率。混淆矩阵可以较为全面地反映神经网络分类模型的性能，做出使用不同数量的实验数据样本微调后模型的分类混淆矩阵如图 8-14 所示。从图 8-14(a)中可以看到，未经实验数据微调的预训练模型虽然对实验数据也有一定的分类准确率，但其分类结果假负例较多而假正例很少，可知模型是有偏的，很容易将实验数据集中的颤振状态分类为稳定铣削状态。训练完好的神经网络模型应该对各种标签数据的分类准确率相当。因此当加入少量实验数据微调后，如图 8-14(b)和(c)所示，神经网络模型分类结果中的假正例和假负例比例越来越接近且稳步减少，说明模型已经逐渐转移到新数据集中。

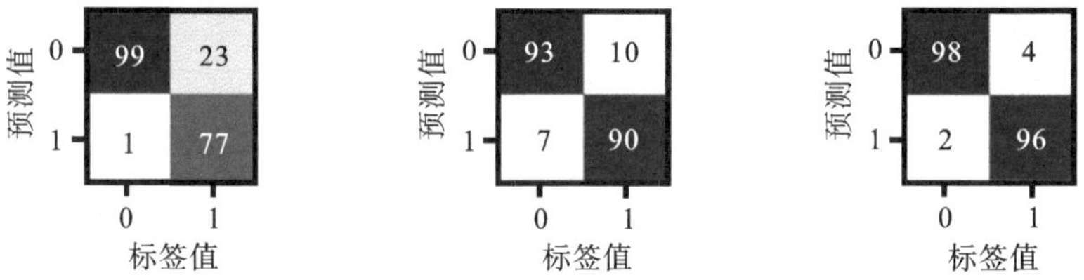

(a) 预训练模型结果　　(b) 4个样本微调结果　　(c) 8个样本微调结果

图 8-14　使用不同实验数据样本量微调模型后的分类混淆矩阵

为了验证仿真数据对模型训练的影响，将使用预训练和不使用预训练的模型在不同实验数据样本量下的模型性能进行对比。做出不同实验数据占比下的分类准确率变化如图 8-15 所示。从图 8-15 中可以看出，预训练模型分类准确率始终高于未进行预训练的模型。当使用 12 个实验数据样本时，使用预训练的模型分类准确率就超过了 95%，此时的模型已经高度可用。同样的数据量下，不使用预训练的模型分类准确率为 85.5%，还难以实际应用。实验结果证明，本章使用仿真数据对模型进行预训练能够有效提高模型分类准确率，尤其在实验数据很少的情况下，预训练对模型性能的提升更加显著。

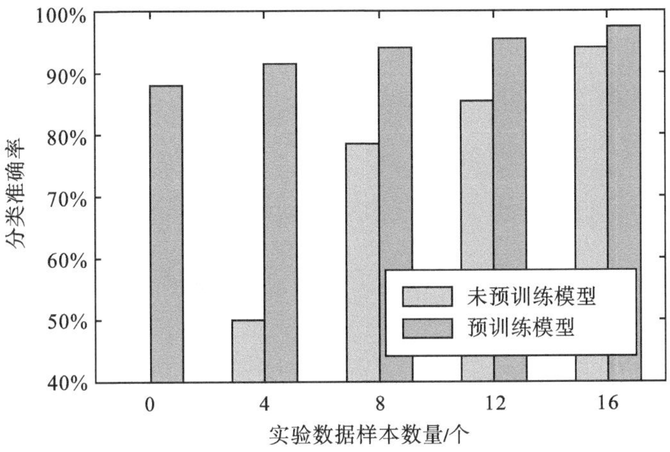

图 8-15　预训练过程对模型微调后分类准确率的影响

8.6.2　IFFM 与 STFT 特征图对比分析

相对于其他研究中使用一维信号或二维时频谱作为 CNN 的输入特征，本章设计的 IFFM 具有以下理论优势：

(1)IFFM 在不同铣削状态下的空间特征明显，且其特征从铣削动力学建模中归纳得到，具有理论基础。

(2)IFFM 在保留完整频谱信息的情况下，增加了颤振频率分布特征所表现出的空间信息，相对于需要加窗的时频谱图具有更高的频域分辨率。

(3)IFFM 巧妙地将谐波成分与颤振成分在空间上分离开来，避免了谐波成分的干扰，同时其空间特征在不同转速下都存在。

为了验证本章提出的 IFFM 的优势，与基于卷积神经网络的颤振识别算法中最常用的 STFT 特征图进行对比分析。在不同研究中应用的信号采样频率、信号类型以及信号段长度选取不同，STFT 变换使用的时间窗长度、重叠长度等参数也难以统一。为了尽量保证 STFT 特征图的频域分辨率较高，并适用于本章构造的卷积神经网络模型，确定 STFT 过程使用汉明窗(Hamming window)，窗口长度为 256，窗口重叠长度为 128，则 STFT 变换后的原始特征图大小为 24×128。同样地，仅选择特征图中 3500 Hz 以下的部分，并进一步缩放为 30×120 的大小。那么在图 8-9 网络模型的基础上，对 stem 模块做少许修改即可完全适用于 STFT 特征图。

在相同的参数下进行训练，使用 STFT 特征图作为输入的卷积神经网络模型训练过程中的损失和准确率如图 8－16 所示。根据训练过程的损失变化可以确保预训练模型在训练 40 个周期后已经收敛，且训练损失稳步下降，无过拟合现象。应用 STFT 特征图的神经网络模型在仿真数据集上的分类准确率很高，相对于 IFFM-CNN 没有表现出劣势。

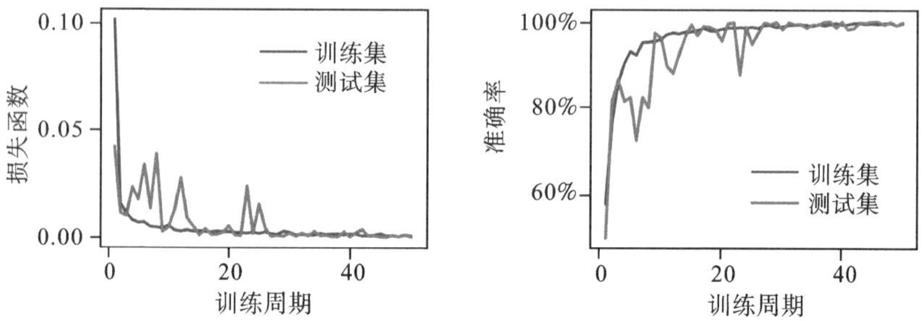

(a) 训练过程损失函数　(b) 训练过程分类准确率

图 8－16　应用 STFT 特征图的卷积神经网络预训练结果

在相同的数据集下探究应用不同输入图像的模型从仿真数据集向实验数据集迁移的性能。分别使用 IFFM 和 STFT 作为网络输入，在不同实验数据样本量微调后的分类性能曲线如图 8－17 所示。可以看出，以 IFFM 作为输入特征的模型的可迁移能力明显高于以 STFT 作为输入特征的模型，且随着用于微调的实验数据量的增加，以 STFT 作为输入的神经网络的分类准确率达到 85%之后即达到瓶颈。

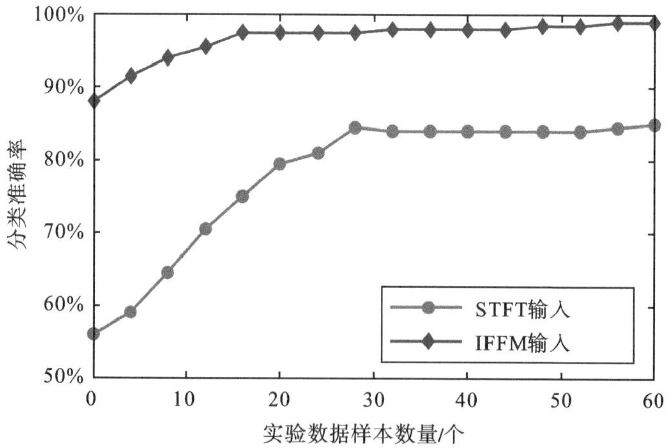

图 8－17　不同输入特征对神经网络模型微调后分类准确率的影响

得益于神经网络强大的特征提取和分类能力，因此使用 STFT 输入的神经网络模型在相同的数据集上也具有较强的分类能力。但是对不同数据集，STFT 图像的特征可能不同，因此其迁移能力较差。以下将对不同输入图像在神经网络中提取的特征进行可视化，以期验证 IFFM-CNN 的可解释性。

卷积后特征图的可视化解释法是一种简单可靠且被广泛使用的评价神经网络可解释性的方法。通过将神经网络的输入、输出可视化，帮助研究者在一定程度上理解神经网络模型的工作过程。为了验证本章提出的 IFFM-CNN 的可解释性，对不同铣削状态下的 IFFM 经过卷积后的特征图进行了可视化处理，并与 STFT 得到的时频谱图的卷积结果进行对比，结果如图 8-18 所示。从图 8-18(a)、(b)、(c)、(d)可以观察到 IFFM 在不同铣削状态下图像特征区别明显，卷积前后的图像特征一致。平稳铣削状态下的卷积后特征图能量聚集在左侧，而颤振状态下的卷积后特征图能量聚集在中部，卷积后的特征图保留了 IFFM 的空间特征，符合 IFFM-CNN 的设计预期。从图 8-18(e)、(f)、(g)、(h)可以观察到无论是卷积前后或者是不同状态下，STFT 特征图的特征都是能量主要集中在中部，不同状态下的图像特征区别难以直接区分。对于同一个数据集，神经网络能够通过提取 STFT 特征图中不明显的抽象特征实现分类，而对于不同的数据集则难以将特征迁移。实验结果表明，IFFM-CNN 成功提取了颤振频率在 IFFM 中集中分布的特征，保证了对于不同数据集和变工况情况下的颤振识别能力。

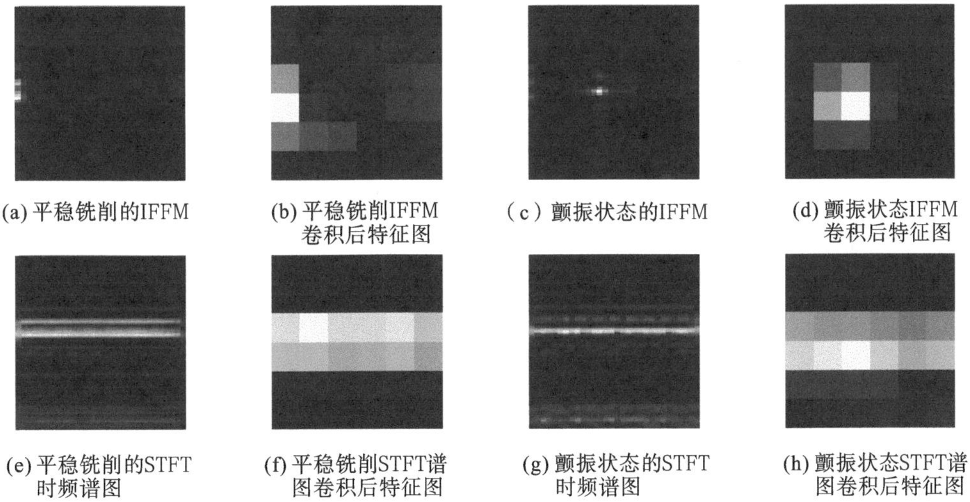

(a) 平稳铣削的IFFM　(b) 平稳铣削IFFM卷积后特征图　(c) 颤振状态的IFFM　(d) 颤振状态IFFM卷积后特征图

(e) 平稳铣削的STFT时频谱图　(f) 平稳铣削STFT谱图卷积后特征图　(g) 颤振状态的STFT时频谱图　(h) 颤振状态STFT谱图卷积后特征图

图 8-18　不同铣削状态下的 IFFM 及其卷积后的特征图

通过建立 IFFM 图像输入和 SPP-Inception 等结构设计，本章构建了一个具有可解释性的颤振识别神经网络。这种可解释性为改进颤振识别方法提供了思路，同时也是保证网络向不同数据集迁移的基础。与应用 STFT 作为输入的模型的对比结果也证明 IFFM 具有更强的可迁移能力。

8.6.3 变工况实验验证与分析

尽管实验数据集包含了多种铣削工况，但阶梯变化的切深使得处于临界颤振处的振动信号较少。为了进一步检验基于间隔频率特征的颤振识别卷积神经网络对微弱颤振的敏感性，使用第 6 章设计的变工况实验中的连续变切深振动信号对识别方法进行检验。如表 8-6 所示，可使用 16 个实验数据样本微调后的网络对实验数据集的识别准确率为 97.50%，此时网络已经高度可用。对于新的铣削系统，可使用 16 个有效且标签均衡的数据集对本章的神经网络模型进行重训练，得到新的网络模型参数作为最终的神经网络模型。

铣削颤振神经网络对第 6 章实验中第二组(♯2)实验信号识别结果如图 8-19 所示。IFFM-CNN 在 3.25 s 时识别到颤振发生，比 IFIE 方法稍晚 0.375 s，与 NER 方法的识别时间一致，比 ΔPSE 方法识别时间更早。颤振识别时间与工件表明产生细微颤振纹理的时间十分接近，实验结果表明 IFFM-CNN 方法能够及时识别到颤振的发生，避免危害扩展。

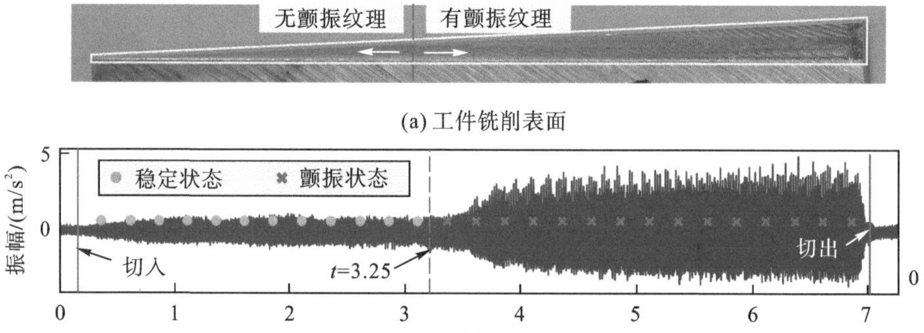

(b) 时域信号及IFFM-CNN的识别结果

图 8-19 第二组(♯2)铣削实验的 IFFM-CNN 识别结果

铣削颤振神经网络对第三组(♯3)实验信号识别结果如图 8-20 所示。IFFM-CNN 在 5.25 s 时识别到颤振发生，比 IFIE、NER 和 ΔPSE 方法都更早。IFFM-CNN 方法识别到颤振时工件表面还没有出现颤振纹理，满足颤振识别要求。

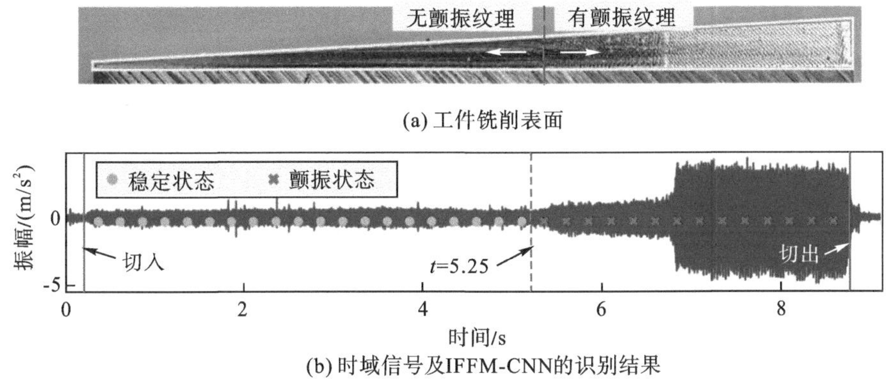

图 8-20　第三组(#3)铣削实验的 IFFM-CNN 识别结果

铣削颤振神经网络对第四组(#4)实验信号识别结果如图 8-21 所示。IFFM-CNN 在 7.75 s 时识别到颤振发生，稍晚于 IFIE 方法的识别时间。颤振识别时间与工件表明产生细微颤振纹理的时间也很接近，表明 IFFM-CNN 方法能够在颤振发展为剧烈颤振之前及时识别到颤振的发生。

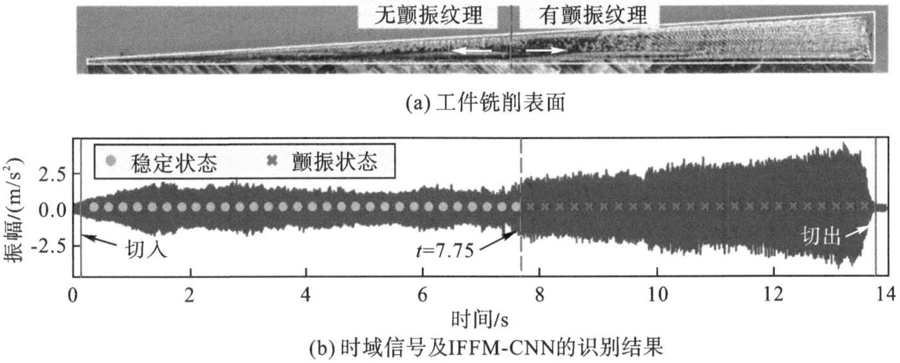

图 8-21　第四组(#4)铣削实验的 IFFM-CNN 识别结果

本章建立的基于间隔频率特征的铣削颤振神经网络在多种工况下都能及时准确地识别到颤振的发生，具有应用于生产过程中颤振识别的能力。以上的实验结果表明 IFFM-CNN 对早期颤振也具有较高的敏感性，但稍逊于 IFIE 方法。这是由于本章使用的仿真数据集和用于训练的实验数据还不够多，构造数据集时的切深梯度仍然较大。更重要的是，IFFM-CNN 方法在多工况下也没有发生误判，鲁棒性较好，由于无需设置阈值，减少了主观因素的影响，有利于部署到不同铣削中。

8.7 本章小结

针对传统颤振监测方法设计过程对专家经验要求高、主观因素影响大的问题，本章建立了基于 IFFM-CNN 的颤振识别方法，简化了颤振识别流程，避免设置阈值等主观因素的影响。此外，采用仿真数据对神经网络进行预训练减少了对实验数据的需求，设计了空间特征明确的 IFFM，克服了神经网络提取的特征难以解释的弊端。该方法的主要贡献如下：

(1)提出了一种仅需少量实验数据训练的铣削颤振卷积神经网络识别方法，避免建立颤振指标、设置阈值的过程。然而，训练数据直接决定了神经网络的性能，而获得大量的实验数据并手动标记费时费力。为了减少对实验数据的需求，本章基于铣削动力学过程，建立仿真振动数据集对网络进行预训练，并通过共享参数的方式，利用少量实验数据微调网络参数使其适用于实验数据集。最后，多工况实验验证了网络能够有效准确地识别颤振状态。

(2)提出了一种全新的可用于颤振识别的二维特征图——间隔频率特征图。本章从再生型颤振机理出发，通过动力学建模和仿真过程归纳出颤振频率的分布特征，并定义了间隔频率来表征不同的铣削状态。为了进一步减少设计颤振指标时的主观参数，直接将间隔频率转换为 IFFM，并基于 CNN 进行分类。IFFM 在不同铣削状态下具有显著不同的空间特征，且该特征与工况无关，对仿真信号和实验信号都相同，这为神经网络从仿真数据向实验数据的迁移提供了理论基础。

第 9 章

铣削颤振自适应控制和 LQR 最优控制

9.1 引言

为实现铣削颤振主动控制，需要在第 2 章铣削过程动力学模型的基础上研究铣削颤振主动控制算法。铣削过程动力学模型是一个时滞时变模型，模型参数具有一定的不确定度，一般控制算法无法直接用于铣削颤振主动控制。自适应控制针对具有一定不确定性的系统，所依据的关于模型和扰动的先验知识相对较少，第 2 章所搭建的动力学模型为自适应控制提供了模型参考，通过对系统相关参数进行估计，设计李雅普诺夫函数，验证加入控制后系统的李雅普诺夫稳定性，实现铣削颤振主动控制。铣削颤振主动控制过程中作动器的最大输出作动力通常受到限制，为了在达到控制目标的同时尽量减小作动器所需输出的作动力大小，研究铣削颤振线性二次型调节器(linear quadratic regulator，LQR)最优控制算法，通过对切削力系数矩阵进行傅里叶零阶近似和考虑时间序列的方法，将时变时滞系统转化为线性递推关系，利用将控制过程中的作动力加入性能指标中，利用最优化性能指标建立铣削颤振 LQR 最优控制的作动力模型，达到控制目标的同时降低作动器所需输出作动力。比较相同工况下铣削颤振自适应控制和 LQR 最优控制的控制特性，对铣削颤振主动控制算法的应用具有指导意义。

本章针对铣削颤振主动控制算法，研究了铣削颤振自适应控制算法和铣削颤振 LQR 控制算法。建立了铣削颤振自适应控制的作动力模型，通过仿真分析了自适应控制对位移信号和颤振稳定域的控制效果；建立了铣削颤振 LQR 最优控制的作动力模型，通过仿真分析了 LQR 最优控制对位移信号和颤振稳定域的控制效果；从响应时间、作动力和颤振稳定域等方面比较了铣削颤振自适应控制和铣削颤振 LQR 控制的控制特性。

9.2 铣削颤振自适应控制过程及仿真

基于第 2 章的颤振机理分析，颤振产生的主要原因是切削厚度的动态变化，激振力为动态切削力 $\boldsymbol{F}_{\mathrm{d}}(t)=b\boldsymbol{H}(t)[\boldsymbol{\xi}(t-\tau)-\boldsymbol{\xi}(t)]$。因此，考虑设置作动力类似形式：

$$\boldsymbol{u}(t)\approx -b\boldsymbol{H}(t)[\boldsymbol{\xi}(t-\tau)-\boldsymbol{\xi}(t)] \tag{9-1}$$

作动力 $\boldsymbol{u}(t)$ 与动态切削力 $\boldsymbol{F}_{\mathrm{d}}(t)$ 相互抵消，铣削过程中颤振的再生效应被消除，颤振被抑制。

仿真建模过程中的 $\boldsymbol{H}(t)$ 为理想情况，实际铣削过程中 $\boldsymbol{H}(t)$ 的初始相位未知，$\boldsymbol{H}(t)$ 的准确值难以直接测量。因此，本章所研究的自适应控制从估计 $\boldsymbol{H}(t)$ 的角度考虑并设计控制算法。

9.2.1 铣削颤振自适应控制过程

在第 2 章中，建立了铣削过程动力学模型。利用傅里叶变换对 $\boldsymbol{H}(t)$ 进行近似：

$$\boldsymbol{H}(t)\approx \boldsymbol{H}_l(t)=\begin{bmatrix} \boldsymbol{w}_{xx}^{\mathrm{T}}\boldsymbol{h}(t) & \boldsymbol{w}_{xy}^{\mathrm{T}}\boldsymbol{h}(t) \\ \boldsymbol{w}_{yx}^{\mathrm{T}}\boldsymbol{h}(t) & \boldsymbol{w}_{yy}^{\mathrm{T}}\boldsymbol{h}(t) \end{bmatrix} \tag{9-2}$$

式中：$\boldsymbol{h}(t)=[1,\cos(\omega t),\sin(\omega t),\cdots,\cos(l\omega t),\sin(l\omega t)]^{\mathrm{T}}$；$\omega=\dfrac{2\pi N\Omega}{60}$；向量 $\boldsymbol{w}_{xx}$、$\boldsymbol{w}_{xy}$、$\boldsymbol{w}_{yx}$、$\boldsymbol{w}_{yy}\in R^{1+2l}$；$l$ 为傅里叶变换的近似精度，$l\geqslant 0$。

基于与动态切削力 $\boldsymbol{F}_{\mathrm{d}}(t)$ 相互抵消的 $\boldsymbol{u}(t)$，可估计向量 $\boldsymbol{w}_{xx}$、$\boldsymbol{w}_{xy}$、$\boldsymbol{w}_{yx}$、$\boldsymbol{w}_{yy}$。参考 Chen 等[88]设计的估计向量形式，将估计的向量 $\boldsymbol{w}_{xx}$、$\boldsymbol{w}_{xy}$、$\boldsymbol{w}_{yx}$、$\boldsymbol{w}_{yy}$ 分成两组，定义 $\boldsymbol{\gamma}_x$ 和 $\boldsymbol{\gamma}_y$：

$$\begin{cases} \boldsymbol{\gamma}_x=b\begin{bmatrix} \boldsymbol{w}_{xx} \\ \boldsymbol{w}_{xy} \end{bmatrix} \\ \boldsymbol{\gamma}_y=b\begin{bmatrix} \boldsymbol{w}_{yx} \\ \boldsymbol{w}_{yy} \end{bmatrix} \end{cases} \tag{9-3}$$

对动态切削力 $b\boldsymbol{H}(t)[\boldsymbol{\xi}(t-\tau)-\boldsymbol{\xi}(t)]$，有：

$$b\boldsymbol{H}(t)\boldsymbol{\xi}(t-\tau)-\boldsymbol{\xi}(t)]=b\begin{bmatrix} \boldsymbol{w}_{xx}^{\mathrm{T}}\boldsymbol{h}(t) & \boldsymbol{w}_{xy}^{\mathrm{T}}\boldsymbol{h}(t) \\ \boldsymbol{w}_{yx}^{\mathrm{T}}\boldsymbol{h}(t) & \boldsymbol{w}_{yy}^{\mathrm{T}}\boldsymbol{h}(t) \end{bmatrix}\begin{bmatrix} x(t-\tau)-x(t) \\ y(t-\tau)-y(t) \end{bmatrix}=[\boldsymbol{\gamma}_x \quad \boldsymbol{\gamma}_y]^{\mathrm{T}}\boldsymbol{g}(t) \tag{9-4}$$

定义所估计变量的真实值为 $\boldsymbol{\gamma}_x$、$\boldsymbol{\gamma}_y$，定义估计值为 $\hat{\boldsymbol{\gamma}}_x$、$\hat{\boldsymbol{\gamma}}_y$，估计误差为

$$\begin{cases}\tilde{\boldsymbol{\gamma}}_x=\hat{\boldsymbol{\gamma}}_x-\boldsymbol{\gamma}_x\\ \tilde{\boldsymbol{\gamma}}_y=\hat{\boldsymbol{\gamma}}_y-\boldsymbol{\gamma}_y\end{cases}\tag{9-5}$$

当作动力与动态切削力相互抵消时，动力学模型等式右边为 0。此时，状态空间矩阵 $\boldsymbol{A}$。

$$\boldsymbol{A}=\begin{bmatrix}0 & \boldsymbol{I}\\ -\boldsymbol{M}^{-1}\boldsymbol{K} & -\boldsymbol{M}^{-1}\boldsymbol{C}\end{bmatrix}\tag{9-6}$$

定义 $\boldsymbol{P}$ 为李雅普诺夫方程 $\boldsymbol{PA}+\boldsymbol{A}^{\mathrm{T}}\boldsymbol{P}=-\boldsymbol{I}$ 的解，$\boldsymbol{P}=\boldsymbol{P}^{\mathrm{T}}>0$。

定义自适应控制输入信号向量 $\boldsymbol{\eta}(t)$：

$$\boldsymbol{\eta}(t)=\begin{bmatrix}\boldsymbol{\xi}(t)\\ \dot{\boldsymbol{\xi}}(t)\end{bmatrix}\tag{9-7}$$

考虑输入信号向量 $\boldsymbol{\eta}(t)$ 和估计误差 $\tilde{\boldsymbol{\gamma}}_x$、$\tilde{\boldsymbol{\gamma}}_y$，设计李雅普诺夫函数 $V(\boldsymbol{\eta},\tilde{\boldsymbol{\gamma}}_x,\tilde{\boldsymbol{\gamma}}_y)$：

$$V(\boldsymbol{\eta},\tilde{\boldsymbol{\gamma}}_x,\tilde{\boldsymbol{\gamma}}_y)=\boldsymbol{\eta}^{\mathrm{T}}\boldsymbol{P}\boldsymbol{\eta}+\tilde{\boldsymbol{\gamma}}_x^{\mathrm{T}}\Theta_x^{-1}\tilde{\boldsymbol{\gamma}}_x+\tilde{\boldsymbol{\gamma}}_y^{\mathrm{T}}\Theta_y^{-1}\tilde{\boldsymbol{\gamma}}_y\tag{9-8}$$

式中：Θ_i 为自适应权值。

若能推导得到 $\dot{V}(\boldsymbol{\eta},\tilde{\boldsymbol{\gamma}}_x,\tilde{\boldsymbol{\gamma}}_y)<0$，即可推断控制后的铣削系统满足李雅普诺夫稳定性。

对李雅普诺夫函数 $V(\boldsymbol{\eta},\tilde{\boldsymbol{\gamma}}_x,\tilde{\boldsymbol{\gamma}}_y)$ 进行求导：

$$\begin{aligned}\dot{V}(\boldsymbol{\eta},\tilde{\boldsymbol{\gamma}}_x,\tilde{\boldsymbol{\gamma}}_y)&=\boldsymbol{\eta}^{\mathrm{T}}(\boldsymbol{PA}+\boldsymbol{A}^{\mathrm{T}}\boldsymbol{P})\boldsymbol{\eta}+2\boldsymbol{\eta}^{\mathrm{T}}\boldsymbol{PBM}\{b\boldsymbol{H}(t)[\boldsymbol{\xi}(t-\tau)-\boldsymbol{\xi}(t)]\}+\\&\quad 2\dot{\tilde{\boldsymbol{\gamma}}}_x\Theta_x^{-1}\tilde{\boldsymbol{\gamma}}_x+2\dot{\tilde{\boldsymbol{\gamma}}}_y\Theta_y^{-1}\tilde{\boldsymbol{\gamma}}_y\\&=-\|\boldsymbol{\eta}\|^2-2\boldsymbol{\eta}^{\mathrm{T}}\boldsymbol{E}[\tilde{\boldsymbol{\gamma}}_x\quad\tilde{\boldsymbol{\gamma}}_y]^{\mathrm{T}}\boldsymbol{g}(t)+2\dot{\tilde{\boldsymbol{\gamma}}}_x\Theta_x^{-1}\tilde{\boldsymbol{\gamma}}_x+2\dot{\tilde{\boldsymbol{\gamma}}}_y\Theta_y^{-1}\tilde{\boldsymbol{\gamma}}_y\\&=-\|\boldsymbol{\eta}\|^2-2\boldsymbol{\eta}^{\mathrm{T}}\boldsymbol{E}_x\tilde{\boldsymbol{\gamma}}_x^{\mathrm{T}}g(t)-2\boldsymbol{\eta}^{\mathrm{T}}\boldsymbol{E}_y\tilde{\boldsymbol{\gamma}}_y^{\mathrm{T}}g(t)+2\dot{\tilde{\boldsymbol{\gamma}}}_x\Theta_x^{-1}\tilde{\boldsymbol{\gamma}}_x+2\dot{\tilde{\boldsymbol{\gamma}}}_y\Theta_y^{-1}\tilde{\boldsymbol{\gamma}}_y\\&=-\|\boldsymbol{\eta}\|^2-2\boldsymbol{\alpha}_x[\boldsymbol{\eta}(t)]\boldsymbol{g}^{\mathrm{T}}(t)\tilde{\boldsymbol{\gamma}}_x-2\boldsymbol{\alpha}_y[\boldsymbol{\eta}(t)]\boldsymbol{g}^{\mathrm{T}}(t)\tilde{\boldsymbol{\gamma}}_y+\\&\quad 2\dot{\tilde{\boldsymbol{\gamma}}}_x\Theta_x^{-1}\tilde{\boldsymbol{\gamma}}_x+2\dot{\tilde{\boldsymbol{\gamma}}}_y\Theta_y^{-1}\tilde{\boldsymbol{\gamma}}_y\\&=-\|\boldsymbol{\eta}\|^2+2\{\dot{\tilde{\boldsymbol{\gamma}}}_x\Theta_x^{-1}-\boldsymbol{\alpha}_x[\boldsymbol{\eta}(t)]\boldsymbol{g}^{\mathrm{T}}(t)\}\tilde{\boldsymbol{\gamma}}_x+2\{\dot{\tilde{\boldsymbol{\gamma}}}_y\Theta_y^{-1}-\\&\quad\boldsymbol{\alpha}_y[\boldsymbol{\eta}(t)]\boldsymbol{g}^{\mathrm{T}}(t)\}\tilde{\boldsymbol{\gamma}}_y\end{aligned}\tag{9-9}$$

故当满足如下条件时：

$$\begin{cases}\dot{\tilde{\boldsymbol{\gamma}}}_x^{\mathrm{T}}\Theta_x^{-1}=\boldsymbol{\alpha}_x[\boldsymbol{\eta}(t)]\boldsymbol{g}^{\mathrm{T}}(t)\\ \dot{\tilde{\boldsymbol{\gamma}}}_y^{\mathrm{T}}\Theta_y^{-1}=\boldsymbol{\alpha}_y[\boldsymbol{\eta}(t)]\boldsymbol{g}^{\mathrm{T}}(t)\end{cases} \tag{9-10}$$

李雅普诺夫函数的导数：

$$\dot{V}(\boldsymbol{\eta},\tilde{\boldsymbol{\gamma}}_x,\tilde{\boldsymbol{\gamma}}_y)=-\|\boldsymbol{\eta}\|^2 \tag{9-11}$$

满足 $\dot{V}(\boldsymbol{\eta},\tilde{\boldsymbol{\gamma}}_x,\tilde{\boldsymbol{\gamma}}_y)<0$。此时，铣削系统满足李雅普诺夫稳定性。

因此，定义自适应控制作动力 $\boldsymbol{u}(t)$：

$$\boldsymbol{u}(t)=-\begin{bmatrix}\hat{\boldsymbol{\gamma}}_x^{\mathrm{T}}\boldsymbol{g}(t)\\ \hat{\boldsymbol{\gamma}}_y^{\mathrm{T}}\mathrm{g}(t)\end{bmatrix} \tag{9-12}$$

式中：$\hat{\boldsymbol{\gamma}}_x$、$\hat{\boldsymbol{\gamma}}_y$、$\boldsymbol{g}(t)\in R^{1+2l}$。

$$\dot{\hat{\boldsymbol{\gamma}}}_i=\boldsymbol{\alpha}_i[\boldsymbol{\eta}(t)]\Theta_i\boldsymbol{g}(t) \tag{9-13}$$

式中：$i=x,y$；$\boldsymbol{\alpha}_i[\boldsymbol{\eta}(t)]=\boldsymbol{E}_i^{\mathrm{T}}\boldsymbol{\eta}$；$\boldsymbol{E}=[\boldsymbol{E}_x\quad \boldsymbol{E}_y]=\boldsymbol{PBM}^{-1}$；$\boldsymbol{B}=\begin{bmatrix}\boldsymbol{0}_{2\times 2}\\ \boldsymbol{I}_{2\times 2}\end{bmatrix}$。

$$\boldsymbol{g}(t)=\begin{Bmatrix}[x(t-\tau)-x(t)]\boldsymbol{h}(t)\\ [y(t-\tau)-y(t)]\boldsymbol{h}(t)\end{Bmatrix} \tag{9-14}$$

加入自适应控制后的铣削过程如图 9-1 所示。铣削过程中相邻周期的切削厚度不均导致切削厚度的动态变化，进而产生动态切削力，引起再生效应使铣削系统产生颤振；加入自适应控制后，铣削过程的位移信号和速度信号输入自适应控制算法中，经过自适应控制作动力模型，通过作动器输出作动力作用于铣削系统，消除颤振过程中的再生效应，抑制颤振，使铣削系统回归稳定状态。

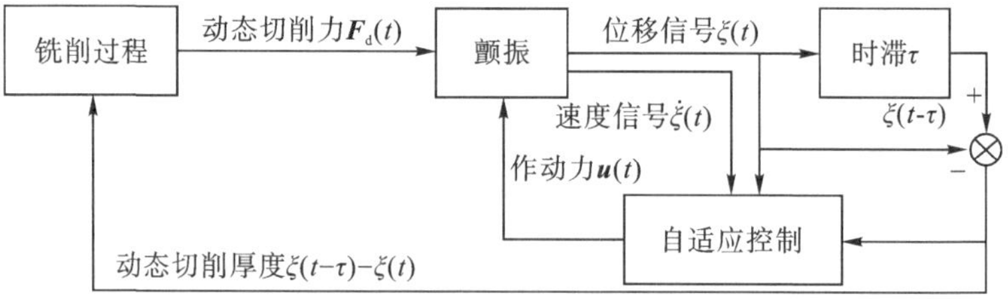

图 9-1　自适应控制过程

9.2.2　铣削颤振自适应控制仿真

选取仿真参数 $m=0.1$ kg，$\mu=0.05$，$\omega_{\mathrm{n}}=900$ Hz，$K_{\mathrm{t}}=800$ MPa，$K_{\mathrm{n}}=600$ MPa，$\Omega=9000$ r/min，$r_{\mathrm{d}}=3.5$ mm，$a_{\mathrm{d}}=3$ mm 进行位移信号的仿真，位移信号设置阈值

50 μm。无控制条件下的位移信号和作动力如图 9-2 所示，自适应控制条件下的位移信号和作动力如图 9-3 所示。

如图 9-2 所示，无控制条件下，作动力为 0，位移信号由于铣削颤振的再生效应迅速增大，达到阈值后继续波动，表明系统仍处于失稳状态；如图 9-3 所示，自适应控制条件下，起振初期，位移信号和速度信号波动较小，自适应控制作动力模型存在积分环节，导致自适应控制的作动力较小，无法与动态切削力相互抵消，铣削颤振的再生效应尚未被破坏，位移信号由于再生效应不断增大；经过 0.053 s，作动力约为 7 N，位移信号增大至 4.92 μm 后，作动力和动态切削力相互抵消，颤振的再生效应被消除，位移信号逐渐衰减，由于位移信号幅值减小，铣削过程的动态切削力逐渐减小，导致铣削过程中的作动力也逐渐减小，铣削过程回归稳定状态。

起振一段时间后，位移信号和速度信号达到一定幅值，作动力才能和动态切削力相互抵消，抑制颤振，位移信号逐渐衰减，表明自适应控制需要一定的响应时间。

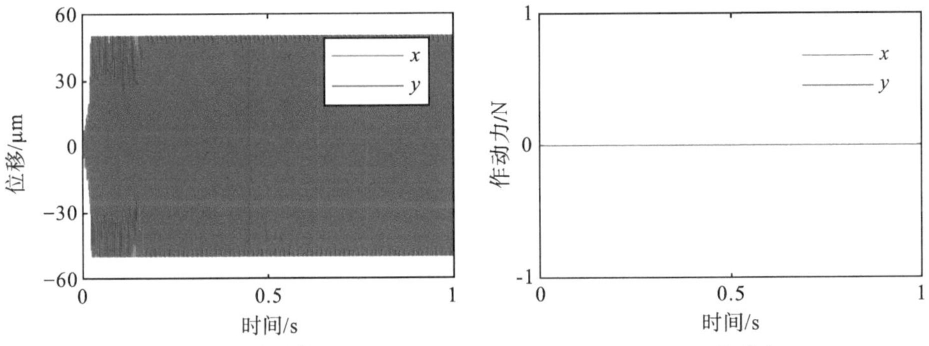

(a) 位移信号　(b) 作动力

图 9-2　无控制条件下的位移信号和作动力

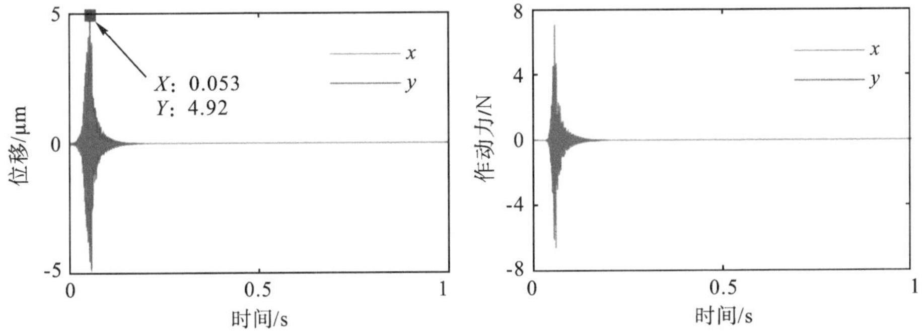

(a) 位移信号　(b) 作动力

图 9-3　自适应控制条件下的位移信号和作动力

选取仿真参数 $m=0.1$ kg，$\mu=0.05$，$\omega_n=900$ Hz，$K_t=800$ MPa，$K_n=600$ MPa，$r_d=3.5$ mm，进行颤振稳定域的仿真。无控制和自适应控制条件下的颤振稳定域如图 9-4 所示。自适应控制在 5000～12000 r/min 范围内对颤振稳定域都有明显的提升效果。其中，转速为 7000 r/min 和 11000 r/min 时最大稳定轴向切深增大最显著。转速为 7000 r/min 时，无控制条件下的最大稳定轴向切深为 0.840 mm，自适应控制条件下的最大稳定轴向切深为 2.591 mm，最大稳定轴向切深增大了1.751 mm，相比无控制条件下提高了 208.5%；转速为 11000 r/min 时，无控制条件下的最大稳定轴向切深为 0.690 mm，自适应控制条件下的最大稳定轴向切深为 2.619 mm，最大稳定轴向切深增大了 1.929 mm，相比无控制条件下提高了 279.6%。

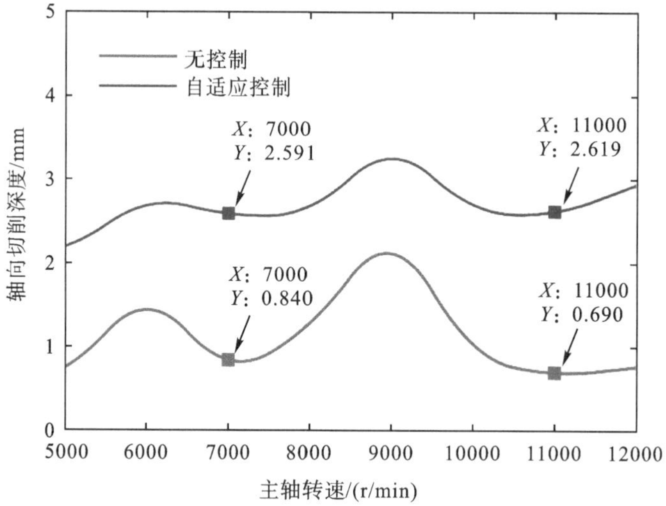

图 9-4 无控制和自适应控制条件下的颤振稳定域

分析自适应控制对位移信号和颤振稳定域的控制效果，可以得出自适应控制在仿真切削参数下具有良好控制效果的结论。在 5000～12000 r/min 的常用转速范围内自适应控制对颤振稳定域稳定边界提升效果明显，经过短暂的响应时间后，自适应控制能够消除铣削颤振的再生效应，抑制铣削颤振。

自适应控制的自适应性体现在控制过程仅需在切削过程之前提前输入自适应控制所需的系统参数和切削参数，之后的铣削过程即使切削参数变更，仅需更改变更的参数即可，省去了 PID 控制等控制算法在不同工况下需进行的复杂繁琐的调参过程，节约了调参的时间，大大提高了加工效率。

分析自适应控制作动力模型发现，自适应控制需要速度信号作为输入信号，在缺少速度传感器的情况下只能通过位移信号的差分获得，影响了控制精度；作动力模型中存在积分环节和差分环节，抗干扰性较弱；从施加控制算法到消除再生效应需要一段响应时间，可能影响实际铣削过程中自适应控制的有效性；随着位移信号量级的增大，所需作动力的大小迅速增加，对控制系统提出了更高的要求，给自适应控制的物理实现带来了挑战。

9.3　LQR 控制及仿真

线性二次型调节器(LQR)控制算法使用二次型性能指标，是一种应用广泛的最优控制方式。LQR 控制通过设计基于广义能量物理意义的性能指标、最优化性能指标的方式实现最小化能量输入的同时实现控制目标。针对铣削过程，基于能量的性能指标主要由三部分组成：过程代价、控制代价和终端代价。

理想情况下，控制后铣削过程的位移信号最终趋近于 0，控制结果为

$$\lim_{t\to\infty}\boldsymbol{\xi}(t)=0 \tag{9-15}$$

因此，终端代价设置为 0。

过程代价考虑控制过程中的位移信号，考虑过程代价有利于避免类似自适应控制中位移信号先增大后减小的情况，过程代价可表示为

$$J_1=\int\boldsymbol{\xi}^{\mathrm{T}}(t)\boldsymbol{\Lambda}_1\boldsymbol{\xi}(t)\mathrm{d}t \tag{9-16}$$

控制代价考虑控制过程中所需的作动力大小，控制代价可表示为

$$J_2=\int\boldsymbol{u}^{\mathrm{T}}(t)\boldsymbol{\Lambda}_2\boldsymbol{u}(t)\mathrm{d}t \tag{9-17}$$

根据式(9-15)、式(9-16)和式(9-17)，性能指标为

$$J=\int\boldsymbol{\xi}^{\mathrm{T}}(t)\boldsymbol{\Lambda}_1\boldsymbol{\xi}(t)+\boldsymbol{u}^{\mathrm{T}}(t)\boldsymbol{\Lambda}_2\boldsymbol{u}(t)\mathrm{d}t \tag{9-18}$$

通过最优化性能指标，求解使铣削过程稳定的最优作动力

$$\min_{s.t.\ \lim_{t\to\infty}\xi(t)=0} J \tag{9-19}$$

在实际铣削过程中，由于作动器本身的限制，输出的作动力大小受到限制。考虑最优化作动力，有利于控制算法的物理实现，从而在实际铣削过程中取得更好的控制效果。

9.3.1　LQR 控制原理

由于 LQR 控制中涉及到黎卡提方程(Riccati equation)方程的求解问题，考虑将铣削过程动力学模型中的 $\boldsymbol{H}(k)$ 均值化，用 $\bar{\boldsymbol{H}}$ 代替。此时，铣削过程动力学模型

由时滞时变方程变为时滞方程。

定义时间序列 $\boldsymbol{z}(k)\in R^{2+2\bar{\tau}}$：

$$\boldsymbol{z}(k)=[\boldsymbol{\xi}^{\mathrm{T}}(k)\quad \boldsymbol{\xi}^{\mathrm{T}}(k-1)\quad \cdots\quad \boldsymbol{\xi}^{\mathrm{T}}(k-\bar{\tau})]^{\mathrm{T}} \tag{9-20}$$

根据第2章的铣削动力学模型，对其进行变换，得到基于时间序列 $\boldsymbol{z}(k)$ 的线性递推关系：

$$\boldsymbol{z}(k+1)=\boldsymbol{A}(k)\boldsymbol{z}(k)+\boldsymbol{B}\boldsymbol{U}(k) \tag{9-21}$$

$$\boldsymbol{A}(k)=\begin{bmatrix} 2\boldsymbol{I}-\bar{t}\boldsymbol{M}^{-1}\boldsymbol{C}-\bar{b}\bar{t}^{2}\boldsymbol{M}^{-1}\bar{\boldsymbol{H}} & -(\boldsymbol{I}-\bar{t}\boldsymbol{M}^{-1}\boldsymbol{C}+\bar{t}^{2}\boldsymbol{M}^{-1}\boldsymbol{K}) & \cdots & \bar{b}\bar{t}^{2}\boldsymbol{M}^{-1}\bar{\boldsymbol{H}} \\ \boldsymbol{I} & & & 0 \\ & \boldsymbol{I} & & 0 \\ & & \cdots & 0 \end{bmatrix} \tag{9-22}$$

$$\boldsymbol{B}=\begin{bmatrix} \bar{t}^{2}(\boldsymbol{M}^{-1})^{\mathrm{T}} & \boldsymbol{0}_{2\times 2\bar{\tau}} \\ \boldsymbol{0}_{2\bar{\tau}\times 2} & \boldsymbol{0}_{2\bar{\tau}\times 2\bar{\tau}} \end{bmatrix} \tag{9-23}$$

根据式(9-18)，性能指标设置为

$$J=\sum_{k=0}^{\infty}\boldsymbol{z}^{\mathrm{T}}(k)\boldsymbol{\Lambda}_{1}\boldsymbol{z}(k)+\boldsymbol{U}^{\mathrm{T}}(k)\boldsymbol{\Lambda}_{2}\boldsymbol{U}(k) \tag{9-24}$$

定义作动力序列 $\boldsymbol{U}(k)$：

$$\boldsymbol{U}(k)=-\boldsymbol{L}(k)\boldsymbol{z}(k) \tag{9-25}$$

为使性能指标达到最小，作动力序列系数 $\boldsymbol{L}(k)$ 形式如下：

$$\boldsymbol{L}(k)=[\boldsymbol{\Lambda}_{2}+\boldsymbol{B}^{\mathrm{T}}\boldsymbol{P}(k)\boldsymbol{B}]^{-1}\boldsymbol{B}\boldsymbol{P}(k)\boldsymbol{A}(k) \tag{9-26}$$

式中：$\boldsymbol{P}(k)$ 黎卡提方程的解。

黎卡提方程形式为

$$\boldsymbol{A}^{\mathrm{T}}(k)\boldsymbol{P}(k)\boldsymbol{A}(k)-\boldsymbol{P}(k)-\boldsymbol{A}^{\mathrm{T}}(k)\boldsymbol{P}(k)\boldsymbol{B}[\boldsymbol{B}^{\mathrm{T}}\boldsymbol{P}(k)\boldsymbol{B}+\boldsymbol{\Lambda}_{2}]^{-1}\boldsymbol{B}^{\mathrm{T}}\boldsymbol{P}(k)\boldsymbol{A}(k)+\boldsymbol{\Lambda}_{1}=0 \tag{9-27}$$

式中：$\boldsymbol{\Lambda}_1$、$\boldsymbol{\Lambda}_2$ 为对称正定权重权值。

根据式(9-25)所求的 $\boldsymbol{U}(k)$ 即为满足最优化性能指标的作动力序列，仿真过程中该序列前两项的数值即为该时刻所需输出的 $\boldsymbol{X}$、$\boldsymbol{Y}$ 方向作动力数值。

9.3.2 LQR 控制仿真

LQR 控制的输入信号为由位移信号组成的时间序列，经过 LQR 控制作动力模型，输出作动力序列。铣削过程的主轴转速 Ω 和刀齿数 N 确定后，铣削过程动力学模型的时滞 τ 即确定。因此，线性递推关系中的时间序列项数和仿真中的时

间步长 $\bar{t}$ 相关,时间序列的项数影响黎卡提方程解的存在性。因此,时间步长是 LQR 控制仿真过程中的重要参数,对 LQR 控制的有效性有重要影响。同时,黎卡提方程还包含轴向切削深度 b,轴向切削深度 b 可能影响 LQR 控制在部分切削参数下的有效性。

选取仿真参数 $m=0.03$ kg,$\mu=0.05$,$\omega_n=900$ Hz,$\Omega=6000$ r/min,$K_t=800$ MPa,$K_n=600$ MPa,$r_d=3.5$ mm,$a_d=2$ mm,$\bar{t}=0.0001$ s 进行位移信号的仿真,位移信号设置阈值 50 μm。无控制条件下的位移信号如图 9-5 所示,LQR 控制条件下的位移信号如图 9-6 所示。

如图 9-5 所示,无控制条件下,作动力一直为 0,位移信号由于再生效应迅速增大至设置的阈值,之后继续波动,表明铣削过程仍处于失稳状态;如图 9-6 所示,在 LQR 控制条件下,控制立即生效,位移信号幅值立即衰减,再生效应在 LQR 控制开始时即被消除,作动力在 LQR 控制开始时即达到最大幅值 5.34 N,之后随着位移信号幅值的衰减而逐渐衰减,铣削过程处于稳定状态。

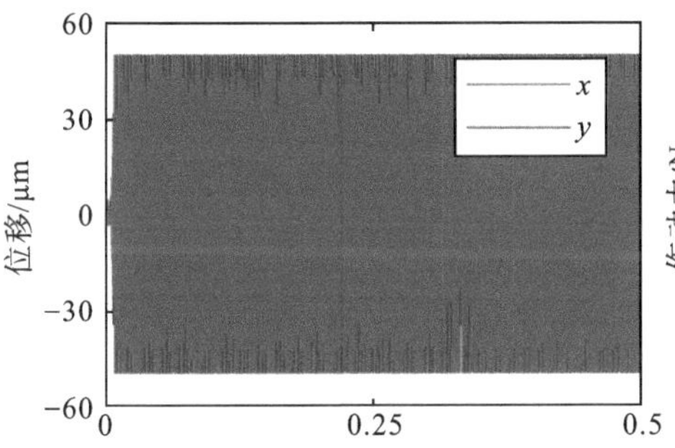

(a) 位移信号

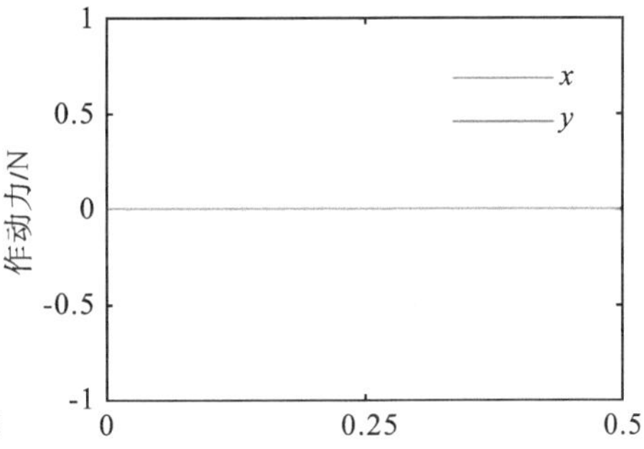

(b) 作动力

图 9-5　无控制条件下的位移信号和作动力

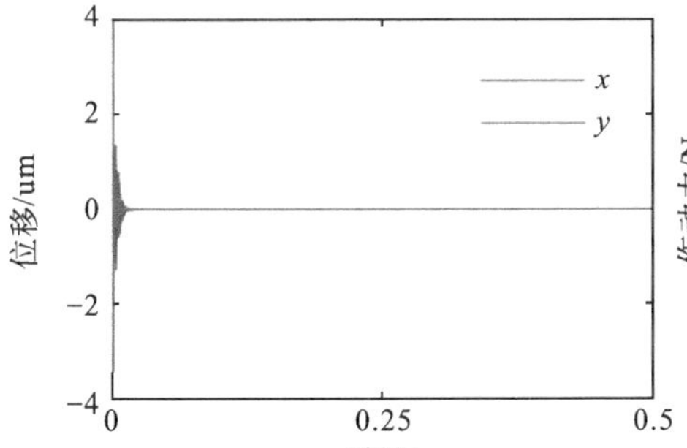

(a) 位移信号

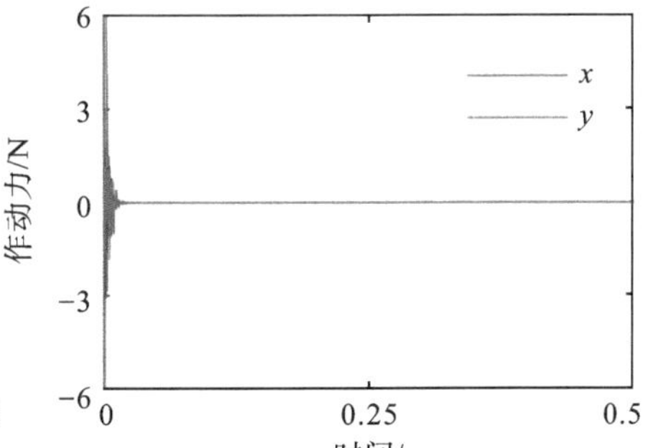

(b) 作动力

图 9-6　LQR 控制条件下的位移信号和作动力

选取仿真参数 $m=0.1$ kg，$\mu=0.05$，$\omega_n=900$ Hz，$K_t=800$ MPa，$K_n=600$ MPa，$\Omega=9000$ r/min，$r_d=3.5$ mm，时间步长 $\bar{t}=0.0001$ s，选取 8000～12000 r/min 转速范围和 2.00～3.00 mm 轴向切削深度范围进行颤振稳定域的仿真，无控制和 LQR 控制条件下的颤振稳定域如图 9－7 所示。

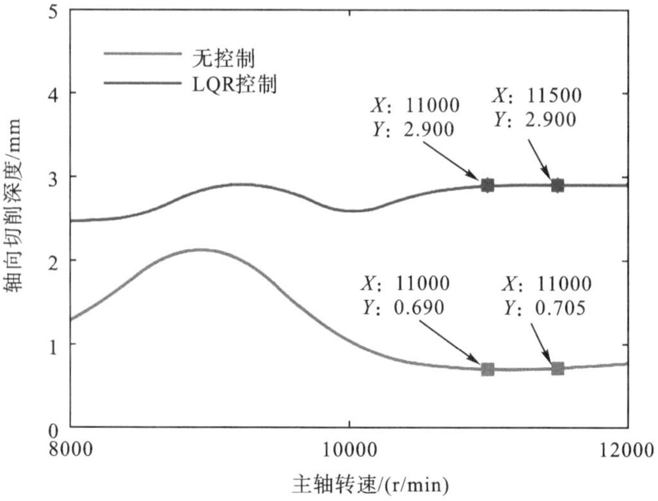

图 9－7　无控制和 LQR 控制条件下的颤振稳定域

如图 9－7 所示，LQR 控制在 11000 r/min 和 11500 r/min 转速下最大稳定轴向切深提升效果最好。转速为 11000 r/min 时，无控制条件下的最大稳定轴向切深为 0.690 mm，LQR 控制条件下的最大稳定轴向切深为 2.900 mm，提高了 320.3%；转速为 11500 r/min 时，无控制条件下的最大稳定轴向切深为 0.705 mm，LQR 控制条件下的最大稳定轴向切深为 2.900 mm，提高了 311.3%。

由于 LQR 控制作动力计算过程涉及黎卡提方程的求解，若黎卡提方程无解，LQR 控制无法求得作动力。黎卡提方程与时间步长和轴向切削深度有关，因此由于黎卡提方程解的存在性问题，LQR 最优控制可能在部分转速下失效，对颤振稳定域的提升效果不如自适应控制。但 LQR 控制生效迅速，施加后立即消除铣削颤振的再生效应，使位移信号迅速衰减，无需响应时间，控制实时性更好；且 LQR 控制条件下位移信号立即衰减，控制所需的最大作动力相对较小，相对于自适应控制对作动器的要求更低，更易于物理实现。

9.4　自适应控制和 LQR 控制特性对比

自适应控制和 LQR 控制是两种控制特性差异较大的控制算法，它们的差异具体表现在以下三个方面。

1. 位移信号变化趋势不同

选取仿真参数 $m=0.1$ kg，$\mu=0.05$，$\omega_n=778$ Hz，$\Omega=6000$ r/min，$K_t=600$ MPa，$K_n=200$ MPa，$r_d=3.5$ mm，$a_d=2.5$ mm，$\bar{t}=0.0001$ s 进行位移信号的仿真，位移信号设置阈值为 50 μm。无控制、自适应控制和 LQR 控制条件下的位移信号和作动力分别如图 9－8、图 9－9 和图 9－10 所示。

如图 9－8 所示，无控制条件下，作动力始终为 0，位移信号由于再生效应迅速增大，达到幅值之后继续波动，表明铣削系统处于失稳状态。

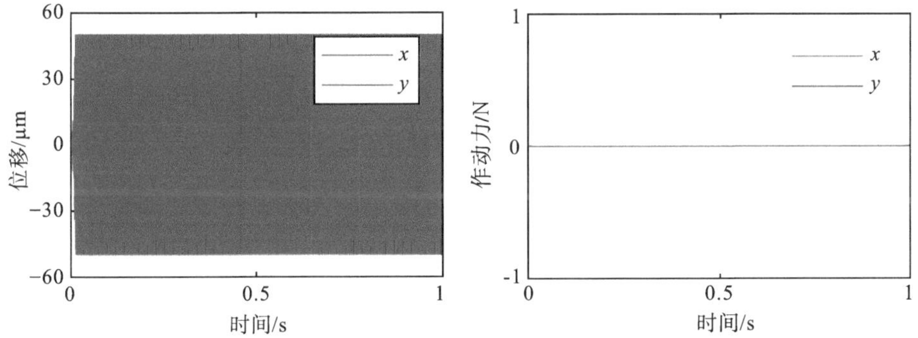

(a) 位移信号　(b) 作动力

图 9－8　无控制条件下的位移信号和作动力

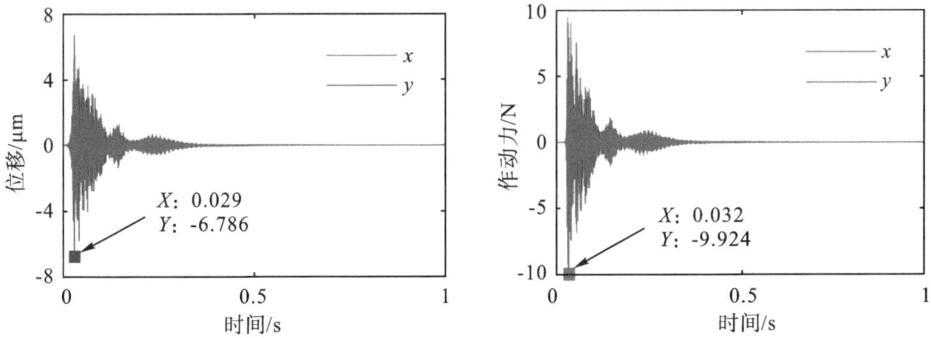

(a) 位移信号　(b) 作动力

图 9－9　自适应控制条件下的位移信号和作动力

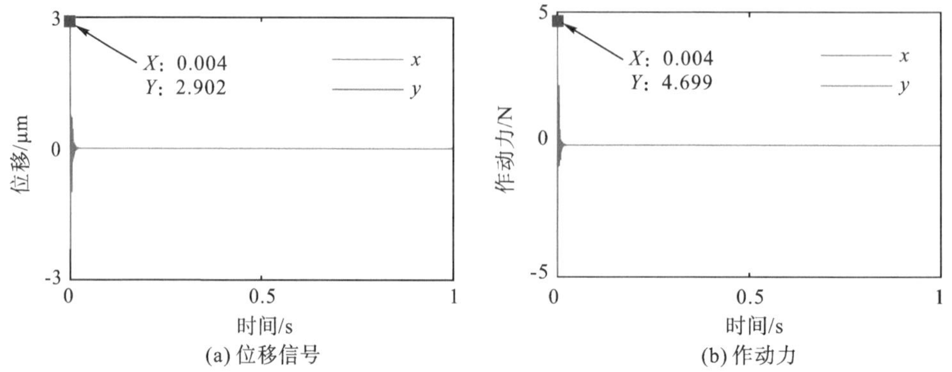

图 9-10　LQR 控制条件下的位移信号和作动力

如图 9-9 所示，自适应控制条件下，位移信号经过 0.029 s 的响应时间后才由增大趋势转变为衰减趋势，表明在 0.029 s 之前，系统仍处于失稳状态。在 0.029 s 之前，自适应控制的作动力数值相对较小，尚未抵消铣削过程的动态切削力，未能消除铣削颤振的再生效应，导致位移信号幅值逐渐增大；在 0.029 s 时，位移信号幅值达到最大值 6.786 μm；在 0.032 s 时，作动力幅值达到最大值 9.924 N，作动力和动态切削力相互抵消，铣削颤振的再生效应被消除，位移信号逐渐衰减，铣削系统回归稳定状态。

如图 9-10 所示，LQR 控制条件下，位移信号自施加控制后立即衰减，幅值迅速减小。在 0.004 s 时，位移信号幅值达到最大值 2.902 μm；同时，LQR 控制的作动力达到最大值 4.699 N，铣削颤振的再生效应被消除，铣削系统处于稳定状态。

比较自适应控制和 LQR 控制条件下的位移信号，LQR 控制没有响应时间，施加后立即生效，实时性相对较好，自适应控制则需要一定的响应时间使系统回归稳定状态。

2. 作动力变化趋势和大小不同

如图 9-9 所示，自适应控制的作动力呈先增大后减小的变化趋势，在 0.032 s 时作动力幅值达到最大值 9.924 N。如图 9-10 所示，LQR 控制的作动力在施加控制后即达到最大值，在 0.004 s 时作动力幅值达到最大值 4.699 N。

比较自适应控制和 LQR 控制条件下的作动力，相同条件下自适应控制所需的最大作动力大于 LQR 控制所需的最大作动力；LQR 控制作动力模型中作动力与位移信号呈线性关系，自适应控制作动力模型中存在积分环节和差分环节，随着位移信号幅值的增大，作动力增长趋势越来越快。自适应控制对作动器输出的最大作动力要求更高，LQR 控制对作动力要求更低，更易于物理实现。

3. 颤振稳定域的控制效果不同

选取仿真参数 $m=0.1$ kg，$\mu=0.05$，$\omega_n=900$ Hz，$K_t=800$ MPa，$K_n=600$ MPa，$r_d=3.5$ mm，$\bar{t}=0.0001$ s 进行颤振稳定域的仿真。无控制、自适应控制、LQR 控制条件下的颤振稳定域如图 9-11 所示。

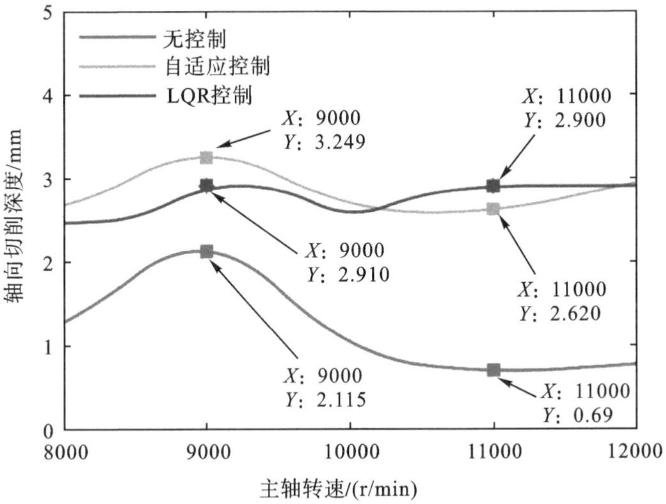

图 9-11　无控制、LQR 控制和自适应控制条件下的颤振稳定域

如图 9-11 所示，自适应控制和 LQR 控制在 8000～12000 r/min 转速范围内对颤振稳定域稳定边界具有明显的提升效果。在不同转速下，两种控制算法的控制效果各有优劣。在 9000 r/min 时，无控制条件下的最大稳定轴向切深为 2.115 mm；LQR 控制条件下的最大稳定轴向切深为 2.910 mm，提升了 37.6%；自适应控制条件下的最大稳定轴向切深为 3.249 mm，提升了 53.6%。这表明在 9000 r/min 转速下，自适应控制对颤振稳定域的提升效果优于 LQR 控制。在 11000 r/min 时，无控制条件下的最大稳定轴向切深为 0.69 mm；LQR 控制条件下的最大稳定轴向切深为 2.900 mm，提升了 320.3%；自适应控制条件下的最大稳定轴向切深为 2.62 mm，提升了 279.7%。这表明在 11000 r/min 转速下，LQR 控制对最大稳定轴向切深的提升效果优于自适应控制。

综上所述，相同切削参数下，自适应控制需要更大的作动力，对作动器要求更高，将铣削系统由失稳状态转化为稳定状态需要一定的响应时间，对颤振稳定域具有更好的提升效果；LQR 控制作动力相对较小，对作动器要求更低，无需响应时间，立即生效。

实际铣削过程中，机床的加工参数范围较大，所需选择的切削参数较多，自适应控制更适合实际铣削过程主动控制算法的需求。自适应控制作动力模型存在积分环节和差分环节，实际铣削过程中存在噪声和干扰，对自适应控制的鲁棒性有较大影响；同时，自适应控制需要一定的响应时间，位移信号达到一定幅值后作动力才能与动态切削力相互抵消，继而消除铣削颤振的再生效应，抑制颤振。实际铣削过程中，自适应控制的有效性可能受到影响，需要通过相关实验进行验证。

9.5　本章小结

本章研究了铣削颤振自适应控制算法和铣削颤振 LQR 最优控制算法，具体研究内容如下：

(1)建立了铣削颤振自适应控制的作动力模型，验证了自适应控制的李雅普诺夫稳定性，通过仿真分析了自适应控制对位移信号和颤振稳定域的控制效果。结果表明：在仿真所选参数下，无控制条件下的位移信号呈发散趋势，施加自适应控制后，位移信号经 0.053 s 的响应时间后逐渐收敛，最大作动力约为 7 N，自适应控制消除了铣削颤振；在仿真所选参数下，自适应控制条件下的稳定边界有明显提升，11000 r/min 转速下控制效果最明显，最大稳定轴向切深提升了 1.929 mm，相比无控制条件下提升了 279.6%。

(2)建立了铣削颤振 LQR 最优控制的作动力模型，通过仿真分析了 LQR 控制对位移信号和颤振稳定域的控制效果。结果表明：在仿真所选参数下，无控制条件下的位移信号呈发散趋势，施加 LQR 最优控制后，位移信号立即衰减，最大作动力约为 5.34 N；在仿真所选参数下，LQR 最优控制条件下的稳定边界有明显提升，11000 r/min 转速下控制效果最明显，最大稳定轴向切深提升了 2.195 mm，相比无控制条件下提升了 311.3%。

(3)分析了两种控制算法的控制特性。结果表明：在所选仿真参数下，自适应控制所需的最大作动力约为 9.924 N，LQR 最优控制所需的最大作动力约为 4.699 N，自适应控制所需的作动力相对较大，对作动器要求更高，LQR 最优控制所需作动力相对较小，对作动器要求更低；自适应控制需要 0.029 s 的响应时间将位移信号转化为收敛趋势，LQR 最优控制不需要响应时间，LQR 最优控制的实时性相对更好；自适应控制和 LQR 最优控制对颤振稳定域稳定边界都有明显提升，自适应控制在 8000～10000 r/min 转速范围内对稳定边界提升效果更好，LQR 控制在 10000～12000 r/min 转速范围内对稳定边界提升效果更好，由于黎卡提方程解的存在性问题，LQR 最优控制可能在部分转速下失效。

第 10 章

基于卡尔曼滤波的铣削颤振自适应控制

10.1 引言

随着高端制造业的发展，零部件的结构愈加复杂，加工过程中切削深度发生变化的情况愈加常见。当切削深度发生突变时，部分控制算法需要停止进给，重新计算控制参数，影响了加工效率。因此，有必要研究针对变切深工况的铣削颤振主动控制算法，以提高加工效率。第 9 章所研究铣削颤振自适应控制的作动力模型中积分和差分环节相对较多，鲁棒性相对较差，控制效果易受轴向切深突变等因素的影响。轴向切削深度的变化情况在工艺中是完全已知的，而自适应控制环节中尚未包含轴向切削深度这一关键参数。因此，考虑将轴向切削深度通过卡尔曼滤波加入自适应控制中，将轴向切削深度变化带来的影响引入控制过程，设计基于卡尔曼滤波的自适应控制算法，提高自适应控制的鲁棒性和在变切深工况下的有效性。

本章为提升自适应控制在变切深工况下的控制效果，研究基于卡尔曼滤波的自适应控制算法。建立基于卡尔曼滤波的自适应控制的作动力模型，通过仿真分析了基于卡尔曼滤波的自适应控制在恒切深和变切深工况下的控制效果以及对颤振稳定域稳定边界的提升效果。

10.2 卡尔曼滤波原理

卡尔曼滤波器用于估计线性随机差分方程的状态变量 $\boldsymbol{x}\in\mathbb{R}^n$。离散过程由以下状态方程描述：

$$\boldsymbol{x}_k=\boldsymbol{A}\boldsymbol{x}_{k-1}+\boldsymbol{B}\boldsymbol{u}_{k-1}+\boldsymbol{\omega}_{k-1} \tag{10-1}$$

定义观测变量 $z \in \mathbb{R}^m$，量测方程为

$$\boldsymbol{z}_k = \boldsymbol{H}\boldsymbol{x}_k + \boldsymbol{v}_k \tag{10-2}$$

随机信号 $\boldsymbol{\omega}_{k-1}$ 和 $\boldsymbol{v}_k$ 分别表示过程激励噪声和观测噪声。假设两种噪声为相互独立且呈正态分布的白噪声，$p(\omega) \sim N(0,Q)$，$p(v) \sim N(0,R)$。

卡尔曼滤波分为时间更新和状态更新两个部分。时间更新方程将估计状态和估计协方差从 $k-1$ 时刻递推至 k 时刻。状态更新方程计算卡尔曼增益并利用观测值 $\boldsymbol{z}_k$ 校正估计状态和估计协方差。实际过程中每一时刻 $\boldsymbol{\omega}_{k-1}$ 和 $\boldsymbol{v}_k$ 的值未知，假设为零。

时间更新方程为

$$\hat{\boldsymbol{x}}_k^- = \boldsymbol{A}\hat{\boldsymbol{x}}_{k-1} + \boldsymbol{B}\boldsymbol{u}_{k-1} \tag{10-3}$$

$$\boldsymbol{P}_k^- = \boldsymbol{A}\boldsymbol{P}_{k-1}\boldsymbol{A}^{\mathrm{T}} + \boldsymbol{Q} \tag{10-4}$$

式中：$\boldsymbol{P}_k^-$ 为第 k 周期内的先验估计误差的协方差，$\boldsymbol{P}_k^- = \boldsymbol{E}[\boldsymbol{e}_k^- \boldsymbol{e}_k^{-\mathrm{T}}]$；$\boldsymbol{e}_k^-$ 为第 k 周期内的先验估计误差，$\boldsymbol{e}_k^- = \boldsymbol{z}(k) - \hat{\boldsymbol{z}}^-(k)$；$\boldsymbol{Q}$ 为过程激励噪声 $\boldsymbol{\omega}_k$ 的方差。

状态更新方程为

$$\boldsymbol{K}_k = \boldsymbol{P}_k^- \boldsymbol{H}^{\mathrm{T}} (\boldsymbol{H}\boldsymbol{P}_k^- \boldsymbol{H}^{\mathrm{T}} + \boldsymbol{R})^{-1} \tag{10-5}$$

$$\hat{\boldsymbol{x}}_k = \hat{\boldsymbol{x}}_k^- + \boldsymbol{K}_k(\boldsymbol{z}_k - \boldsymbol{H}\hat{\boldsymbol{x}}_k^-) \tag{10-6}$$

$$\boldsymbol{P}_k = (\boldsymbol{I} - \boldsymbol{K}_k\boldsymbol{H})\boldsymbol{P}_k^- \tag{10-7}$$

式中：$\boldsymbol{K}_k$ 为卡尔曼增益；$\boldsymbol{H}_k$ 为观测矩阵；$\boldsymbol{P}_k$ 为第 k 周期内的后验估计误差的协方差；$\boldsymbol{R}$ 为观测噪声 $\boldsymbol{v}_k$ 的方差。

10.3　基于卡尔曼滤波的自适应控制算法设计

考虑将轴向切削深度这一切削参数加入到自适应控制中。一方面，通过预编程的方法代替传统控制思路中的反馈环节，通过大量的切削实验研究各切削参数与作动力的对应关系，而自适应控制中尚未包含轴向切削深度这一切削参数，因此考虑将轴向切削深度加入自适应控制中。另一方面，自适应控制作动力模型中包含积分和差分环节，在轴向切深突变时通常会产生冲击信号，造成铣削过程失稳，影响自适应控制的有效性，轴向切削深度这一参数在工艺设计过程中已经完全确定，这一已知信息尚未被自适应控制利用。因此，考虑通过卡尔曼滤波将轴向切削深度的变化情况加入到自适应控制的输入信号中，提高自适应控制在变切深工况下的有效性。

卡尔曼滤波针对的是线性差分方程，铣削过程动力学模型是时变时滞方程，卡

尔曼滤波不能直接用于铣削过程动力学模型。

为使动力学模型符合卡尔曼滤波的条件，受第 9 章 LQR 控制算法的启发，首先，对铣削过程动力学模型进行简化，将切削力系数矩阵 $\boldsymbol{H}(k)$均值化为 $\bar{\boldsymbol{H}}$，避免了时变环节，使铣削过程动力学模型简化为时滞方程；其次，与 LQR 控制算法考虑时间序列的思路相同，考虑设置时间序列以避免时滞环节。

设置类似式(9-20)的时间序列变量 $\boldsymbol{z}(k)$，包含 t 时刻至 $t-\tau$ 时刻的位移信号。以 $\boldsymbol{z}(k)$为变量对铣削过程动力学模型进行变换，获得线性递推关系：

$$\boldsymbol{z}(k+1)=\boldsymbol{A}\boldsymbol{z}(k)+\boldsymbol{B}_k\boldsymbol{u}(k) \tag{10-3}$$

式中：

$$\boldsymbol{A}=\begin{bmatrix} 2\boldsymbol{I}-\bar{t}\boldsymbol{M}^{-1}\boldsymbol{C}-b\,\bar{t}^2\boldsymbol{M}^{-1}\bar{\boldsymbol{H}} & -(\boldsymbol{I}-\bar{t}\boldsymbol{M}^{-1}\boldsymbol{C}+\bar{t}^2\boldsymbol{M}^{-1}\boldsymbol{K}) & 0 & b\,\bar{t}^2\boldsymbol{M}^{-1}\bar{\boldsymbol{H}} \\ \boldsymbol{I} & & & 0 \\ & \boldsymbol{I} & & 0 \\ & & \cdots & 0 \end{bmatrix}$$

$$\boldsymbol{B}_k=\begin{bmatrix} \bar{t}^2(\boldsymbol{M}^{-1})^{\mathrm{T}} & \boldsymbol{0}_{2\times 2\bar{\tau}} \\ \boldsymbol{0}_{2\bar{\tau}\times 2} & \boldsymbol{0}_{2\bar{\tau}\times 2\bar{\tau}} \end{bmatrix}$$

至此，铣削过程动力学模型的时滞时变方程已被简化为线性递推关系。

卡尔曼滤波主要分为两部分：时间更新方程和状态更新方程。时间更新方程作为自适应控制输入信号的处理过程，代入式(10-8)，有：

$$\hat{\boldsymbol{z}}^{-}(k)=\boldsymbol{A}\,\hat{\boldsymbol{z}}(k-1)+\boldsymbol{B}_k\boldsymbol{U}(k-1) \tag{10-9}$$

$$\boldsymbol{P}_k^{-}=\boldsymbol{A}\boldsymbol{P}_{k-1}\boldsymbol{A}^{\mathrm{T}}+\boldsymbol{Q} \tag{10-3}$$

式中：$\hat{\boldsymbol{z}}^{-}(k)$为 $k\,\bar{t}$ 时刻先验值组成的先验状态向量；$\hat{\boldsymbol{z}}(k-1)$ 为$(k-1)\bar{t}$ 时刻后验值组成的后验状态向量；$\boldsymbol{U}(k-1)$为$(k-1)\bar{t}$ 时刻线性递推关系的作动力序列。

时间更新后，自适应控制输入的修正值从先验状态向量 $\hat{\boldsymbol{z}}^{-}(k)$中提取，位移信号修正量为 $\hat{\boldsymbol{\xi}}(k)$：

$$\hat{\boldsymbol{\xi}}(k)=[\boldsymbol{I}_{2\times 2}\quad 0\quad \cdots\quad 0]\hat{\boldsymbol{z}}^{-}(k) \tag{10-11}$$

将 $\hat{\boldsymbol{\xi}}(k)$代入自适应控制过程作为自适应控制的输入量。

将自适应控制算法离散化，将 $\hat{\boldsymbol{\xi}}(k)$代入式(9-12)中，有：

$$\boldsymbol{u}(k)=-\begin{bmatrix} \hat{\boldsymbol{\gamma}}_x^{\mathrm{T}}\hat{\boldsymbol{g}}(k) \\ \hat{\boldsymbol{\gamma}}_y^{\mathrm{T}}\hat{\boldsymbol{g}}(k) \end{bmatrix} \tag{10-12}$$

$$\dot{\hat{\boldsymbol{\gamma}}}_i=\boldsymbol{\alpha}_i[\hat{\boldsymbol{\eta}}(k)]\Theta_i\hat{\boldsymbol{g}}(k) \tag{10-13}$$

式中：$\dot{\hat{\xi}}(k)$为将$\hat{\xi}(k)$差分得到的速度信号修正量；$\boldsymbol{\alpha}_i[\hat{\boldsymbol{\eta}}(k)]=\boldsymbol{E}_i^{\mathrm{T}}\hat{\boldsymbol{\eta}}$；$\hat{\boldsymbol{\eta}}=\begin{bmatrix}\hat{\boldsymbol{\xi}}(k)\\ \dot{\hat{\boldsymbol{\xi}}}(k)\end{bmatrix}$；

$\boldsymbol{E}=[\boldsymbol{E}_x\quad \boldsymbol{E}_y]=\boldsymbol{PBM}^{-1}$；$\boldsymbol{B}=\begin{bmatrix}\boldsymbol{0}_{2\times 2}\\ \boldsymbol{I}_{2\times 2}\end{bmatrix}$，$\Theta_i$为自适应控制权值。

定义$\boldsymbol{P}$为李雅普诺夫方程$\boldsymbol{PA}+\boldsymbol{A}^{\mathrm{T}}\boldsymbol{P}=-\boldsymbol{I}$的解，$\boldsymbol{P}=\boldsymbol{P}^{\mathrm{T}}>0$。

$$\hat{\boldsymbol{g}}(k)=\left\{\begin{matrix}[\hat{x}(k-\bar{\tau})-\hat{x}(k)]\boldsymbol{h}(k)\\ [\hat{y}(k-\bar{\tau})-\hat{y}(k)]\boldsymbol{h}(k)\end{matrix}\right\}$$

控制过程主要将自适应控制过程离散化，同时将先验状态向量中提取出的位移信号修正量用于控制过程，输入自适应控制作动力模型，对铣削颤振进行控制。

实际铣削过程中，每个采样过程都能得到测量值。时间更新方程中尚未用到测量值，在状态更新方程中，测量值用于校正位移信号修正量，以免位移信号修正量与实际铣削位移信号偏差过大，影响控制算法的控制效果。状态更新方程将之前的先验估计量转化为后验估计量，便于进行下一个周期的控制过程。

计算状态更新过程的卡尔曼增益$\boldsymbol{K}_k$：

$$\boldsymbol{K}_k=\boldsymbol{P}_k^-\boldsymbol{H}^{\mathrm{T}}(\boldsymbol{HP}_k^-\boldsymbol{H}^{\mathrm{T}}+\boldsymbol{R})^{-1}\tag{10-14}$$

实际铣削过程中，观测变量就是传感器采集得到的颤振位移信号。

利用位移信号测量值$\boldsymbol{\xi}(k)$，$\boldsymbol{\xi}(k-1)$，…，$\boldsymbol{\xi}(k-\bar{\tau})$组成状态向量$\boldsymbol{z}(k)$，利用$\boldsymbol{z}(k)$校正先验状态向量，得到后验状态向量：

$$\hat{\boldsymbol{z}}(k)=\hat{\boldsymbol{z}}^-(k)+\boldsymbol{K}_k[\boldsymbol{z}(k)-\boldsymbol{H}\hat{\boldsymbol{z}}^-(k)]\tag{10-15}$$

更新后验状态向量的后验协方差：

$$\boldsymbol{P}_k=(\boldsymbol{I}-\boldsymbol{K}_k\boldsymbol{H})\boldsymbol{P}_k^-\tag{10-16}$$

状态更新过程完成后，整个控制过程进入下一周期，上一周期的后验状态向量被用于计算该周期内先验状态向量，整个过程不断循环，完成控制过程。

加入基于卡尔曼滤波的自适应控制算法的铣削过程如图10-1所示。切削厚度的动态变化仍是引起铣削颤振的主要因素。与自适应控制不同，铣削过程的位移信号先经过信号修正，同时，修正后的位移信号差分得到修正后的速度信号。修正后的信号输入自适应控制作动力模型，输出作动力。信号修正过程包括卡尔曼滤波的时间更新方程和状态更新方程。时间更新方程在自适应控制前将轴向切削深度的变化影响输入到自适应控制的输入中，对位移信号进行修正；状态更新方程在自适应控制后参考测量值对先验状态向量进行修正，避免自适应控制的输入与传感器测量值偏离过大。

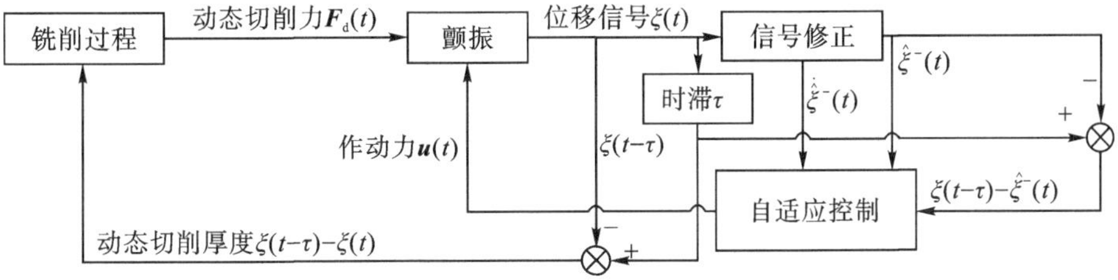

图 10－1　加入基于卡尔曼滤波的自适应控制后的控制过程

10.4　基于卡尔曼滤波的自适应控制算法仿真

设计基于卡尔曼滤波的自适应控制的初衷在于将轴向切削深度加入自适应控制算法中，一方面有利于探究切削参数与作动力的对应关系；另一方面利用轴向切削深度这一在切削之前即完全已知的信息提高自适应控制在变切深工况下的鲁棒性和有效性。同时，对自适应控制的输入信号进行处理会影响自适应控制条件下的颤振稳定域，导致颤振稳定域稳定边界发生变化。

因此，针对基于卡尔曼滤波的自适应控制算法的仿真包括无控制、自适应控制和基于卡尔曼滤波的自适应控制等的控制对比效果。首先，比较恒切深工况下无控制、自适应控制和基于卡尔曼滤波的自适应控制条件下的位移信号和作动力的变化趋势；其次，针对变切深工况和阶梯型工件，对比铣削过程中无控制、自适应控制和基于卡尔曼滤波的自适应控制条件下的位移信号、刀尖轨迹和作动力的变化趋势；最后，对比无控制、自适应控制和基于卡尔曼滤波的自适应控制条件下的颤振稳定域。

1. 恒切深工况

选取仿真参数 $m_1=0.73$ kg，$m_2=0.5$ kg，$\mu=0.009$，$\omega_n=960$ Hz，$\Omega=5100$ r/min，$K_t=1497.3$ MPa，$K_n=1090$ MPa，$r_d=3.5$ mm，$a_d=5$ mm 进行位移信号的仿真，位移信号设置阈值为 50 μm，考虑从位移信号和作动力方面比较无控制、自适应控制和基于卡尔曼滤波的自适应控制的控制效果。

无控制、自适应控制、基于卡尔曼滤波的自适应控制条件下的位移信号和作动力分别如图 10－2、图 10－3 和图 10－4 所示。

无控制条件下，如图 10－2 所示，由于铣削颤振的再生效应未被消除，位移信号幅值迅速增大，达到阈值后继续波动，表明无控制条件下铣削系统处于失稳状态。

自适应控制条件下，如图 10－3 所示，位移信号并未衰减，仍迅速增大至阈值，表明自适应控制条件下该系统仍处于失稳状态，自适应控制在该切削参数下无效；分析自适应控制作动力的变化趋势，在 0.045 s 时作动力幅值达到 12.66 N，之后随着时间推移，作动力的幅值呈线性递增，这是因为设置 50 μm 的阈值后，位移信号幅值达到 50 μm，而此时的作动力仍小于动态切削力，铣削颤振的再生效应未被消除，铣削系统仍处于失稳状态，而位移信号继续以 50 μm 的幅值波动，速度信号由位移信号差分得到，幅值也不再增加。因此，每个刀齿通过周期内自适应控制作动力模型积分环节增加的作动力数值一定，从而表现出作动力随时间线性增大的变化趋势。

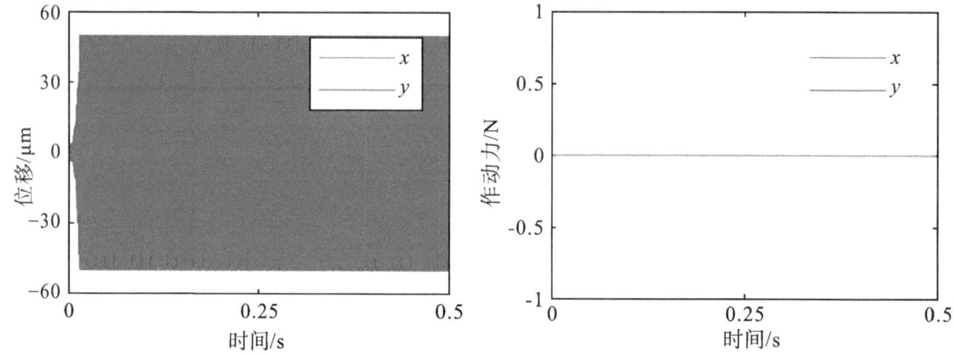

(a) 位移信号　　(b) 作动力

图 10－2　无控制条件下的位移信号和作动力

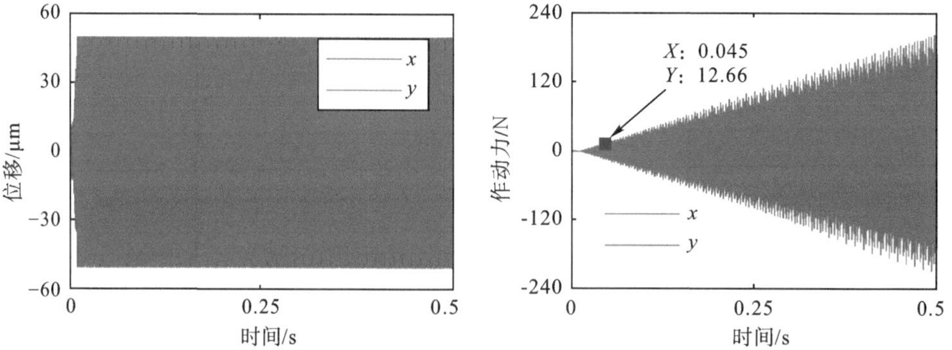

(a) 位移信号　　(b) 作动力

图 10－3　自适应控制条件下的位移信号和作动力

基于卡尔曼滤波的自适应控制条件下，如图 10－4 所示，位移信号在 0.035 s 之前处于增大趋势，表明铣削颤振的再生效应尚未被破坏，铣削系统仍处于失稳状态；在 0.035 s 时，位移信号幅值达到最大值 22.44 μm，随后，位移信号逐渐衰减，表明铣削颤振的再生效应被消除，铣削系统回归稳定状态；分析基于卡尔曼滤波的自适应控制作动力的变化趋势，在 0.045 s 时作动力幅值达到最大值 39.25 N，远大于自适应控制时的 12.66 N，作动力与动态切削力相互抵消，铣削颤振的再生效应被消除，之后作动力随着动态切削力的减小而逐渐减小，铣削过程回归稳定状态。

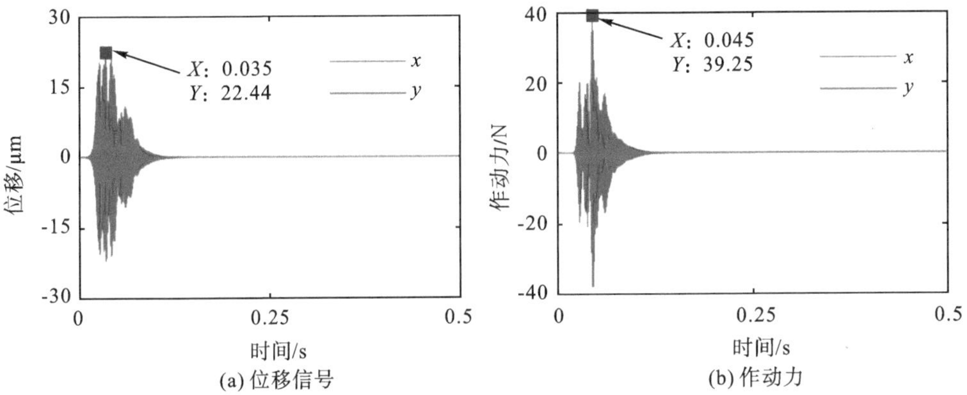

图 10-4　基于卡尔曼滤波的自适应控制条件下的位移信号和作动力

综合比较无控制、自适应控制、基于卡尔曼滤波的自适应控制条件下的位移信号和作动力，可以推断在恒切深工况仿真所选参数下，无控制条件下铣削系统会失稳，再生效应使位移信号幅值迅速增大。自适应控制条件下，位移信号仍处于增大趋势，表明自适应控制未能消除铣削颤振的再生效应，铣削系统仍处于失稳状态，自适应控制在该仿真参数下无效。基于卡尔曼滤波的自适应控制条件下，位移信号幅值先增大后减小，在 0.035 s 时达到最大幅值 22.44 μm，之后逐渐衰减，表明经过 0.035 s 的响应时间后，基于卡尔曼滤波的自适应控制消除了铣削颤振的再生效应，使铣削系统回归稳定状态。比较自适应控制和基于卡尔曼滤波的自适应控制的作动力变化趋势，在 0.045 s 时，自适应控制作动力大小为 12.66 N，基于卡尔曼滤波的自适应控制作动力大小为 39.25 N，表明对自适应控制的输入信号进行信号修正后，基于卡尔曼滤波的自适应控制作动力变化速度更快，对铣削过程的动态切削力有更好的跟随效果，能更快地消除铣削颤振的再生效应，从而在部分自适应控制无效的切削参数下生效。

2. 变切深工况

变切深工况选取最典型的阶梯型工件的铣削过程进行仿真，选取仿真参数 $m_1 =$

0.73 kg, m_2=0.5 kg, μ=0.009, ω_n=960 Hz, Ω=5100 r/min, K_t=1497.3 MPa, K_n=1090 MPa, r_d=3.5 mm 进行位移信号的仿真，设定轴向切削深度分别在 0.1 s、0.2 s和 0.3 s 时突变至 3 mm、4 mm、5 mm，位移信号设置阈值为 50 μm，考虑从位移信号、刀尖轨迹和作动力方面分析无控制、自适应控制和基于卡尔曼滤波的自适应控制的控制效果。仿真模拟切削的阶梯型工件如图 10－5 所示。

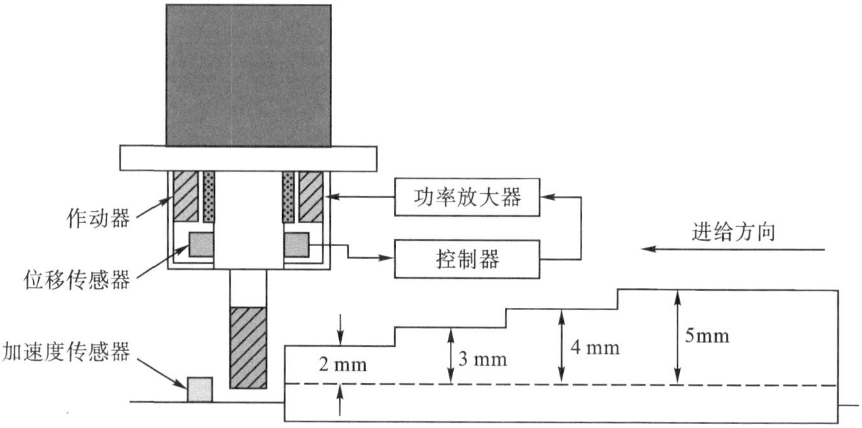

图 10－5　仿真模拟的阶梯型工件铣削工况

无控制条件下的位移信号和作动力如图 10－6 所示；自适应控制条件下的位移信号和作动力如图 10－7 所示，刀尖轨迹如图 10－8 所示；基于卡尔曼滤波的自适应控制条件下的位移信号和作动力如图 10－9 所示，刀尖轨迹如图 10－10 所示。

无控制条件下，如图 10－6 所示，第一阶段，位移信号已达到 50 μm 的阈值，表明轴向切削深度为 2 mm 时，位移信号由于再生效应逐渐增大，铣削系统已处于失稳状态，后几次轴向切深突变对失稳的铣削过程影响不大，铣削系统仍处于失稳状态。

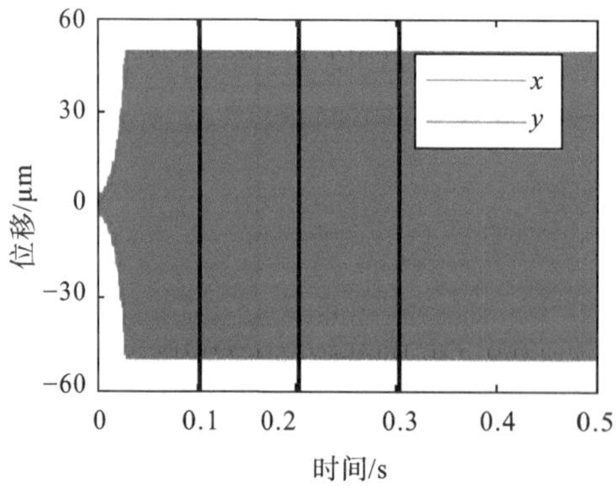

(a) 位移信号

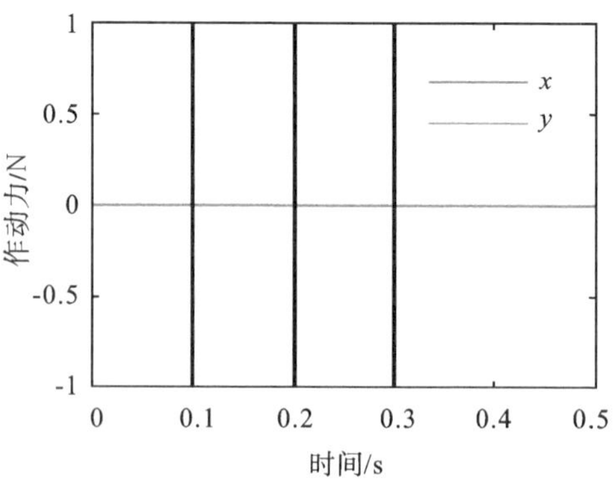

(b) 作动力

图 10－6　无控制条件下的位移信号和作动力

自适应控制条件下，如图 10－7 所示，第一阶段，位移信号幅值先增大后减小，表明经过一定响应时间后铣削颤振的再生效应被消除，铣削系统回归稳定状态，作动力在 0.070 s 时达到最大值 22.72 N，在第一阶段结束时，位移信号幅值为 1.334 μm，位移信号还未完全收敛；第二阶段，位移信号变化趋势与第一阶段大致相同，铣削系统回归稳定状态，作动力在 0.175 s 时达到最大值 11.12 N，在第二阶段结束时，位移信号幅值为 3.893 μm，位移信号仍未完全收敛，但处于衰减趋势；第三阶段，位移信号幅值变化相对复杂，作动力在 0.234 s 时达到最大值 44.28 N，在第三阶段结束时位移信号仍处于增大趋势，位移信号幅值为 4.13 μm，表明铣削系统仍处于失稳状态，铣削颤振的再生效应尚未被消除；第四阶段，位移信号一直增大，在 0.5 s 时幅值达到最大值，表明铣削颤振的再生效应未被消除，铣削系统仍处于失稳状态，自适应控制完全失效。

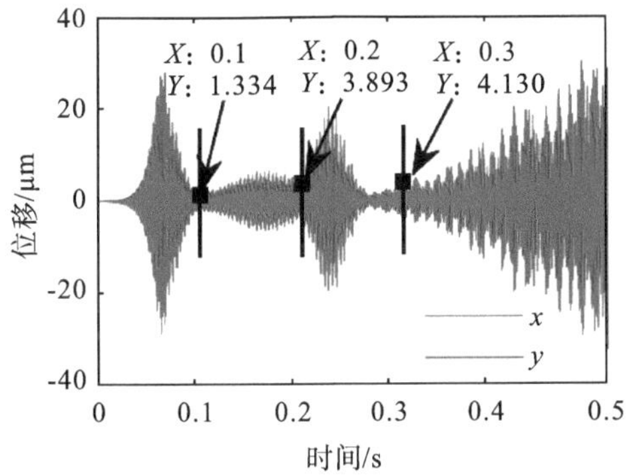

(a) 位移信号

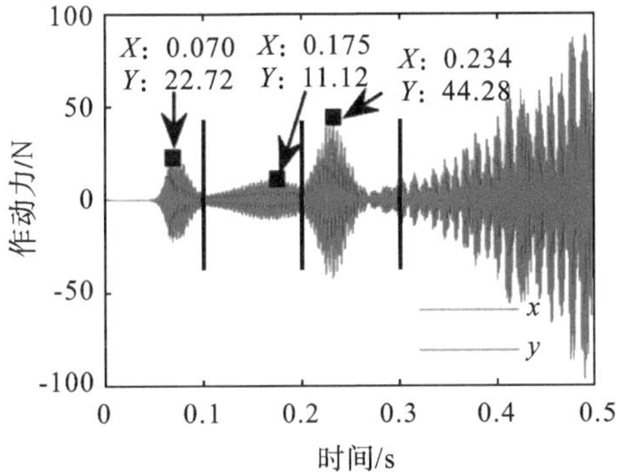

(b) 作动力

图 10－7　自适应控制条件下的位移信号和作动力

自适应控制条件下，四个阶段的刀尖轨迹如图 10－8 所示。第一阶段结束时，位移信号幅值逐渐衰减，刀尖轨迹收敛于中心，表明第一阶段铣削系统在自适应控制的作用下逐渐趋于稳定；第二阶段结束时，刀尖轨迹尚未收敛；第三阶段结束时，刀尖轨迹偏离了中心，表明自适应控制的效果有限，对下一阶段的铣削过程可能产生影响；第四阶段，刀尖轨迹偏移量远大于第二、三阶段，最后 100 个点的刀尖轨迹与中心的偏移量较大，最大达到 35 μm 左右，表明第四阶段铣削系统完全失稳，铣削颤振的再生效应未被消除，自适应控制失效。

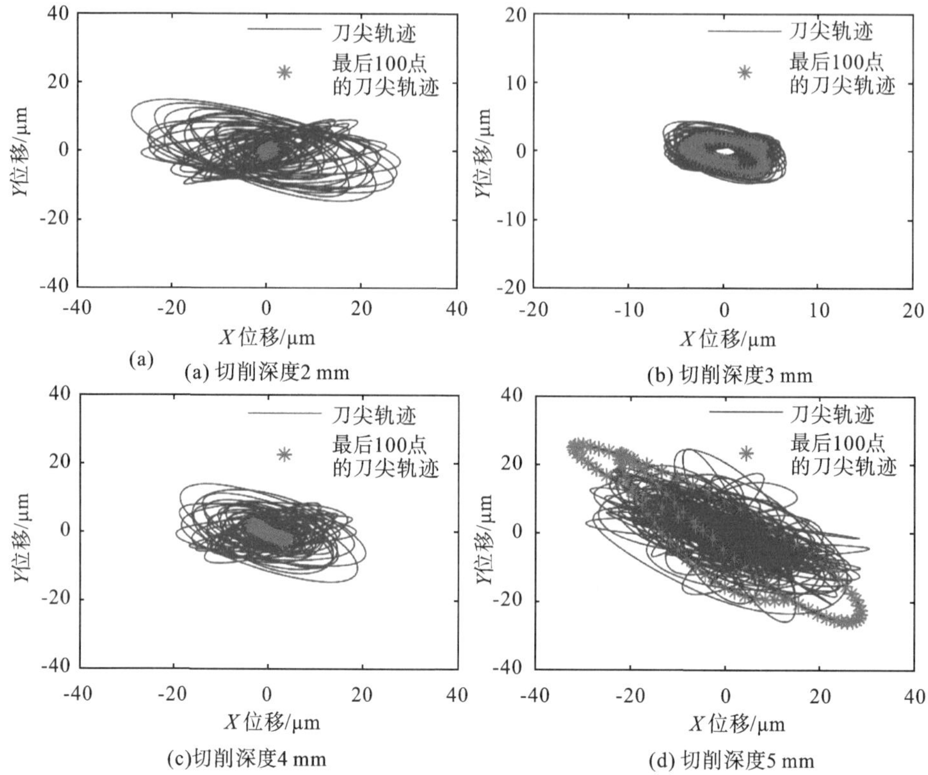

图 10－8 自适应控制条件下的四个阶段的刀尖轨迹

基于卡尔曼滤波的自适应控制条件下，如图 10－9 所示，第一阶段，位移信号幅值先增大后衰减，作动力在 0.052 s 时达到最大值 90.33 N，大于同阶段自适应控制的 22.72 N，第一阶段结束时，位移信号幅值为 0.321 μm，小于同阶段自适应控制的 1.334 μm，且位移信号幅值呈衰减趋势，表明铣削颤振的再生效应被消除，铣削系统处于稳定状态；第二阶段，作动力在 0.155 s 时达到最大值 36.77 N，大于同阶段自适应控制的 11.12 N，第二阶段结束时，位移信号幅值为 0.060 μm，远小于同阶段自适应控制的 3.893 μm，位移信号已收敛，铣削系统处于稳定状态；第三阶段，作动力在 0.250 s 时达到最大值 75.80 N，大于同阶段自适应控制的 44.28 N，第三阶段结束时，位移信号幅值为 0.029 μm，远小于同阶段自适应控制的 4.130 μm，位移信号已收敛，铣削系统处于稳定状态；第四阶段，位移信号在阶段结束时已收敛，铣削系统处于稳定状态。

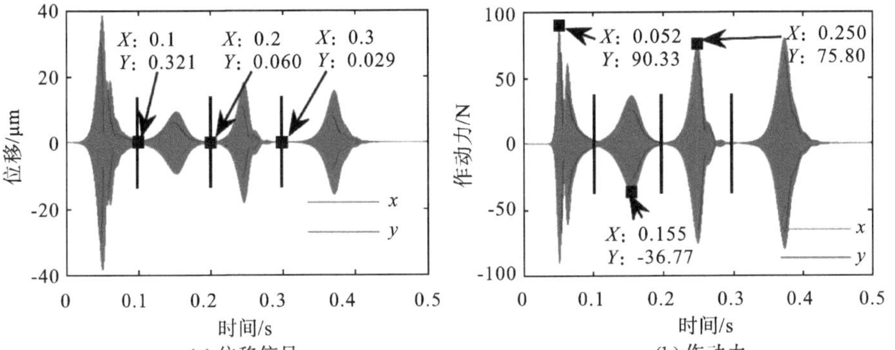

(a) 位移信号　　(b) 作动力

图 10-9　基于卡尔曼滤波的自适应控制条件下的位移信号和作动力

基于卡尔曼滤波的自适应控制条件下四个阶段的刀尖轨迹如图 10-10 所示，红色星型部分表示该阶段内刀尖在最后 100 个点的运动轨迹。分析刀尖轨迹，四个阶段的刀尖轨迹形状相对同阶段自适应控制条件下的刀尖轨迹更加规律，最后 100 个点的刀尖轨迹都收敛于中心，表明四个阶段临近结束时刀尖的运动轨迹收敛于中心，铣削系统回归稳定状态，铣削颤振的再生效应被消除，基于卡尔曼滤波的自适应控制在该工况下具有良好的控制效果。

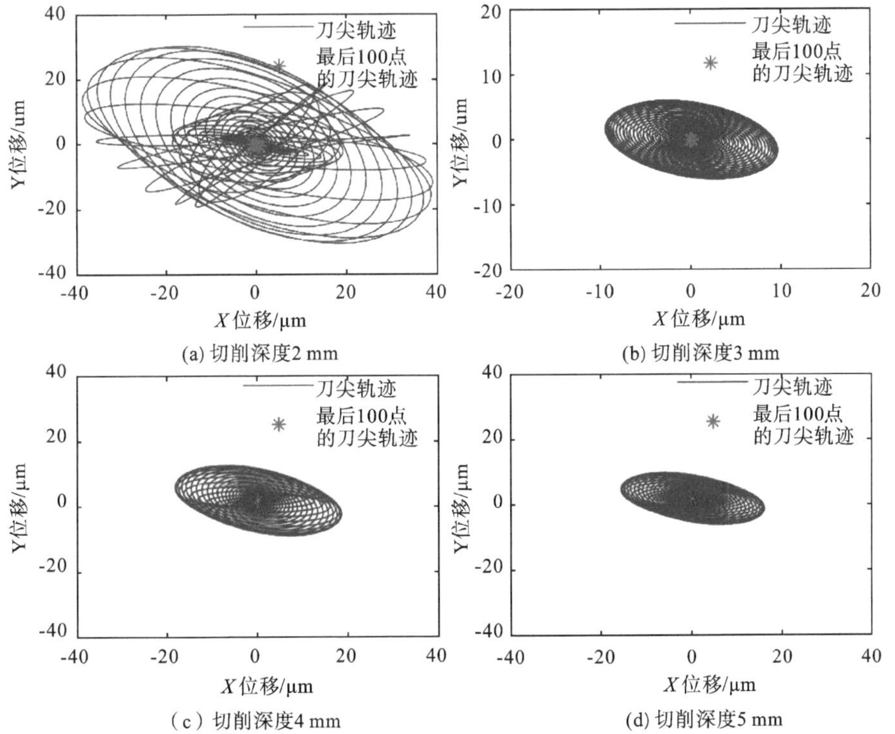

(a) 切削深度2 mm　　(b) 切削深度3 mm

(c) 切削深度4 mm　　(d) 切削深度5 mm

图 10-10　基于卡尔曼滤波的自适应控制条件下的四个阶段的刀尖轨迹图

与自适应控制相比，基于卡尔曼滤波的自适应控制在四个阶段结束时的位移信号均收敛，位移信号幅值较小，各阶段的最大作动力明显大于同阶段自适应控制的作动力，阶段结束时铣削系统均处于稳定状态，表明基于卡尔曼滤波的自适应控制对变切深工况具有更好的控制效果。

3. 颤振稳定域

选取仿真参数 $m_1 = 0.73$ kg，$m_2 = 0.5$ kg，$\mu = 0.009$，$\omega_n = 960$ Hz，$K_t = 1497.3$ MPa，$K_n = 1090$ MPa，$r_d = 3.5$ mm 进行颤振稳定域的仿真，无控制、自适应控制和基于卡尔曼滤波的自适应控制的颤振稳定域如图 10－11 所示。自适应控制和基于卡尔曼滤波的自适应控制对颤振稳定域稳定边界都有明显的提升效果，基于卡尔曼滤波的自适应控制对稳定边界有进一步提升。在 5200 r/min 和 5650 r/min 转速下，基于卡尔曼滤波的自适应控制对自适应控制稳定边界的提升效果最明显。5200 r/min 转速下，无控制条件下的最大稳定轴向切深为 1.8 mm，自适应控制条件下的最大稳定轴向切深为 4.48 mm，相比无控制提升了 148.9%，基于卡尔曼滤波的自适应控制条件下的最大稳定轴向切深为 4.83 mm，相比无控制提升了 194.4%，在自适应控制的基础上提升了 7.8%；5650 r/min 转速下，无控制条件下的最大稳定轴向切深为 1.8 mm，自适应控制条件下的最大稳定轴向切深为 3.60 mm，相比无控制提升了 100.0%，基于卡尔曼滤波的自适应控制条件下的最大稳定轴向切深为 4.35 mm，相比无控制提升了 141.7%，在自适应控制的基础上

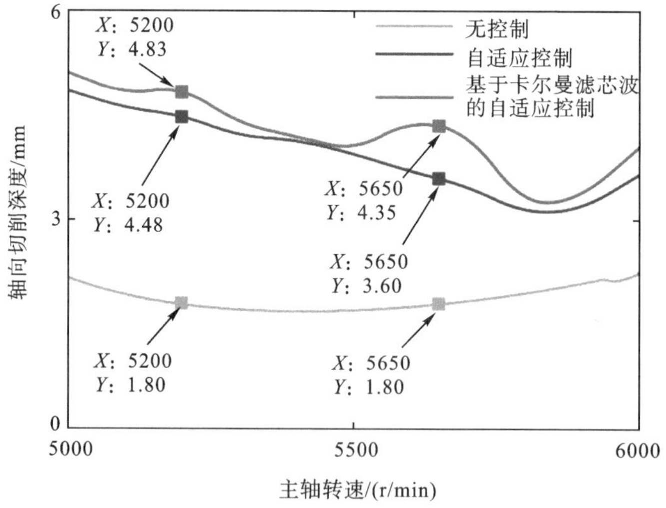

图 10－11　基于卡尔曼滤波的自适应控制条件下的颤振稳定域

提升了 20.8%。其他转速下基于卡尔曼滤波的自适应控制的颤振稳定域稳定边界略高于自适应控制，两者的颤振稳定域相对于无控制都有明显的提升效果。

综合上述三种仿真结果，基于卡尔曼滤波的自适应控制对自适应控制的控制效果有一定改善，在部分自适应控制失效的切削参数下，基于卡尔曼滤波的自适应控制有良好的控制效果；在变切深工况下，基于卡尔曼滤波的自适应控制在各阶段作动力更大，响应时间更短，位移信号收敛更快，控制效果优于自适应控制；基于卡尔曼滤波的自适应控制的颤振稳定域稳定边界相对于自适应控制有一定的提升。

10.5　本章小结

本章在第 9 章铣削颤振自适应控制研究的基础上研究了基于卡尔曼滤波的自适应控制算法，具体研究内容有：

(1)研究了卡尔曼滤波基础理论，设计了基于卡尔曼滤波的自适应控制算法，建立了基于卡尔曼滤波的自适应控制的作动力模型。

(2)通过仿真分析了恒切深工况下无控制、自适应控制和基于卡尔曼滤波的自适应控制条件下的位移信号和作动力。结果表明：在所选仿真参数下，无控制条件下的位移信号逐渐发散，自适应控制条件下的位移信号仍处于发散趋势，在 0.045 s 时，作动力幅值为 12.66 N，基于卡尔曼滤波的自适应控制条件下，位移信号经 0.035 s 的响应时间后逐渐收敛，最大作动力为 39.25 N，基于卡尔曼滤波的自适应控制在部分自适应控制效果欠佳的切削参数下控制效果较好。

(3)通过仿真分析了变切深工况下无控制、自适应控制和基于卡尔曼滤波的自适应控制条件下的位移信号、刀尖轨迹和作动力。结果表明：无控制条件下位移信号在第一阶段已发散；自适应控制在第一阶段控制效果较好，位移信号收敛，刀尖轨迹在阶段结束时收敛于中心，第二、三、四阶段控制效果欠佳，位移信号发散，刀尖轨迹在阶段结束时偏离中心，第一、二、三阶段的最大作动力分别为 22.72 N、11.12 N、44.28 N；基于卡尔曼滤波的自适应控制在四个阶段控制效果都相对较好，四个阶段结束时位移信号均收敛，刀尖轨迹在阶段结束时收敛于中心，第一、二、三阶段的最大作动力分别为 90.33 N、36.77 N、75.8 N，相比自适应控制有明显增大。

(4)通过仿真分析了无控制、自适应控制和基于卡尔曼滤波的自适应控制条件下的颤振稳定域。结果表明：基于卡尔曼滤波的自适应控制的颤振稳定域稳定边界相对于自适应控制有进一步的提升，在 5650 r/min 转速下提升效果最明显，最大稳定轴向切深由自适应控制条件下的 3.60 mm 提升至 4.35 mm，相比自适应控制提升了 20.8%。

第 11 章

基于 μ 综合法和 LMI 的铣削颤振鲁棒控制

11.1 引言

相比于自适应控制算法，针对特定转速区间的铣削颤振抑制，鲁棒控制算法可以实现更好的颤振抑制效果，具有更强的鲁棒性。本章在考虑模态参数不确定性的基础上，对切削参数（轴向切削深度和主轴转速）不确定性进行了分析，并基于 μ 综合法设计了鲁棒控制算法。由于基于 μ 综合法的鲁棒控制算法设计过程中使用帕德近似（Pade approximation），使得控制器阶数过大，难以物理实现。因而，基于线性矩阵不等式（linear matrix inequality，LMI）设计了新的鲁棒控制算法，该控制算法设计时仅使用位移作为反馈量，相比自适应控制算法和基于 μ 综合法的鲁棒控制算法，反馈中不存在难以直接观测的状态量，易于获得，具有更强的抗噪声和外部干扰能力。最后，基于颤振稳定域和时域位移信号特征对比分析了自适应控制算法和两种鲁棒控制算法的颤振抑制性能。

11.2 基于 μ 综合法的鲁棒控制算法设计与仿真

11.2.1 鲁棒控制名义系统建模

基于第 2 章的铣削动力学模型，得到铣削颤振控制系统的状态空间方程：

$$\dot{\boldsymbol{x}}(t)=\boldsymbol{A}_{\mathrm{t}}\boldsymbol{x}(t)+a_{\mathrm{p}}\boldsymbol{B}_{\mathrm{t}}(\boldsymbol{x}(t-\tau)-\boldsymbol{x}(t))+\boldsymbol{B}_{\mathrm{a}}\boldsymbol{K}_{i}\boldsymbol{I}_{\mathrm{c}}(t) \qquad (11-1)$$

$$\boldsymbol{y}(t)=\boldsymbol{C}_{\mathrm{t}}\boldsymbol{x}(t)$$

式中：

$$
\boldsymbol{A}_{\mathrm{t}}=\begin{bmatrix}\boldsymbol{0} & I\\ -\boldsymbol{M}^{-1}(\boldsymbol{K}+a_p\bar{\boldsymbol{H}}) & -\boldsymbol{M}^{-1}\boldsymbol{C}\end{bmatrix}
$$

$$
\boldsymbol{B}_{\mathrm{t}}=\begin{bmatrix}\boldsymbol{0} & \boldsymbol{0}\\ \boldsymbol{M}^{-1} & \boldsymbol{0}\end{bmatrix} \tag{11-2}
$$

$$
\boldsymbol{B}_{\mathrm{a}}=\begin{bmatrix}0\\ \boldsymbol{M}^{-1}\boldsymbol{G}_{F,F_{\mathrm{a}}}\end{bmatrix}
$$

$$
\boldsymbol{C}_{\mathrm{t}}=\begin{bmatrix}\boldsymbol{G}_{q,q_{\mathrm{a}}} & 0\end{bmatrix}
$$

对时滞项 $\boldsymbol{x}(t-\tau)$，进行帕德近似，帕德近似的状态空间 $\boldsymbol{G}_{\mathrm{d}}$：

$$
\begin{aligned}
\dot{\boldsymbol{x}}_{\mathrm{pd}}&=\boldsymbol{A}_{\mathrm{pd}}\boldsymbol{x}_{\mathrm{pd}}+\boldsymbol{B}_{\mathrm{pd}}\boldsymbol{x}(t)\\
\boldsymbol{x}(t-\tau)&=\boldsymbol{C}_{\mathrm{pd}}\boldsymbol{x}_{\mathrm{pd}}+\boldsymbol{D}_{\mathrm{pd}}\boldsymbol{x}(t)
\end{aligned} \tag{11-3}
$$

将式(11-3)代入铣削颤振控制系统(式(11-2))中，得到名义控制系统(不包含参数不确定性)状态空间方程，名义控制系统框图如图 11-1 所示。

$$
\begin{aligned}
\begin{bmatrix}\dot{\boldsymbol{x}}\\ \dot{\boldsymbol{x}}_{\mathrm{pd}}\end{bmatrix}&=\begin{bmatrix}\boldsymbol{A}_{\mathrm{t}}+a_{\mathrm{p}}\boldsymbol{B}_{\mathrm{t}}\bar{\boldsymbol{H}}(\boldsymbol{C}_{\mathrm{t}}-\boldsymbol{D}_{\mathrm{pd}}\boldsymbol{C}_t) & -a_{\mathrm{p}}\boldsymbol{B}_{\mathrm{t}}\bar{\boldsymbol{H}}\boldsymbol{C}_{\mathrm{pd}}\\ \boldsymbol{B}_{\mathrm{pd}}\boldsymbol{C}_t & \boldsymbol{A}_{\mathrm{pd}}\end{bmatrix}\begin{bmatrix}\boldsymbol{x}\\ \boldsymbol{x}_{\mathrm{pd}}\end{bmatrix}+\begin{bmatrix}\boldsymbol{B}_{\mathrm{a}}\boldsymbol{K}_i\\ 0\end{bmatrix}\boldsymbol{I}_{\mathrm{c}}\\
\boldsymbol{y}(t)&=\begin{bmatrix}\boldsymbol{C}_{\mathrm{t}} & 0\end{bmatrix}\begin{bmatrix}\boldsymbol{x}\\ \boldsymbol{x}_{\mathrm{pd}}\end{bmatrix}
\end{aligned} \tag{11-4}
$$

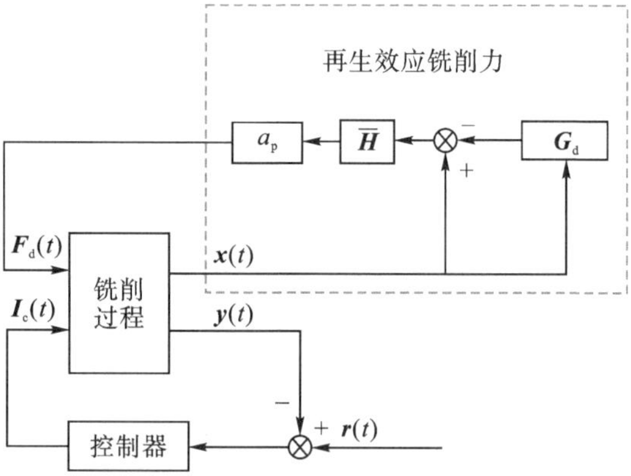

图 11-1 铣削颤振名义闭环控制系统框图

11.2.2 考虑参数不确定性的控制系统模型

接下来考虑铣削过程中可能存在的不确定性，分析切削参数(轴向切削深度和主轴转速）以及模态参数具有的不确定度，建立包含不确定性的鲁棒控制系统模型。

1. 轴向切削深度 a_p 的不确定性

鲁棒控制算法应该能够保证尽可能大的范围内（即从 0 到最大值）轴向切削深度下铣削系统的稳定性。定义集合实数不确定性集 $\Delta_{a_p}=\{\delta_{a_p}\in\boldsymbol{R}:|\delta_{a_p}|\leqslant 1\}$，轴向切深不确定度可以表示为

$$a_p\in\left\{a_p\in\boldsymbol{R}:a_p=\frac{1}{2}\bar{a}_p(1+\delta_{a_p}),\delta_{a_p}\in\Delta_{a_p}\right\} \tag{11-5}$$

式中：$\bar{a}_p$ 表示 a_p 的最大值。

2. 主轴转速 n 的不确定性

主轴转速 n 的不确定度会影响时滞 τ 的大小，带来时滞位移项 $\boldsymbol{q}(t-\tau)$ 的不确定性。定义集合 $\tau\in[\underline{\tau},\bar{\tau}]$，$\tau_0=\dfrac{\underline{\tau}+\bar{\tau}}{2}$，其中 $\underline{\tau}$、$\bar{\tau}$ 分别为时滞不确定集合的下确界和上确界，τ_0 为名义值。定义时滞算子：

$$\boldsymbol{D}_s:\boldsymbol{D}_s\boldsymbol{q}(t)=\boldsymbol{q}(t-s) \tag{11-6}$$

因而铣削颤振系统中时滞带来的不确定性可以表示为

$$\boldsymbol{q}_d(t)=(\boldsymbol{D}_\tau-\boldsymbol{D}_{\tau_0})\boldsymbol{q}(t)=\boldsymbol{W}_d\Delta_d\boldsymbol{q}(t) \tag{11-7}$$

式中：$\boldsymbol{W}_d=\mathrm{diag}(W_d,W_d)$，$W_d$ 为时滞算子变化量最大值，$\|\Delta_d\|\leqslant 1$。

经拉普拉斯变换后得到式（11—7）的频域表达式：

$$\boldsymbol{Q}_d(s)=(\mathrm{e}^{-s\tau}-\mathrm{e}^{-s\tau_0})\boldsymbol{q}(s) \tag{11-8}$$

定义 $\mathrm{e}^{-s\tau}-\mathrm{e}^{-s\tau_0}$ 的上界 $\kappa(\omega)$：

$$\kappa(\omega)=\max_{\tau\in[\underline{\tau},\bar{\tau}]}\left|\mathrm{e}^{-i\omega\tau}-\mathrm{e}^{-i\omega\tau_0}\right| \tag{11-9}$$

可以证明，当时滞的变化区间较小时[122]：

$$\kappa(\omega)=\begin{cases}2\sin\dfrac{\delta_\tau\omega}{2}, & \forall\,\omega,0\leqslant\omega\leqslant\pi/\delta_\tau\\ 2,\forall\,\omega>\pi/\delta_\tau\end{cases} \tag{11-10}$$

且满足：

$$\kappa(\omega)\leqslant\|W_d(i\omega)\| \tag{11-11}$$

式中：

$$W_d(s)=\frac{\delta_\tau s}{\frac{\delta_\tau}{3.456}s+1}$$
$$\delta_\tau=\frac{\bar{\tau}-\underline{\tau}}{2} \tag{11-12}$$

时滞项不确定性模型如图 11-2 所示，主轴转速不确定性带来的时滞项不确定性为

$$\boldsymbol{q}_d(t)=\boldsymbol{W}_d(s)\Delta_d \tag{11-13}$$

式中：状态空间 $\boldsymbol{W}_d$：

$$\begin{aligned}\dot{\boldsymbol{x}}_d&=\boldsymbol{A}_d\boldsymbol{x}_d+\boldsymbol{B}_d\boldsymbol{q}(t)\\ \boldsymbol{p}_d&=\boldsymbol{C}_d\boldsymbol{x}_d+\boldsymbol{D}_d\boldsymbol{q}(t)\end{aligned} \tag{11-14}$$

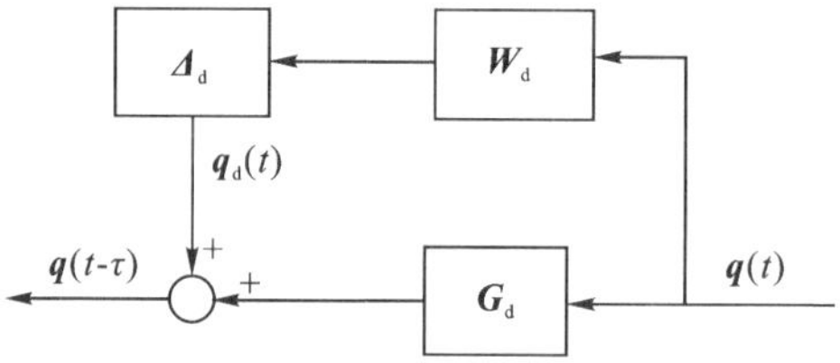

图 11-2　时滞项不确定性模型

3. 系统模态参数的不确定度

当切削工况改变时，整个系统的模态参数不可避免地会发生一定程度的改变，因而需要将模态参数的不确定度考虑进去。

不妨假设实际的模态参数矩阵：$\boldsymbol{M}=\boldsymbol{M}_0+\Delta\boldsymbol{M}$，$\boldsymbol{C}=\boldsymbol{C}_0+\Delta\boldsymbol{C}$，$\boldsymbol{K}=\boldsymbol{K}_0+\Delta\boldsymbol{K}$。下标 0 代表参数的名义值；$\Delta\boldsymbol{M}$、$\Delta\boldsymbol{C}$ 和 $\Delta\boldsymbol{K}$ 为摄动量，且满足 $\Delta\boldsymbol{M}=\boldsymbol{\delta}_m\Delta_m$，$\Delta\boldsymbol{C}=\boldsymbol{\delta}_c\Delta_c$，$\Delta\boldsymbol{K}=\boldsymbol{\delta}_k\Delta_k$，其中 $\boldsymbol{\delta}_m$、$\boldsymbol{\delta}_c$ 和 $\boldsymbol{\delta}_k$ 为模态参数摄动量最大值，$\|\Delta_m\|\leqslant 1$，$\|\Delta_c\|\leqslant 1$，$\|\Delta_k\|\leqslant 1$。铣削过程动力学模型系统框图如图 11-3 所示。

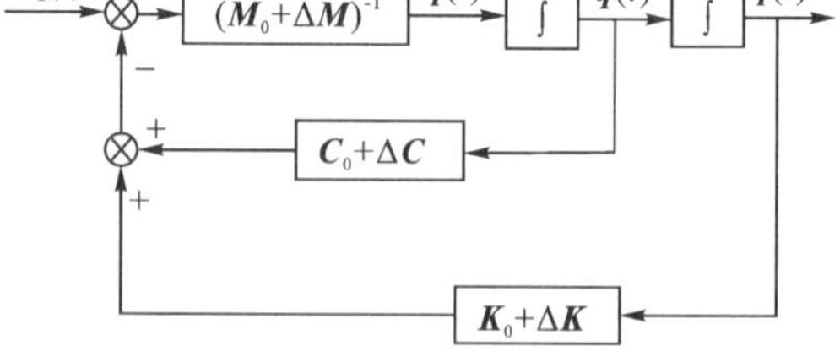

图 11-3　模态参数不确定性模型

基于上线性分式变换(linear fraction transformation，LFT)分离参数不确定性

Δ_m、Δ_c 和 Δ_k，可以得到图 11－4 所示的控制系统框图。

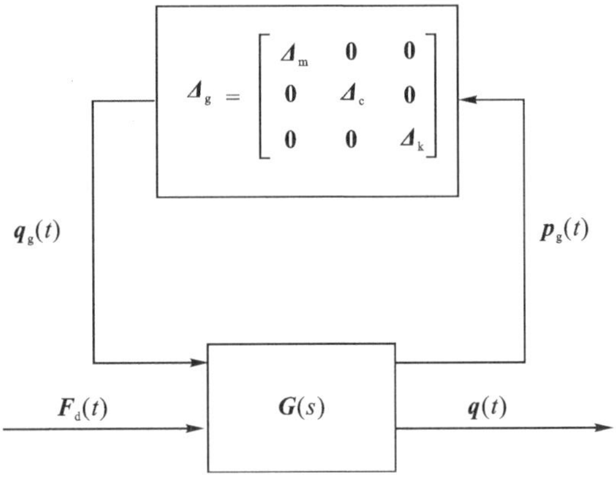

图 11－4　模态参数不确定性 LFT 模型

图中 $\boldsymbol{\Delta}_g$ 为系统摄动矩阵，$\|\boldsymbol{\Delta}_g\| \leqslant 1$，$\boldsymbol{p}_g$ 和 $\boldsymbol{q}_g$ 分别为摄动矩阵的输入和输出；$\boldsymbol{G}(s)$为不包含摄动的名义系统模型：

$$\begin{cases} \dot{\boldsymbol{x}}(t) = \boldsymbol{A}_g \boldsymbol{x}(t) + \boldsymbol{B}_{g1} \boldsymbol{F}_d(t) + \boldsymbol{B}_{g1} \boldsymbol{K}_i \boldsymbol{I}_c(t) + \boldsymbol{B}_{g2} \boldsymbol{q}_g(t) \\ \boldsymbol{p}_g(t) = \boldsymbol{C}_{g1} \boldsymbol{x}(t) + \boldsymbol{D}_{g1} \boldsymbol{F}_d(t) + \boldsymbol{D}_{g1} \boldsymbol{K}_i \boldsymbol{I}_c(t) + \boldsymbol{D}_{g2} \boldsymbol{q}_g(t) \\ \boldsymbol{y}(t) = \boldsymbol{C}_{g2} \boldsymbol{x}(t) \end{cases} \tag{11-15}$$

式中：

$$\begin{aligned} \boldsymbol{q}_g(t) &= [\boldsymbol{q}_{gm}(t) \quad \boldsymbol{q}_{gc}(t) \quad \boldsymbol{q}_{gk}(t)]^T \\ \boldsymbol{p}_g(t) &= [\boldsymbol{p}_{gm}(t) \quad \boldsymbol{p}_{gc}(t) \quad \boldsymbol{p}_{gk}(t)]^T \end{aligned} \tag{11-16}$$

$$\boldsymbol{A}_g = \begin{bmatrix} \boldsymbol{0} & \boldsymbol{I} \\ -\boldsymbol{M}_0^{-1}\boldsymbol{K}_0 & -\boldsymbol{M}_0^{-1}\boldsymbol{C}_0 \end{bmatrix}$$

$$\boldsymbol{B}_{g1} = \begin{bmatrix} \boldsymbol{0} \\ \boldsymbol{M}_0^{-1} \end{bmatrix}$$

$$\boldsymbol{B}_{g2} = \begin{bmatrix} \boldsymbol{0} & \boldsymbol{0} & \boldsymbol{0} \\ -\boldsymbol{M}_0^{-1}\boldsymbol{\delta}_m & -\boldsymbol{M}_0^{-1}\boldsymbol{\delta}_c & -\boldsymbol{M}_0^{-1}\boldsymbol{\delta}_k \end{bmatrix}$$

$$\boldsymbol{C}_{g1} = \begin{bmatrix} -\boldsymbol{M}_0^{-1}\boldsymbol{K}_0 & -\boldsymbol{M}_0^{-1}\boldsymbol{C}_0 \\ \boldsymbol{0} & \boldsymbol{I} \\ \boldsymbol{I} & \boldsymbol{0} \end{bmatrix}$$

$$\boldsymbol{C}_{\mathrm{g2}}=[\boldsymbol{I}\quad \boldsymbol{0}]$$
$$\boldsymbol{D}_{\mathrm{g1}}=[\boldsymbol{M}_0^{-1}\quad \boldsymbol{0}\quad \boldsymbol{0}]^{\mathrm{T}} \tag{11-17}$$
$$\boldsymbol{D}_{\mathrm{g2}}=\begin{bmatrix} -\boldsymbol{M}_0^{-1}\boldsymbol{\delta}_{\mathrm{m}} & -\boldsymbol{M}_0^{-1}\boldsymbol{\delta}_{\mathrm{c}} & -\boldsymbol{M}_0^{-1}\boldsymbol{\delta}_{\mathrm{k}} \\ \boldsymbol{0} & \boldsymbol{0} & \boldsymbol{0} \\ \boldsymbol{0} & \boldsymbol{0} & \boldsymbol{0} \end{bmatrix}$$

11.2.3　鲁棒控制算法设计

颤振抑制是一个鲁棒稳定性问题，主要考虑参考输入 $\boldsymbol{r}(t)$ 与控制电流 $\boldsymbol{I}_{\mathrm{c}}(t)$ 之间的传递函数 $\boldsymbol{S}$：

$$\boldsymbol{S}=(\boldsymbol{I}-\boldsymbol{K}_{\mathrm{hc}}\boldsymbol{P}_{\mathrm{ks}})^{-1}\boldsymbol{K}_{\mathrm{hc}} \tag{11-18}$$

式中：$\boldsymbol{P}_{\mathrm{ks}}$ 为铣削过程模型传递函数：

$$\boldsymbol{P}_{\mathrm{ks}}=[\boldsymbol{C}_{\mathrm{t}}\quad 0]\left(s\boldsymbol{I}-\begin{bmatrix} \boldsymbol{A}_{\mathrm{t}}+a_{\mathrm{p}}\boldsymbol{B}_{\mathrm{t}}\bar{\boldsymbol{H}}(\boldsymbol{C}_t-\boldsymbol{D}_{\mathrm{pd}}\boldsymbol{C}_t) & -a_{\mathrm{p}}\boldsymbol{B}_{\mathrm{t}}\bar{\boldsymbol{H}}\boldsymbol{C}_{\mathrm{pd}} \\ \boldsymbol{B}_{\mathrm{pd}}\boldsymbol{C}_{\mathrm{t}} & \boldsymbol{A}_{\mathrm{pd}} \end{bmatrix}^{-1}\right)\begin{bmatrix} \boldsymbol{B}_{\mathrm{a}}\boldsymbol{K}_i \\ 0 \end{bmatrix} \tag{11-19}$$

$\boldsymbol{K}_{\mathrm{hc}}$ 为控制器增益，满足 $\boldsymbol{I}_{\mathrm{c}}(t)=\boldsymbol{K}_{\mathrm{hc}}\boldsymbol{q}(t)$，使得：

$$\|\boldsymbol{W}_{\mathrm{ks}}(s)\boldsymbol{S}(s)\|_{\infty}\leqslant\gamma \tag{11-20}$$

式中：γ 为满足 $\gamma\leqslant 1$ 的正实数；$\boldsymbol{W}_{\mathrm{ks}}(s)=\mathrm{diag}(W_{\mathrm{ks}}(s),W_{\mathrm{ks}}(s))$，$W_{\mathrm{ks}}(s)$ 为鲁棒控制器的性能权重函数：

$$W_{\mathrm{ks}}=K_{\mathrm{p}}\frac{\frac{1}{2\pi f_1}s+1}{\frac{1}{2\pi f_2}s+1}\cdot\frac{\frac{1}{2\pi f_3}s+1}{\frac{1}{2\pi f_4}s+1} \tag{11-21}$$

式中：参数 K_{p}、f_1、f_2、f_3、f_4 的值需要通过不断调整获得。

获得合适的 $W_{\mathrm{ks}}(s)$ 后，即可得到权重函数 $\boldsymbol{W}_{\mathrm{ks}}(s)$ 的状态空间：

$$\begin{aligned}\dot{\boldsymbol{x}}_{\mathrm{ks}}&=\boldsymbol{A}_{\mathrm{ks}}\boldsymbol{x}_{\mathrm{ks}}+\boldsymbol{B}_{\mathrm{ks}}\boldsymbol{I}_{\mathrm{c}}\\ \boldsymbol{z}&=\boldsymbol{C}_{\mathrm{ks}}\boldsymbol{x}_{\mathrm{ks}}+\boldsymbol{D}_{\mathrm{ks}}\boldsymbol{I}_{\mathrm{c}}\end{aligned} \tag{11-22}$$

联立式(11-3)、(11-4)、(11-14)、(11-15)和(11-22)，最终得到考虑模型参数和切削参数不确定性的铣削颤振鲁棒控制系统框图，如图 11-5 所示。

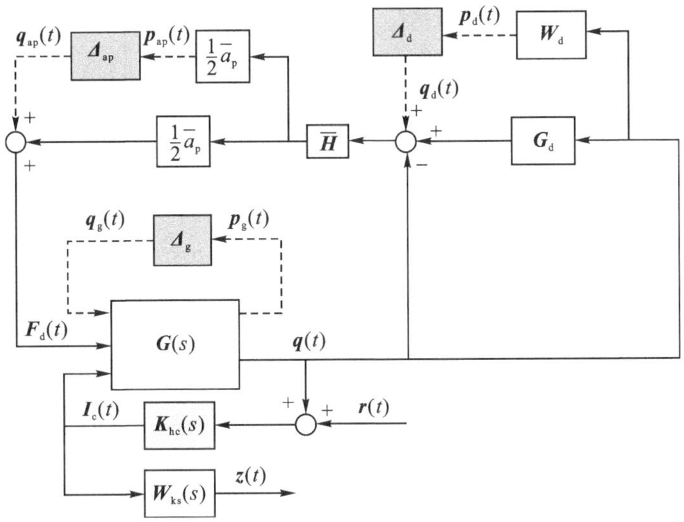

图 11-5　铣削颤振鲁棒控制系统框图

综上，铣削颤振鲁棒控制系统模型的标准模型状态空间为

$$
\begin{aligned}
\dot{\boldsymbol{x}}_p(t) &= \boldsymbol{A}_p \boldsymbol{x}_p(t) + \boldsymbol{B}_p \boldsymbol{I}_c(t) \\
\boldsymbol{v}_p(t) &= \boldsymbol{C}_p \boldsymbol{x}_p(t) + \boldsymbol{D}_p \boldsymbol{u}_p(t)
\end{aligned}
\tag{11-23}
$$

式中：

$$
\boldsymbol{x}_p = \begin{bmatrix} \boldsymbol{x} \\ \boldsymbol{x}_{pd} \\ \boldsymbol{x}_d \\ \boldsymbol{x}_{ks} \end{bmatrix}, \quad
\boldsymbol{u}_p = \begin{bmatrix} \boldsymbol{q}_g \\ \boldsymbol{q}_d \\ \boldsymbol{q}_{ap} \\ \boldsymbol{r} \\ \boldsymbol{I}_c \end{bmatrix}, \quad
\boldsymbol{v} = \begin{bmatrix} \boldsymbol{p}_g \\ \boldsymbol{p}_d \\ \boldsymbol{p}_{ap} \\ \boldsymbol{z} \\ \boldsymbol{y} \end{bmatrix}
\tag{11-24}
$$

$$
\boldsymbol{A}_p = \begin{bmatrix}
\boldsymbol{A}_g + \frac{1}{2}\bar{a}_p \bar{\boldsymbol{H}} \boldsymbol{B}_{g1}(\boldsymbol{D}_{pd} - \boldsymbol{I})\boldsymbol{C}_{g2} & \frac{1}{2}\bar{a}_p \bar{\boldsymbol{H}} \boldsymbol{B}_{g1} \boldsymbol{C}_{pd} & \boldsymbol{0} & \boldsymbol{0} \\
\boldsymbol{B}_{pd}\boldsymbol{C}_{g2} & \boldsymbol{A}_{pd} & \boldsymbol{0} & \boldsymbol{0} \\
\boldsymbol{B}_w \boldsymbol{C}_{g2} & \boldsymbol{0} & \boldsymbol{A}_w & \boldsymbol{0} \\
\boldsymbol{0} & \boldsymbol{0} & \boldsymbol{0} & \boldsymbol{A}_{ks}
\end{bmatrix}
$$

$$
\boldsymbol{B}_p = \begin{bmatrix}
\boldsymbol{B}_{g2} & \frac{1}{2}\bar{a}_p \bar{\boldsymbol{H}} \boldsymbol{B}_{g1} & \boldsymbol{B}_{g1} & \boldsymbol{0} & \boldsymbol{K}_i \boldsymbol{D}_{g1} \\
\boldsymbol{0} & \boldsymbol{0} & \boldsymbol{0} & \boldsymbol{0} & \boldsymbol{0} \\
\boldsymbol{0} & \boldsymbol{0} & \boldsymbol{0} & \boldsymbol{0} & \boldsymbol{0} \\
\boldsymbol{0} & \boldsymbol{0} & \boldsymbol{0} & \boldsymbol{0} & \boldsymbol{B}_{ks}
\end{bmatrix}
$$

$$\boldsymbol{C}_{\mathrm{p}}=\begin{bmatrix} \boldsymbol{C}_{\mathrm{g1}}+\frac{1}{2}\bar{a}_{\mathrm{p}}\bar{\boldsymbol{H}}\boldsymbol{D}_{\mathrm{g1}}(\boldsymbol{D}_{\mathrm{pd}}-\boldsymbol{I})\boldsymbol{C}_{\mathrm{g2}} & \frac{1}{2}\bar{a}_{\mathrm{p}}\bar{\boldsymbol{H}}\boldsymbol{D}_{\mathrm{g1}}\boldsymbol{C}_{\mathrm{pd}} & \mathbf{0} & \mathbf{0} \\ \boldsymbol{D}_{\mathrm{w}}\boldsymbol{C}_{\mathrm{g2}} & \mathbf{0} & \boldsymbol{C}_{\mathrm{w}} & \mathbf{0} \\ \frac{1}{2}\bar{a}_{\mathrm{p}}\bar{\boldsymbol{H}}(\boldsymbol{D}_{\mathrm{pd}}-\boldsymbol{I})\boldsymbol{C}_{\mathrm{g2}} & \frac{1}{2}\bar{a}_{\mathrm{p}}\bar{\boldsymbol{H}}\boldsymbol{C}_{\mathrm{pd}} & \mathbf{0} & \mathbf{0} \\ \mathbf{0} & \mathbf{0} & \mathbf{0} & \boldsymbol{C}_{\mathrm{ks}} \\ \boldsymbol{C}_{\mathrm{g2}} & \mathbf{0} & \mathbf{0} & \mathbf{0} \end{bmatrix}$$

$$\boldsymbol{C}_{\mathrm{p}}=\begin{bmatrix} \boldsymbol{D}_{\mathrm{g2}} & \frac{1}{2}\bar{a}_{\mathrm{p}}\bar{\boldsymbol{H}}\boldsymbol{D}_{\mathrm{g1}} & \boldsymbol{D}_{\mathrm{g1}} & \mathbf{0} & \boldsymbol{K}_i\boldsymbol{D}_{\mathrm{g2}} \\ \mathbf{0} & \mathbf{0} & \mathbf{0} & \mathbf{0} & \mathbf{0} \\ \mathbf{0} & \frac{1}{2}\bar{a}_{\mathrm{p}}\bar{\boldsymbol{H}} & \mathbf{0} & \mathbf{0} & \mathbf{0} \\ \mathbf{0} & \mathbf{0} & \mathbf{0} & \mathbf{0} & \boldsymbol{D}_{ks} \\ \mathbf{0} & \mathbf{0} & \mathbf{0} & \boldsymbol{I} & \mathbf{0} \end{bmatrix} \tag{11-25}$$

在得到铣削颤振鲁棒控制系统的标准状态空间方程(式(11-23))后,对其传递函数进行分解:

$$\boldsymbol{P}_{\mathrm{g}}=\begin{bmatrix} \boldsymbol{P}_{11} & \boldsymbol{P}_{12} \\ \boldsymbol{P}_{21} & \boldsymbol{P}_{22} \end{bmatrix} \tag{11-26}$$

满足:

$$\begin{bmatrix} \boldsymbol{p} \\ \boldsymbol{z} \end{bmatrix}=\boldsymbol{P}_{11}\begin{bmatrix} \boldsymbol{q} \\ \boldsymbol{r} \end{bmatrix}+\boldsymbol{P}_{12}\boldsymbol{I}_{\mathrm{c}} \tag{11-27}$$

$$\boldsymbol{y}=\boldsymbol{P}_{21}\begin{bmatrix} \boldsymbol{q} \\ \boldsymbol{r} \end{bmatrix}+\boldsymbol{P}_{22}\boldsymbol{I}_{\mathrm{c}} \tag{11-28}$$

通过求解最优化问题来进行鲁棒控制算法设计[123]:

$$\boldsymbol{N}:=F_l(\boldsymbol{P},\boldsymbol{K}_{\mathrm{hc}})=\boldsymbol{P}_{11}+\boldsymbol{P}_{12}\boldsymbol{K}_{\mathrm{hc}}(\boldsymbol{I}-\boldsymbol{P}_{22}\boldsymbol{K}_{\mathrm{hc}})^{-1}\boldsymbol{P}_{21} \tag{11-29}$$

$$\min_{\boldsymbol{K}_{\mathrm{hc}}}\sup_{\omega\in R}\mu_{\Delta}(\boldsymbol{N}) \tag{11-30}$$

式中:$\mu_{\Delta}(\boldsymbol{N})$代表 $\boldsymbol{N}$ 的结构特征值,满足:

$$\mu_{\Delta}(\boldsymbol{N})\leqslant\min_{\boldsymbol{D}_{\omega}\in\boldsymbol{D}}\bar{\sigma}(\boldsymbol{D}_{\omega}\boldsymbol{N}\boldsymbol{D}_{\omega}^{-1}) \tag{11-31}$$

式中:$\bar{\sigma}$ 为矩阵的最大奇异值;$\boldsymbol{D}_{\omega}$ 满足 $\boldsymbol{D}_{\omega}\boldsymbol{\Delta}=\boldsymbol{\Delta}\boldsymbol{D}_{\omega}$,$\boldsymbol{\Delta}=\mathrm{diag}\{\Delta_{\mathrm{g}},\Delta_{\mathrm{d}},\Delta_{a_{\mathrm{p}}}\}$。

式(11-30)的最优化问题等价于:

$$\min_{\boldsymbol{K}_{\mathrm{hc}}}\min_{\boldsymbol{D}\in\boldsymbol{H}_{\infty}}\sup_{\omega\in R}\bar{\sigma}(\boldsymbol{D}_{\omega}\boldsymbol{N}\boldsymbol{D}_{\omega}^{-1}) \tag{11-32}$$

式(11-30)的最优化问题可以通过 D-K 迭代法求解,求解步骤为

(1)选择初始矩阵 $\boldsymbol{D}_{\omega}=\boldsymbol{I}$;

(2)保持 $\boldsymbol{D}_{\omega}$ 不变,求解 $\min\limits_{\boldsymbol{K}_{\mathrm{hc}}} \|\boldsymbol{D}_{\omega}\boldsymbol{N}\boldsymbol{D}_{\omega}^{-1}\|_{\infty}$,得到 $\boldsymbol{K}_{\mathrm{hc}}$;

(3)保持 $\boldsymbol{K}_{\mathrm{hc}}$ 不变,求解 $\inf\limits_{D\in \boldsymbol{H}_{\infty}} \|\boldsymbol{D}_{\omega}\boldsymbol{N}\boldsymbol{D}_{\omega}^{-1}\|_{\infty}$,得到新的 $\boldsymbol{D}_{\omega}$;

(4)比较新的 $\boldsymbol{D}_{\omega}$ 和原来的 $\boldsymbol{D}_{\omega}$ 的值,如果两者接近,此时 $\boldsymbol{K}_{\mathrm{hc}}$ 即为所需的鲁棒最优控制器,否则重复步骤(2)、(3)、(4)。

11.2.4　鲁棒控制算法时域仿真

给定模型参数 $m_x=m_y=0.015$ kg,$c_x=c_y=9.05$ N/(m·s^{-1}),$k_x=k_y=4.73\times 10^5$ N/m,$k_{\mathrm{tc}}=600$ N/mm^2,$k_{\mathrm{rc}}=300$ N/mm^2,$Z=3$,转速 $n\in[9000,11000]$ r/min,$a_{\mathrm{p}}\in[0,1]$mm,模态参数不确定性为 5%,控制前后颤振稳定域如图 11-6 所示。可以看到,在设定的转速范围内,铣削颤振稳定域得到了极大的提升,约为 200%。

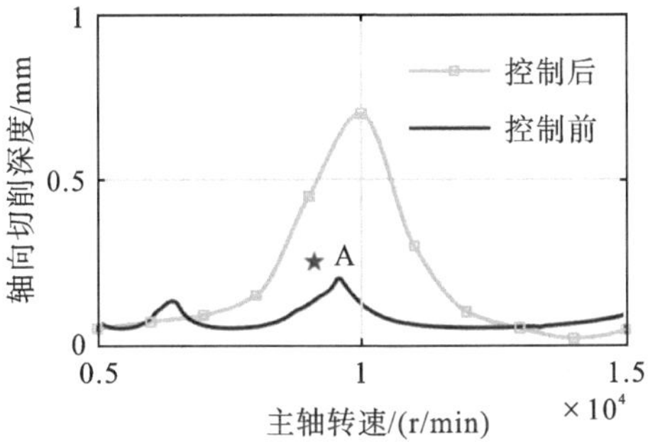

图 11-6　铣削系统控制前后颤振稳定域

为了进一步说明控制算法的颤振抑制效果,选择切削条件 A(主轴转速 9000 r/min,轴向切削深度 0.2 mm)进行时域仿真,控制前位移响应如图 11-7 所示,控制后位移响应和控制力大小如图 11-8 所示,可以看到位移响应从发散的不稳定状态变为收敛的稳定状态,铣削颤振得到了有效抑制。

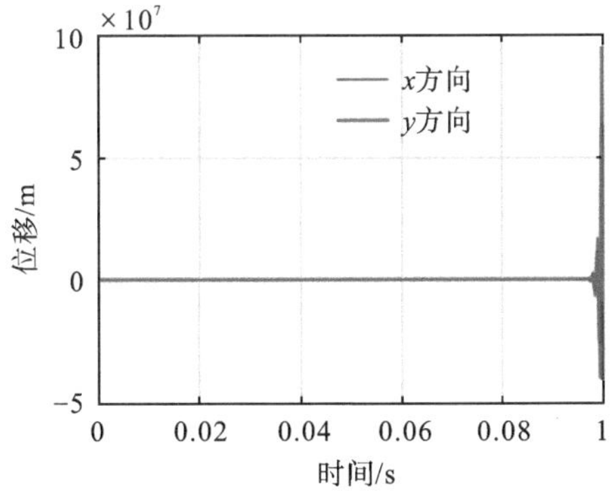

图 11-7　切削条件 A 控制前位移响应

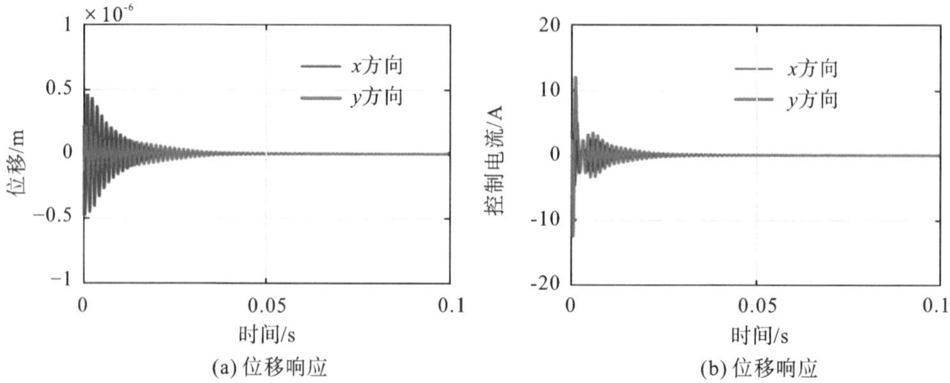

图 11-8　切削条件 A 控制后位移响应和控制力

给定模态参数不确定性 5%，重新在切削条件 A 下分别采用文献[88]中自适应控制器（该控制器未考虑参数不确定性）和基于 μ 综合法的鲁棒控制器（考虑了参数不确定性）进行时域仿真，控制后仿真结果分别如图 11-9(a)和(b)所示。

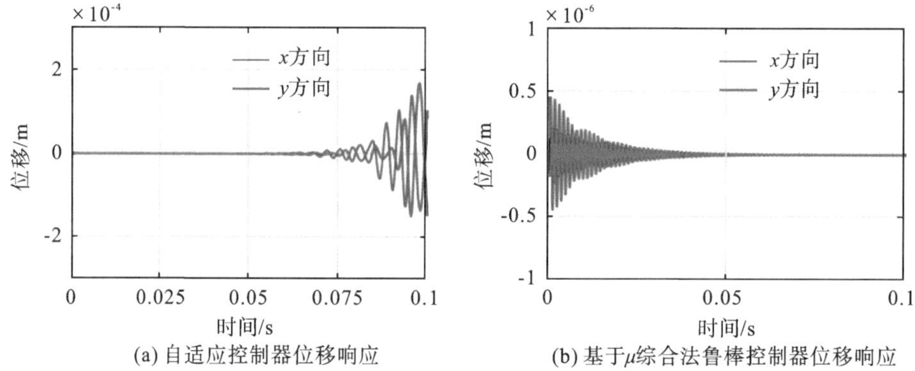

图 11-9　5%模态参数不确定性下切削条件 A 不同控制算法控制后位移响应

可以看到，在存在参数不确定性的情况下，由于在设计过程中没有考虑参数不确定性，文献[88]中自适应控制算法失效，位移发散；本节设计的鲁棒控制算法则仍可保证位移的收敛，颤振仍能得到有效抑制。

11.3　基于 LMI 的鲁棒控制算法设计与仿真

为了解决帕德近似造成的控制算法阶数过高不易物理实现的问题，本节基于线性矩阵不等式(linear matrix inequality, LMI)设计离散鲁棒铣削颤振主动控制算法。与 μ 综合法得到的控制算法相比，该控制算法的保守性更低，可以有效降低控制所需的作动力。

11.3.1　基于 LMI 鲁棒控制算法设计

基于铣削主动控制系统模型，对控制系统进行离散化。

$$\boldsymbol{q}(k+1)=\boldsymbol{A}_0\boldsymbol{q}(k)+\boldsymbol{A}_1\boldsymbol{q}(k-1)+\boldsymbol{A}_2\boldsymbol{q}(k-\bar{\tau})+\boldsymbol{B}\boldsymbol{I}_c(k) \tag{11-33}$$

式中：$\bar{\tau}=\tau/\varepsilon$，$\varepsilon$ 为离散步长；

$$\begin{aligned}
\boldsymbol{A}_0&=2\boldsymbol{I}-\varepsilon\,\boldsymbol{M}^{-1}\boldsymbol{C}-\varepsilon^2\boldsymbol{M}^{-1}(\boldsymbol{K}-\boldsymbol{G}_{u,u_a}\boldsymbol{K}_q\boldsymbol{G}_{q_a,q})-\varepsilon^2 b\,\boldsymbol{M}^{-1}\bar{\boldsymbol{H}}\\
\boldsymbol{A}_1&=-\boldsymbol{I}+\varepsilon\,\boldsymbol{M}^{-1}\boldsymbol{C}\\
\boldsymbol{A}_2&=\varepsilon^2 b\,\boldsymbol{M}^{-1}\bar{\boldsymbol{H}}\\
\boldsymbol{B}&=\varepsilon^2\boldsymbol{M}^{-1}\boldsymbol{G}_{u,u_a}\boldsymbol{K}_q
\end{aligned} \tag{11-34}$$

定义 $\boldsymbol{x}_m(k)=\begin{bmatrix}\boldsymbol{q}(k) & \boldsymbol{q}(k-1) & \cdots & \boldsymbol{q}(k-\bar{\tau})\end{bmatrix}^T$，式(11-31)的状态空间为

$$\boldsymbol{x}_m(k+1)=\boldsymbol{A}_m\boldsymbol{x}_m(k)+\boldsymbol{B}_m\boldsymbol{I}_c(k) \tag{11-35}$$

式中：

$$\boldsymbol{A}_m=\begin{bmatrix}\boldsymbol{A}_0 & \boldsymbol{A}_1 & \boldsymbol{0} & \cdots & \boldsymbol{A}_2\\ \boldsymbol{I} & \boldsymbol{0} & \boldsymbol{0} & \cdots & \boldsymbol{0}\\ \boldsymbol{0} & \boldsymbol{I} & \boldsymbol{0} & \cdots & \boldsymbol{0}\\ \vdots & \vdots & \vdots & & \vdots\\ \boldsymbol{0} & \boldsymbol{0} & \cdots & \boldsymbol{I} & \boldsymbol{0}\end{bmatrix} \tag{11-36}$$

$$\boldsymbol{B}_m=[\boldsymbol{B}\quad \boldsymbol{0}\quad \boldsymbol{0}\quad \cdots\quad \boldsymbol{0}]^T$$

接下来将针对系统中存在的参数(模态参数和切削力系数)不确定性设计离散鲁棒控制算法。为了便于控制器的物理实现，控制算法阶数($n_c=\bar{\tau}+1$)被固定为常数。此时离散周期 $\varepsilon\in[\underline{\varepsilon},\bar{\varepsilon}]$，离散周期名义值 $\varepsilon_0=\dfrac{1}{2}(\underline{\varepsilon}+\bar{\varepsilon})$，$\underline{\varepsilon}$ 和 $\bar{\varepsilon}$ 分别为离散步长的最小值和最大值。考虑参数不确定性后的铣削颤振主动控制系统模型：

$$\boldsymbol{x}_m(k+1)=(\boldsymbol{A}_m+\Delta\boldsymbol{A}_m)\boldsymbol{x}_m(k)+(\boldsymbol{B}_m+\Delta\boldsymbol{B}_m)\boldsymbol{I}_c(k) \tag{11-37}$$

式中：$\Delta\boldsymbol{A}_m$ 和 $\Delta\boldsymbol{B}_m$ 为模型参数摄动矩阵：

$$\begin{aligned}\Delta\boldsymbol{A}_m&=\boldsymbol{DTE}\\ \Delta\boldsymbol{B}_m&=\boldsymbol{M}_m\boldsymbol{T}\boldsymbol{N}_m\end{aligned} \tag{11-38}$$

式中：$\boldsymbol{D}$、$\boldsymbol{E}$、$\boldsymbol{M}_m$、$\boldsymbol{N}_m$ 为已知矩阵；矩阵 $\boldsymbol{T}$ 满足：

$$\boldsymbol{T}^T\boldsymbol{T}<\boldsymbol{I} \tag{11-39}$$

选择状态向量 $\boldsymbol{x}_m(k)$ 为反馈量，控制算法：

$$I_c(k)=K_u x_m(k) \tag{11-40}$$

式中：$K_u=YX^{-1}$为控制增益矩阵，矩阵 X、Y 满足：

$$\begin{bmatrix} -X+\varepsilon_1 DD^T+\varepsilon_2 M_m M_m^T & A_m X+B_m Y & 0 & 0 \\ * & -X & XE^T & Y^T N_m^T \\ * & * & -\varepsilon_1 & 0 \\ * & * & * & -\varepsilon_2 \end{bmatrix}<0 \tag{11-41}$$

式中：ε_1 和 ε_2 为正实数。

接下来将证明控制算法（式(11-38)）可以保证铣削颤振主动控制系统（式(11-35)）一致渐进稳定。将式(11-38)代入式(11-35)，得到状态反馈铣削颤振主动控制系统模型：

$$x_m(k+1)=(A_m+\Delta A_m+(B_m+\Delta B_m)K_u)x_m(k) \tag{11-42}$$

构造李雅普诺夫函数：

$$V(k)=x_m^T(k)P_m x_m(k) \tag{11-43}$$

式中：P_m 为正定对称矩阵，$P_m=P_m^T>0$。

定义 $\bar{A}=A_m+\Delta A_m$，$\bar{B}=B_m+\Delta B_m$，将李雅普诺夫函数（式(11-41)）沿着主动控制系统（式(11-40)）轨迹对时间前向差分：

$$\Delta V(k)=V(k+1)-V(k)=x_m^T(k)[(\bar{A}+\bar{B}K_u)^T P_m(\bar{A}+\bar{B}K_u)-P_m]x_m(k) \tag{11-44}$$

根据李雅普诺夫函数第二稳定性定理[124-125]，当 $\Delta V(k)<0$ 时，系统稳定，此时：

$$(\bar{A}+\bar{B}K_u)^T P_m(\bar{A}+\bar{B}K_u)-P_m)<0 \tag{11-45}$$

对式(11-43)使用舒尔补定理(Schur complement theorem)[126]：

$$\begin{bmatrix} -P_m^{-1} & A_m+\bar{B}K_u \\ * & -P_m \end{bmatrix}+\begin{bmatrix} D \\ 0 \end{bmatrix}F[0 \quad E]+\begin{bmatrix} 0 \\ E^T \end{bmatrix}F^T[D^T \quad 0]<0 \tag{11-46}$$

式中：符号“ * ”代表对称矩阵中的对应项。

为了下一步的证明，需要引入一个引理[127]：对于给定的矩阵 P_l、Q 和对称矩阵 G，不等式

$$G+P_l SQ+Q^T S^T P_l^T<0 \tag{11-47}$$

成立的充要条件为：存在一个正实数 λ，使得

$$G+\lambda P_l P_l^T+\lambda^{-1}Q^T Q<0 \tag{11-48}$$

式中：S 满足 $S^T S<I$。

基于以上引理，当式(11-44)成立时，以下不等式成立：

$$\begin{bmatrix} -\boldsymbol{P}_{\mathrm{m}}^{-1}+\varepsilon_1\boldsymbol{D}\boldsymbol{D}^{\mathrm{T}} & \boldsymbol{A}_{\mathrm{m}}+\bar{\boldsymbol{B}}\boldsymbol{K}_{\mathrm{u}} \\ * & -\boldsymbol{P}_{\mathrm{m}} \end{bmatrix}+\varepsilon_1^{-1}\begin{bmatrix}\boldsymbol{0}\\ \boldsymbol{E}^{\mathrm{T}}\end{bmatrix}\begin{bmatrix}\boldsymbol{0} & \boldsymbol{E}\end{bmatrix}<\boldsymbol{0} \tag{11-49}$$

基于舒尔补定理，上式等价于：

$$\begin{bmatrix} -\boldsymbol{P}_{\mathrm{m}}^{-1}+\varepsilon_1\boldsymbol{D}\boldsymbol{D}^{\mathrm{T}} & \boldsymbol{A}_{\mathrm{m}}+\bar{\boldsymbol{B}}\boldsymbol{K}_{\mathrm{u}} & \boldsymbol{0} \\ * & -\boldsymbol{P}_{\mathrm{m}} & \boldsymbol{E}^{\mathrm{T}} \\ * & * & -\varepsilon_1 \end{bmatrix}<\boldsymbol{0} \tag{11-50}$$

对上式再次使用舒尔补定理和上面的引理：

$$\begin{bmatrix} -\boldsymbol{P}_{\mathrm{m}}^{-1}+\varepsilon_1\boldsymbol{D}\boldsymbol{D}^{\mathrm{T}}+\varepsilon_2\boldsymbol{M}_{\mathrm{m}}\boldsymbol{M}_{\mathrm{m}}^{\mathrm{T}} & \boldsymbol{A}_{\mathrm{m}}+\boldsymbol{B}_{\mathrm{m}}\boldsymbol{K}_{\mathrm{u}} & \boldsymbol{0} & \boldsymbol{0} \\ * & -\boldsymbol{P}_{\mathrm{m}} & \boldsymbol{E}^{\mathrm{T}} & \boldsymbol{K}_{\mathrm{u}}^{\mathrm{T}}\boldsymbol{N}_{\mathrm{m}}^{\mathrm{T}} \\ * & * & -\varepsilon_1 & \boldsymbol{0} \\ * & * & * & -\varepsilon_2 \end{bmatrix}<\boldsymbol{0} \tag{11-51}$$

对式(11－49)先后左乘和右乘矩阵 $\mathrm{diag}\{\boldsymbol{I} \quad \boldsymbol{P}_{\mathrm{m}}^{-1} \quad \boldsymbol{I} \quad \boldsymbol{I}\}$：

$$\begin{bmatrix} -\boldsymbol{P}_{\mathrm{m}}^{-1}+\varepsilon_1\boldsymbol{D}\boldsymbol{D}^{\mathrm{T}}+\varepsilon_2\boldsymbol{M}_{\mathrm{m}}\boldsymbol{M}_{\mathrm{m}}^{\mathrm{T}} & (\boldsymbol{A}_{\mathrm{m}}+\boldsymbol{B}_{\mathrm{m}}\boldsymbol{K}_{\mathrm{u}})\boldsymbol{P}_{\mathrm{m}}^{-1} & \boldsymbol{0} & \boldsymbol{0} \\ * & -\boldsymbol{P}_{\mathrm{m}}^{-1} & \boldsymbol{P}_{\mathrm{m}}^{-1}\boldsymbol{E}^{\mathrm{T}} & \boldsymbol{P}_{\mathrm{m}}^{-1}\boldsymbol{K}_{\mathrm{u}}^{\mathrm{T}}\boldsymbol{N}_{\mathrm{m}}^{\mathrm{T}} \\ * & * & -\varepsilon_1 & \boldsymbol{0} \\ * & * & * & -\varepsilon_2 \end{bmatrix}<\boldsymbol{0} \tag{11-52}$$

令 $\boldsymbol{X}=\boldsymbol{P}_{\mathrm{m}}^{-1}$，$\boldsymbol{Y}=\boldsymbol{K}_{\mathrm{u}}\boldsymbol{P}_{\mathrm{m}}^{-1}$ 即可将式(11－50)转化为 LMI(式(11－39))，此时控制器为

$$\boldsymbol{I}_{\mathrm{c}}(k)=\boldsymbol{Y}\boldsymbol{X}^{-1}\boldsymbol{x}_{\mathrm{m}}(k) \tag{11-53}$$

11.3.2　基于 LMI 鲁棒控制算法仿真

给定模型参数 $m_x=m_y=0.015$ kg，$c_x=c_y=9.05$ N/(m·s^{-1})，$k_x=k_y=4.73\times10^5$ N/m，$k_{\mathrm{tc}}=600$ N/mm^2，$k_{\mathrm{rc}}=300$ N/mm^2，$Z=3$，控制算法阶数 $n_{\mathrm{c}}=10$，主轴转速区间 $n\in[9000,11000]$ r/min，轴向切削深度区间设置为 $a_{\mathrm{p}}\in[0,0.5]$ mm，模型参数(刚度系数、阻尼系数以及切削力系数)不确定性 5%，控制前后颤振稳定域如图 11－10 所示。可以看到，在主动控制算法的作用下，设计转速区间内铣削系统的颤振稳定域边界值得到了一定的提升。

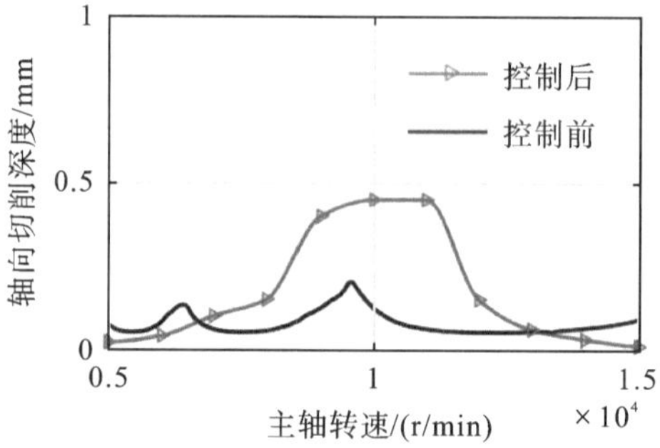

图 11-10　控制前后颤振稳定域对比图

为了进一步说明控制算法的颤振抑制效果，选择主轴转速 9000 r/min，轴向切削深度 0.2 mm 进行时域仿真，控制前后位移响应如图 11-11(a)和(b)所示。在主动控制算法的作用下铣削颤振被有效抑制，铣削系统趋于稳定状态。

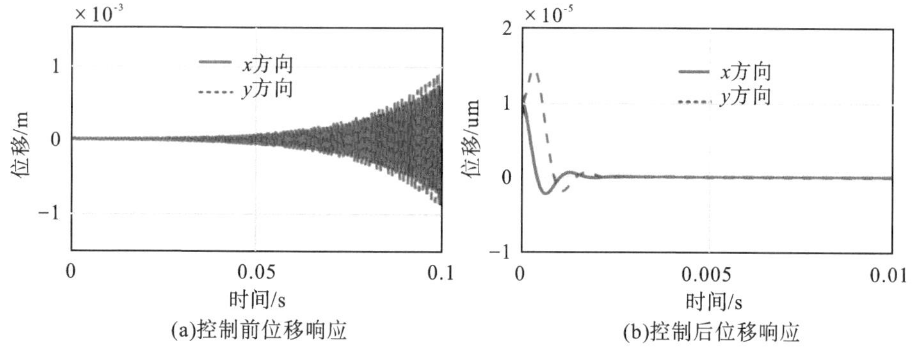

图 11-11　基于 LMI 的鲁棒控制算法位移响应仿真结果

控制电流大小如图 11-12 所示。LMI 相比 μ 综合法的保守性较小，因而基于 LMI 的鲁棒控制算法控制电流(最大值 2 A)小于基于 μ 综合法的鲁棒控制算法的控制电流(最大值 10 A)。

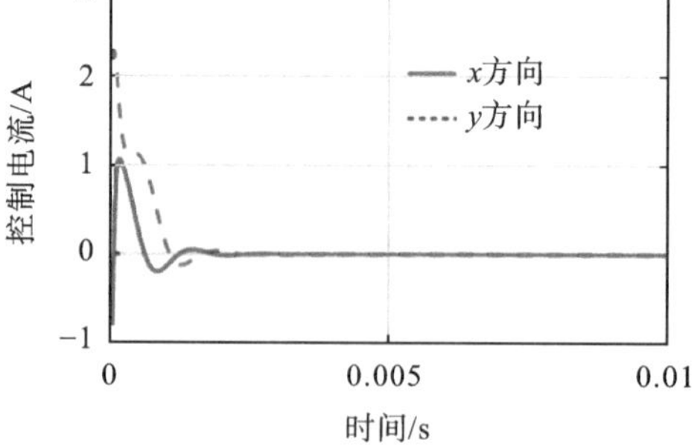

图 11-12　基于 LMI 的鲁棒控制器控制电流仿真结果

接下来验证系统具有参数(切削力系数和模态参数)不确定性时的控制算法颤振抑制效果。设置参数不确定性为 5%,分别采用文献[88]中的自适应控制算法和 11.2 节设计的基于 LMI 的鲁棒控制算法进行铣削颤振抑制,两种方法下位移响应时域仿真结果分别如图 11-13(a)和(b)所示。可以看到,由于在设计过程中没有考虑参数不确定性,文献[88]中自适应控制算法失效,位移发散;基于 LMI 的鲁棒控制算法则具有良好的鲁棒性,在模型参数发生一定程度的变化时,仍能保证铣削过程的稳定性。

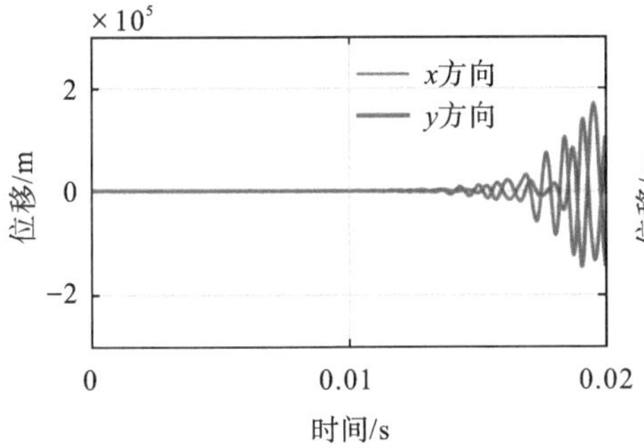

(a) 自适应控制器位移响应

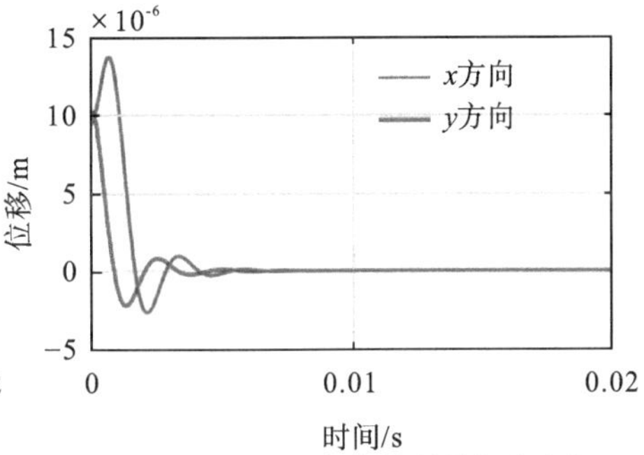

(b) 基于LMI的鲁棒控制器位移响应

图 11-13　系统具有参数不确定性时两种不同控制器位移响应

11.4　不同控制算法的颤振抑制性能对比

给定模型参数 $m_x=m_y=0.015$ kg,$c_x=c_y=9.05$ N/(m·s^{-1}),$k_x=k_y=4.73\times10^5$ N/m,$k_{tc}=600$ N/mm^2,$k_{rc}=300$ N/mm^2,$Z=3$,模型参数不确定性 5%,自适应控制算法、基于 μ 综合法的鲁棒控制算法和基于 LMI 的鲁棒控制算法的控制后颤振稳定域如图 11-14 所示。可以看到,与基于 μ 综合法的鲁棒控制算法和基于 LMI 的鲁棒控制算法相比,自适应控制器几乎在整个转速范围(5000~15000 r/min)内都可以提高铣削过程的颤振稳定域,基于 μ 综合法的鲁棒控制算法和基于 LMI 的鲁棒控制算法则在设计转速范围内(9000~11000 r/min)可以实现更好的控制效果。

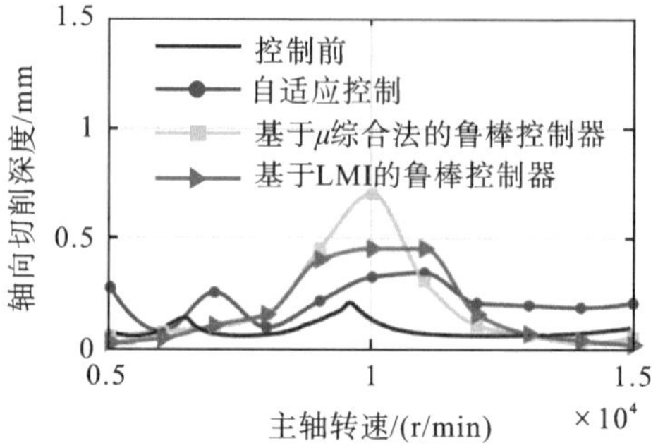

图 11-14　系统具有 5%参数不确定性时各控制器控制后颤振稳定域

选择主轴转速为 9000 r/min，轴向切削深度为 0.2 mm，分别基于 μ 综合法的鲁棒控制算法和基于 LMI 的鲁棒控制算法进行时域仿真，颤振抑制所需的控制力大小分别如图 11-15(a)和(b)所示。可以看到，与基于 μ 综合法的鲁棒控制算法相比，基于 LMI 的鲁棒控制算法所需的控制电流较小，这是由于 LMI 方法相比 μ 综合法具有更低的保守性。同时，由于在进行基于 μ 综合法的鲁棒控制算法设计时，需要使用帕德近似来代替时滞项，这极大地增加了控制器的阶数。而基于 LMI 的鲁棒控制算法则避免帕德近似带来的控制器阶数过大问题，降低了计算难度，能够更快速地实现颤振抑制，更易于物理实现。

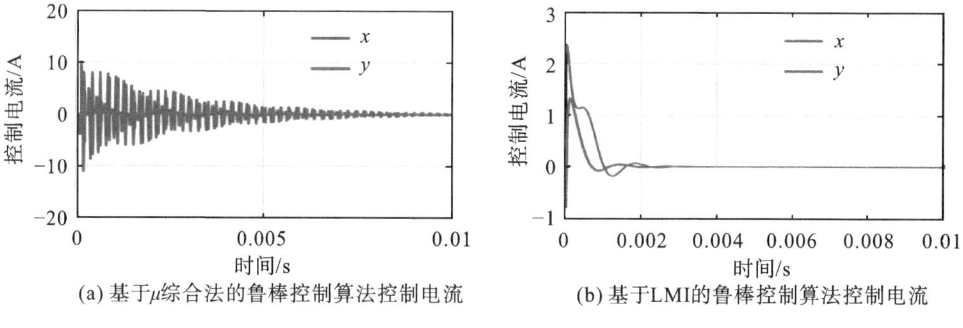

图 11-15　系统具有 5%参数不确定性时两种控制器控制电流时域仿真

状态量的增加会使得系统所需的传感器增加，这无疑增加了整个控制系统的成本，而且实际系统中很多状态量难以进行直接观测。与自适应控制算法（使用位移项及其微分项和积分项作为反馈）以及基于 μ 综合法的鲁棒控制算法（使用模型的所有状态向量作为反馈）相比，基于 LMI 的鲁棒控制算法反馈量中不包含难以直接观测的状态量，仅包含位移项（式(11-37)），对传感器和控制器硬件的要求更小，具有更强的抗干扰能力。不妨假设铣削主动控制系统中存在幅值为 1×10^{-5} m

的白噪声，分别对铣削过程施加自适应控制算法和基于 LMI 的鲁棒控制算法，时域仿真结果如图 11－16 所示。可以看到，由于积分项和微分项的存在，当外部噪声干扰过大时，自适应控制算法将会失效，控制电流饱和(5 A)；基于 LMI 的鲁棒控制算法则仍能保证铣削过程的稳定性。

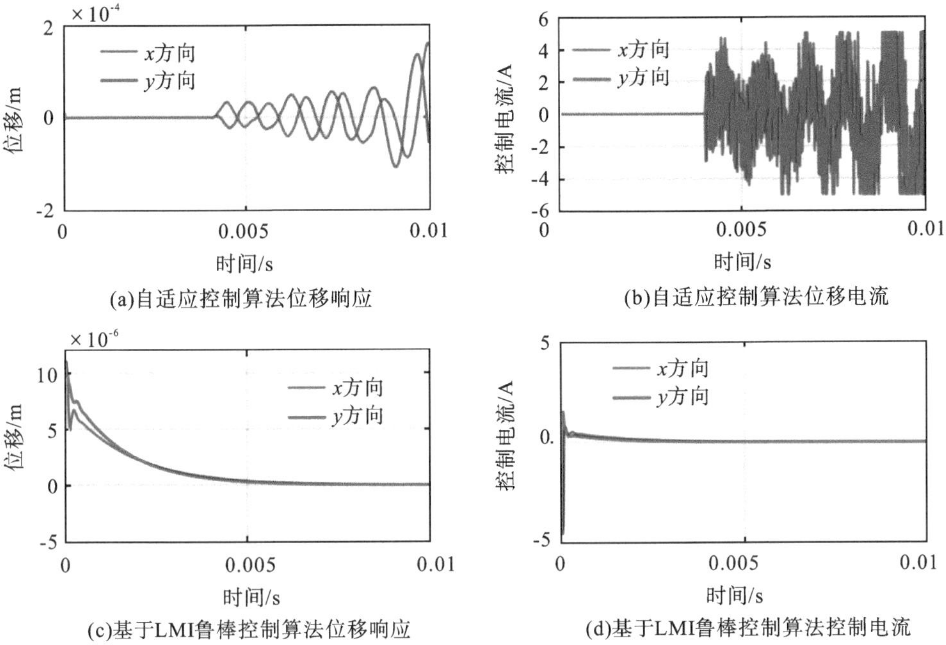

图 11－16　系统具有较大噪声和外部干扰时两种控制器时域仿真结果

11.5　本章小结

本章针对特定转速范围内的铣削颤振抑制，分别基于 μ 综合法和 LMI 设计了两种不同的鲁棒控制算法来进行铣削颤振抑制，在设计转速区间内可以实现更好的颤振抑制效果，具有更强的抗噪声和抗干扰能力。本章具体研究内容如下：

(1)通过对时滞项进行帕德近似，选择测量位移作为反馈量，基于 μ 综合法设计了铣削颤振鲁棒控制算法；基于颤振稳定域叶瓣图和时域仿真结果，分析了基于 μ 综合法的鲁棒控制算法的铣削颤振控制效果。可以看到，该控制算法可以显著地提高铣削系统的颤振稳定域边界。与传统的铣削颤振自适应控制算法相比，该控制算法可以适应一定范围的参数变化，在系统具有一定参数不确定的情况下，仍能有效抑制铣削颤振。

(2)通过对铣削颤振主动控制系统离散化,选择测量位移作为反馈量,基于LMI设计了铣削颤振鲁棒控制算法。时域仿真表明该控制算法对于具有参数不确定性的铣削系统具有良好的颤振抑制效果。

(3)通过对具有5%参数不确定性的铣削系统颤振控制效果进行时域仿真,分析了自适应控制算法、基于μ综合法的鲁棒控制算法和基于LMI的鲁棒控制算法的颤振抑制效果。可以看到,自适应控制算法在整个转速范围都能提高铣削过程的颤振稳定域。基于μ综合法的鲁棒控制算法和基于LMI的鲁棒控制器则在设计的转速区间内可以显著地提高铣削系统的颤振稳定域。与μ综合法相比,线性矩阵不等式计算时保守性较低,因而相应控制算法需要的控制电流较小,且由于没有使用帕德近似,控制算法阶数更低,更易于物理实现。与其他两种控制算法相比,基于LMI的鲁棒控制算法反馈量中不包含位移的微分项和积分项以及其他难以直接观测的状态量,仅使用位移项作为反馈量,不易受到外部噪声和干扰的影响,对传感器和控制器硬件的要求也更低。

第 12 章

高速铣削颤振滑模变结构主动抑制

12.1 引言

高速铣削颤振主动抑制的主要目的之一是提高铣削过程的颤振稳定域边界，使得原本颤振容易发生的工况变得稳定，并提高其切削加工效率。设计了内置两自由度电磁作动器的主轴系统，并基于 PD 反馈控制方法，通过在铣削过程中引入主动阻尼力实现了铣削过程中颤振的抑制。该方法简单易行，不依赖于铣削系统的实际模型，但也存在难以对颤振抑制效果进行理论分析的问题，同时利用速度反馈的颤振抑制方法也存在主动控制力大，容易导致作动器输出饱和的问题。为了更好地实现铣削颤振的主动抑制，提高加工过程的加工效率，将整个铣削系统作为被控对象，并考虑颤振的发生本质上是系统受到再生时滞的影响产生的系统失稳，通过设计相应的主动控制器引入主动控制力，使得系统原本不稳定的状态变得稳定。

本章针对设计开发的内置非接触式电磁作动器的主轴系统，提出一种基于滑模变结构控制器的高速铣削颤振主动抑制方法。构建了考虑非接触式电磁作动器的铣削过程闭环控制系统模型。分析了颤振主动控制中反馈信号对控制效果的影响，确定了在线实时滤除测量信号中主轴转频及其谐频成分后的信号作为反馈信号的方案。对铣削系统中存在的不确定性因素进行了分析，确定了颤振主动抑制需要满足的控制目标。考虑仅将位移状态量作为反馈，利用动态输出反馈滑模变结构控制器，定义了包含参考变量的滑模面函数，并分析了控制系统在所定义滑模面上的性能。进一步地，设计了基于所定义滑模面的仅包含位移状态反馈的主动控制率，并对系统在所设计控制器下的鲁棒性进行了证明。通过一系列仿真分析及实验测试，对本章所提出的滑模变结构颤振主动抑制的效果进行了分析，发现所设计的控制器能够大幅提升铣削稳定域边界，对于提高铣削加工效率具有积极的意义。

12.2 铣削颤振主动控制系统模型构建

本节在第 2 章 2.2 节中所描述的通用铣削过程动力学模型的基础上，结合所开发的内置电磁作动器的主轴系统，首先构建了考虑非接触式电磁作动器的铣削过程闭环控制系统模型，并对颤振主动控制反馈信号的选择进行了分析。考虑了由于主轴系统的非线性行为等引入的系统不确定性，并将通用铣削过程模型中的时变系数矩阵进行了线性化处理，最终完成了用于滑模变结构控制器设计的铣削颤振主动控制系统模型的构建。

12.2.1 考虑电磁作动器的铣削控制系统模型

与主动阻尼颤振抑制提高铣削系统阻尼的方式不同，本章将颤振的主动抑制转换为控制问题：将铣削系统作为控制对象，通过引入主动控制力，使得原本不稳定的系统状态保持稳定。目前通过施加主动控制力对铣削颤振进行主动抑制的方法，大多利用第 2 章中 2.2 节所描述的铣削加工过程的通用动力学模型，直接引入主动控制力，然后基于各种各样的控制算法设计出所需的主动控制器，定义主动控制力的输出形式。然而从实际应用的角度来看，有两个方面的问题仍需要注意：

(1)为了保证实际的控制效果，需要考虑作动器的模型。在实际铣削颤振主动控制实施过程中，控制器根据传感器监测到的反馈信号输出控制电压信号/电流信号到作动器中，作动器输出对应的主动控制力，因此在设计铣削颤振主动抑制的控制器时，需要考虑作动器的实际模型。

(2)基于内置电磁作动器主轴系统实现颤振的主动抑制时，作动器所产生的主动控制力并未直接施加在主轴-刀具系统的刀尖点处，同时电涡流位移传感器监测到的也并不是刀尖点处的振动位移，因此在设计铣削颤振主动抑制的主动控制器时，需要考虑实际的作动位置以及反馈信号测量位置。

控制器根据铣削加工过程中两个方向上电涡流位移传感器测得振动位移信号向量 $\boldsymbol{q}_{\mathrm{a}}(t)$，输出控制信号到电磁作动器放大器中，输出控制电流 $\boldsymbol{I}_{\mathrm{c}}(t)$ 到集成在主轴系统前端的两自由度电磁作动器中，产生施加在主轴前端的两个方向的作动力 $\boldsymbol{F}_{\mathrm{a}}(t)$。利用 PD 反馈控制形式的控制器将反馈电磁作动力等效为系统中的弹簧-

阻尼系统恢复力，通过施加主动阻尼力实现了颤振的抑制。

由于所设计的内置电磁作动器主轴系统在两个作动方向之间的耦合关系较弱，因此根据单一方向上作动电磁力的线性模型，可以得到两自由度电磁作动器的系统模型为

$$\boldsymbol{F}_{\mathrm{a}}(t)=\boldsymbol{k}_i\boldsymbol{I}_{\mathrm{c}}(t)+\boldsymbol{k}_q\boldsymbol{q}_{\mathrm{a}}(t) \tag{12-1}$$

式中：$\boldsymbol{k}_i=\begin{bmatrix}k_{ix} & 0\\ 0 & k_{iy}\end{bmatrix}$，$k_{ix}=k_{iy}=k_i$ 为电磁作动器的电流刚度系数；$\boldsymbol{k}_q=\begin{bmatrix}k_{qx} & 0\\ 0 & k_{qy}\end{bmatrix}$，$k_{qx}=k_{qy}=k_q$ 为电磁作动器的位移刚度系数；$\boldsymbol{I}_{\mathrm{c}}(t)=[i_x(t)\quad i_y(t)]^{\mathrm{T}}$ 为两个自由度方向上的控制电流向量；$\boldsymbol{q}_{\mathrm{a}}(t)=[x_{\mathrm{a}}(t)\quad y_{\mathrm{a}}(t)]^{\mathrm{T}}$ 为两个自由度方向上作动位置处的反馈位移向量。

考虑实际的电磁作动器作动位置以及位移传感器的测量位置，设刀尖点处激励与作动器电磁力之间的传递函数矩阵为 $\boldsymbol{G}_{F_{\mathrm{t}},F_{\mathrm{a}}}=\begin{bmatrix}G_{F_{\mathrm{t},x},F_{\mathrm{a},x}} & 0\\ 0 & G_{F_{\mathrm{t},y},F_{\mathrm{a},y}}\end{bmatrix}$，位移传感器测量位置的响应位移与刀尖点处的响应位移的传递函数为 $\boldsymbol{G}_{q_{\mathrm{t}},q_{\mathrm{a}}}=\begin{bmatrix}G_{q_{\mathrm{a},x},q_{\mathrm{t},x}} & 0\\ 0 & G_{q_{\mathrm{a},y},q_{\mathrm{t},y}}\end{bmatrix}$。由于电涡流位移传感器的安装位置与电磁作动器的位置十分接近，因此可以将位移传感器测得的位移看作电磁作动器作动位置的位移响应，最终整个控制系统的框图如图 12－1 所示。考虑到所设计开发的内置电磁作动器的主轴系统结构的对称性，因此可以假设 $G_{F_{\mathrm{t},x},F_{\mathrm{a},x}}=G_{F_{\mathrm{t},y},F_{\mathrm{a},y}}$，$G_{q_{\mathrm{a},x},q_{\mathrm{t},x}}=G_{q_{\mathrm{a},y},q_{\mathrm{t},y}}$。另外，由于所使用的电磁作动器的电流放大器增益为 1 A/V，因此可以忽略电流放大器环节，将 $\boldsymbol{I}_{\mathrm{c}}(t)$ 作为控制器的控制输出。

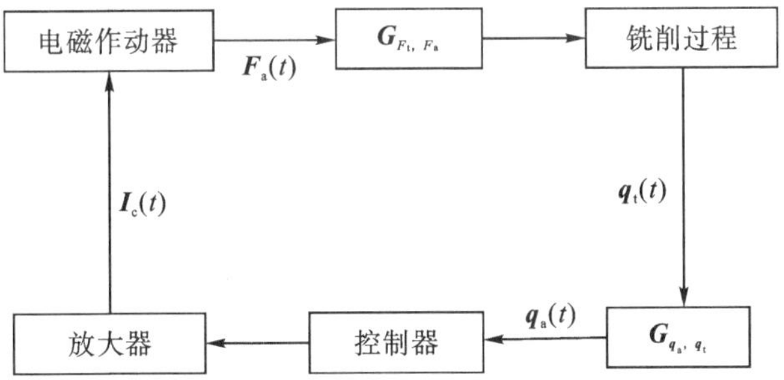

图 12－1　铣削颤振主动抑制控制系统框图

考虑第 2 章中所描述的通用铣削过程动力学模型：

$$\boldsymbol{M}\ddot{\boldsymbol{q}}(t)+\boldsymbol{C}\dot{\boldsymbol{q}}(t)+\boldsymbol{K}\boldsymbol{q}(t)=\boldsymbol{F}_{\mathrm{d}}(t)+\boldsymbol{F}_{\mathrm{s}}(t) \tag{12-2}$$

并结合式(12－1)所示的电磁作动器作动力模型，则考虑主动作动力的铣削过程动力学方程为

$$\boldsymbol{M}\ddot{\boldsymbol{q}}(t)+\boldsymbol{C}\dot{\boldsymbol{q}}(t)+\boldsymbol{K}\boldsymbol{q}(t)=\boldsymbol{F}_{\mathrm{d}}(t)+\boldsymbol{F}_{\mathrm{s}}(t)+\boldsymbol{G}_{F_{\mathrm{t}},F_{\mathrm{a}}}\boldsymbol{F}_{\mathrm{a}}(t) \tag{12-3}$$

根据电磁作动器的设计参数，可以获得式(12－1)中的电流刚度系数 $k_{ix}=k_{iy}=k_i=28.5$ N/A，位移刚度系数为 $k_{qx}=k_{qy}=k_q=2.5\times10^5$ N/m。由于电磁作动器电磁作动力模型中的位移刚度系数与系统的模态刚度系数(量级在$10^6\sim10^7$ N/m)相比较小，并且作动位置处的振动位移一般很小，因此电磁作动力中由于作动位置处振动位移引起的电磁力成分可以忽略，将电磁作动器的模型近似为

$$\boldsymbol{F}_{\mathrm{a}}(t)=\boldsymbol{K}_{\mathrm{i}}\boldsymbol{I}_{\mathrm{c}}(t) \tag{12-4}$$

式(12－3)可以进一步由下式表达：

$$\boldsymbol{M}\ddot{\boldsymbol{q}}(t)+\boldsymbol{C}\dot{\boldsymbol{q}}(t)+\boldsymbol{K}\boldsymbol{q}(t)=\boldsymbol{F}_d(t)+\boldsymbol{F}_s(t)+\boldsymbol{G}_{F_t,F_a}\boldsymbol{K}_{\mathrm{i}}\boldsymbol{I}_{\mathrm{c}}(t)+\boldsymbol{d}_{\mathrm{a}}(t) \tag{12-5}$$

式中：$\boldsymbol{d}_{\mathrm{a}}(t)$代表由于电磁作动器模型简化所忽略的部分，这里将其作为系统的扰动。

至此，整个闭环控制系统的状态空间方程可以表达为

$$\begin{aligned}&\dot{\boldsymbol{X}}(t)=\boldsymbol{A}\boldsymbol{X}(t)+\boldsymbol{B}_i\boldsymbol{I}_{\mathrm{c}}(t)+\boldsymbol{\Gamma}\boldsymbol{q}(t-\tau)+\boldsymbol{E}(\boldsymbol{F}_{\mathrm{s}}(t)+\boldsymbol{d}_{\mathrm{a}}(t))\\&\boldsymbol{Y}(t)=\boldsymbol{D}\boldsymbol{X}(t)\end{aligned} \tag{12-6}$$

其中，

$$\boldsymbol{X}(t)=\begin{bmatrix}\boldsymbol{q}(t)\\ \dot{\boldsymbol{q}}(t)\end{bmatrix},\boldsymbol{A}=\begin{bmatrix}\boldsymbol{0} & \boldsymbol{I}\\ -\boldsymbol{M}^{-1}(\boldsymbol{K}-a_p\boldsymbol{H}) & -\boldsymbol{M}^{-1}\boldsymbol{C}\end{bmatrix},$$

$$\boldsymbol{B}_i=\begin{bmatrix}\boldsymbol{0}\\ \boldsymbol{G}_{F_{\mathrm{t}},F_{\mathrm{a}}}k_i\boldsymbol{M}^{-1}\end{bmatrix},\boldsymbol{\Gamma}=\begin{bmatrix}\boldsymbol{0}\\ -a_{\mathrm{p}}\boldsymbol{M}^{-1}\boldsymbol{H}\end{bmatrix},\boldsymbol{E}=\begin{bmatrix}\boldsymbol{0}\\ \boldsymbol{I}\end{bmatrix},$$

$$\boldsymbol{G}_{F_{\mathrm{t}},F_{\mathrm{a}}}=\begin{bmatrix}G_{F_{\mathrm{t},x},F_{\mathrm{a},x}} & 0\\ 0 & G_{F_{\mathrm{t},y},F_{\mathrm{a},y}}\end{bmatrix},\boldsymbol{G}_{q_{\mathrm{t}},q_{\mathrm{a}}}=\begin{bmatrix}G_{x_{\mathrm{a},x},x_{\mathrm{t},x}} & 0\\ 0 & G_{x_{\mathrm{a},y},x_{\mathrm{t},y}}\end{bmatrix},\boldsymbol{D}=\begin{bmatrix}\boldsymbol{G}_{q_{\mathrm{t}},q_{\mathrm{a}}} & \boldsymbol{0}\end{bmatrix} \tag{12-7}$$

上述的状态空间表达式中，$\boldsymbol{Y}(t)$为控制系统的状态观测量，这里将速度状态向量当作未知向量，仅考虑位移观测向量作为整个控制系统中的反馈向量。

12.2.2　铣削颤振主动控制反馈信号选择

在实际控制系统中，控制反馈信号的选择对于最终系统的控制效果至关重要。根据第 2 章所描述的铣削过程动力学模型，当铣削过程稳定时，铣削系统模型方程的解为对应铣削过程刀齿通过频率的周期性位移成分。当颤振发生时，系统出现

失稳，其位移响应中将会出现由于动态铣削力成分引起的颤振扰动信号成分。第 3 章中所示的铣削颤振发生前后各阶段的信号特征也证明了这一点。本章考虑两种反馈信号的方案：

(1)全输出反馈，将式(12－6)所示的闭环控制系统中包含静态铣削力成分引起的刀齿通过频率周期成分的观测向量 $\boldsymbol{Y}(t)$ 作为反馈信号。

(2)扰动反馈，即忽略观测向量 $\boldsymbol{Y}(t)$ 中由于静态铣削力成分所产生的刀齿通过频率周期成分，将信号中的剩余成分作为反馈信号。

上述第一种方案，相当于将直接测量闭环控制系统的位移状态量作为反馈；第二种方案则仅考虑将颤振发生时闭环系统中的非稳定周期成分作为反馈信号。下面从系统理论模型与实际控制的角度对两种方案进行分析与对比：

(1)从系统模型的角度，根据非线性振动理论，系统中的稳定周期性激励并不会影响系统的稳定性。因此，不论是全输出反馈或扰动反馈，并不影响最终铣削系统的稳定性，也就意味着并不会影响颤振的控制效果。

(2)从实际应用的角度，第一种方案中使用全输出反馈信号，静态铣削力成分引起的信号中的稳定周期成分势必会引起额外的作动力，即使铣削过程处于稳定状态，同样会引起作动器的控制输出；第二种方案仅考虑信号中的非稳定周期成分，一方面可以避免铣削过程处于稳定时由于周期振动信号引起的作动力输出，另一方面当颤振发生时相较于全输出反馈所需的主动作动力要小的多。

因此，本章采用扰动反馈输出的方案，一方面能够保证系统的控制效果，同时也能够减小作动器的作动力输出。这里采用与第 3 章中相同的周期信号与颤振信号的线性叠加方法，将式中(12－2)的状态变量分解为

$$\boldsymbol{q}(t)=\boldsymbol{q}^{*}(t)+\tilde{\boldsymbol{q}}(t) \tag{12-8}$$

式中：$\boldsymbol{q}^{*}(t)$表征状态变量中静态铣削力成分 $\boldsymbol{F}_{\mathrm{s}}(t)$引起的稳定周期成分；$\tilde{\boldsymbol{q}}(t)$表征状态变量中的非稳定周期成分，理论上当系统处于稳定时该成分为 0，当颤振发生时该成分为颤振振动成分。

采用扰动反馈时，式(12－6)中的静态铣削力成分 $\boldsymbol{F}_{\mathrm{s}}(t)$可以忽略，整个闭环系统的状态空间方程变为

$$\begin{aligned}
&\dot{\tilde{\boldsymbol{X}}}(t)=\boldsymbol{A}\tilde{\boldsymbol{X}}(t)+\boldsymbol{B}_i\boldsymbol{I}_c(t)+\boldsymbol{\Gamma}\tilde{\boldsymbol{q}}(t-\tau)+\boldsymbol{E}\boldsymbol{d}_{\mathrm{a}}(t)\\
&\tilde{\boldsymbol{Y}}(t)=\boldsymbol{D}\tilde{\boldsymbol{X}}(t)
\end{aligned} \tag{12-9}$$

上式中 $\tilde{\boldsymbol{X}}(t)$与 $\tilde{\boldsymbol{Y}}(t)$分别代表系统的扰动状态变量与扰动观测变量。由于直接观测量中的周期成分为刀齿通过频率的稳定周期成分，相当于转频的谐频成分，因此在实际工况下，可以利用第 3 章中所设计的在线自适应滤波器对信号中的稳

定周期成分进行在线滤除，实现扰动反馈控制。另外，在实际铣削过程中直接测量得到位移信号中存在由于回转跳动误差、测量表面圆度误差等引起的十分显著的主轴转频信号成分，利用第3章中的在线自适应滤波器，可以在实现扰动反馈控制的基础上同时滤除信号中由于这些测量误差引起的转频及其谐频成分，因此对于实际的颤振主动抑制具有积极的意义。

12.2.3 铣削系统模型中的不确定性因素分析

考虑到一般通过在静止工况下测得主轴-刀具系统的刀尖点频响函数进而辨识得到系统的模型参数，实际工况下系统参数会存在一定的不确定度。另外，铣削动力学模型中的铣削力系数往往需要通过变进给速度切削实验进行辨识，所辨识得到的铣削力系数也存在一定的误差。因此在搭建铣削主动控制系统模型时，需要考虑上述不确定因素的影响。

由于上述铣削系统模型中的不确定因素实际上很难定量化分析，同时对于控制系统而言，系统的不确定性往往可以当作系统的扰动处理，这里为了方便问题的分析，将上述系统参数的不确定性以及式(12-9)中的扰动项 $\boldsymbol{d}_{\mathrm{a}}(t)$ 统一用 $\boldsymbol{d}(t)$ 代替，则整个控制系统的状态空间方程更新为

$$\begin{cases}\dot{\tilde{\boldsymbol{X}}}(t)=\boldsymbol{A}\tilde{\boldsymbol{X}}(t)+\boldsymbol{B}_i\boldsymbol{I}_{\mathrm{c}}(t)+\boldsymbol{\Gamma}\tilde{\boldsymbol{q}}(t-\tau)+\boldsymbol{E}\boldsymbol{d}(t)\\ \tilde{\boldsymbol{Y}}(t)=\boldsymbol{D}\tilde{\boldsymbol{X}}(t)\end{cases} \tag{12-10}$$

考虑到控制系统中的不确定性，本章基于铣削系统模型所设计的用于主动颤振抑制的主动控制器需要具备较强的鲁棒性。

12.2.4 铣削过程动力学模型的线性化

观察式(12-7)与式(12-10)，系数矩阵中 $\boldsymbol{A}$ 与 $\boldsymbol{\Gamma}$ 中均包含了非线性时变系数矩阵 $\boldsymbol{H}(t)$，由于非线性时变系数矩阵 $\boldsymbol{H}(t)$ 与刀具刀齿的转角有关，而在实际铣削过程中很难实时确定刀具刀齿的转角位置并追踪系数矩阵 $\boldsymbol{H}(t)$ 的变化，给控制器的设计带来困难，因此需要对其进行线性化处理。

目前对非线性时变系数矩阵 $\boldsymbol{H}(t)$ 进行线性化处理的方式主要利用傅里叶变换展开，并取其零阶项。本章采用文献[128]中的近似形式，将时变系数矩阵 $\boldsymbol{H}(t)$ 近似为

$$\boldsymbol{H}(t)\approx\bar{\boldsymbol{H}}=\frac{N}{4\pi}\begin{bmatrix}\alpha_{xx} & \alpha_{xy}\\ \alpha_{yx} & \alpha_{yy}\end{bmatrix} \tag{12-11}$$

式中：

$$\alpha_{xx}=\frac{1}{2}\left[k_{tc}\cos 2\varphi-2k_{rc}\varphi+k_{rc}\sin 2\varphi\right]_{\varphi_{st}}^{\varphi_{ex}};$$

$$\alpha_{xy}=\frac{1}{2}\left[-k_{tc}\sin 2\varphi-2k_{tc}\varphi+k_{rc}\cos 2\varphi\right]_{\varphi_{st}}^{\varphi_{ex}};$$

$$\alpha_{yx}=\frac{1}{2}\left[-k_{tc}\sin 2\varphi+2k_{tc}\varphi+k_{rc}\cos 2\varphi\right]_{\varphi_{st}}^{\varphi_{ex}};$$

$$\alpha_{yy}=\frac{1}{2}\left[-k_{tc}\cos 2\varphi-2k_{rc}\varphi-k_{rc}\sin 2\varphi\right]_{\varphi_{st}}^{\varphi_{ex}}。$$

为了证明上式的线性化形式对整个系统模型的影响较小，对比了考虑时变系数矩阵 $\boldsymbol{H}(t)$ 和线性化系数矩阵 $\bar{\boldsymbol{H}}$ 情况下预测得到的铣削稳定域，所用仿真参数如表 12－1 所示，铣削加工形式为槽铣。

表 12－1　铣削系统仿真参数

模态质量/kg	固有频率/Hz	阻尼比	铣削力系数/(N・mm^{-2})	
$m_x=m_y=0.8$	$\omega_x=\omega_y=700$	$\delta_x=\delta_y=0.02$	$k_{tc}=750\ \mathrm{N/mm^2}$	$k_{rc}=695\ \mathrm{N/mm^2}$

仿真得到的对比结果如图 12－2 所示，通过图中对比结果可以看到，利用线性化系数矩阵 $\bar{\boldsymbol{H}}$ 得到的铣削颤振稳定域与考虑时变系数矩阵 $\boldsymbol{H}(t)$ 得到的铣削颤振稳定域之间的误差较小，因此将式(12－10)中系数矩阵 $\boldsymbol{A}$ 与 $\boldsymbol{\Gamma}$ 中的时变系数矩阵中的非线性时变系数矩阵用式(12－11)所表示的线性化形式代替，使得式(12－10)所表示的状态空间方程变为线性化，便于后续控制器的设计。

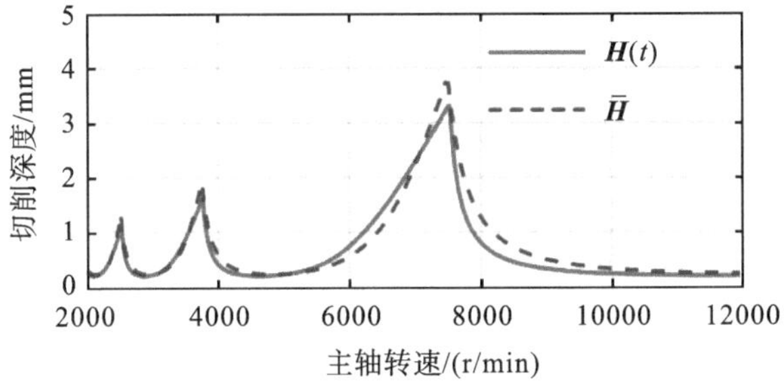

图 12－2　考虑时变系数矩阵与线性化矩阵的铣削稳定域对比

12.3　铣削颤振滑模变结构控制器设计

上一节中构建了铣削颤振主动控制系统模型，考虑了实际铣削系统中电磁作动器的影响，选择了扰动反馈的反馈信号方案，并对铣削系统中的不确定性因素进行了分析，将系统参数的不确定性当作系统外部干扰，同时为了便于主动控制器的设计，对主动控制系统模型中的时变系数矩阵进行了线性化处理。

考虑到控制系统中由于参数不确定性所引起的扰动，因此要求控制器对于外部的扰动具有鲁棒性。而滑模变结构控制作为一种特殊的鲁棒控制方法，其最大的优点是能够克服系统的不确定性，对控制系统的干扰以及系统模型中的未建模成分具有非常强的鲁棒性。另外，滑模变结构控制器的算法比较简单，主要包含切换函数，也称为变结构滑模面函数，以及反馈控制率两个组成形式。

滑模变结构控制的基本原理是根据控制系统的期望动态特性来设计出系统的切换面（滑模面），通过滑模控制器使系统从滑模面以外的任意位置向所设计的滑模面收束，并且控制器将保证系统沿着滑模面到达系统的原点（稳定点）。因此对于变结构控制而言，滑模指系统沿着滑模面向系统原点（稳定点）滑动的过程，而所设计的滑模面实际上是一种切换函数，因此叫做变结构。变结构滑模控制的设计步骤基本分为两步：

（1）确定滑模面函数，并确保系统处于滑模面上时能够渐进稳定。

（2）设计滑模控制器，即反馈控制率，所设计的反馈控制率需要满足可达条件，即系统在有限的时间内可以到达所设计的滑模面。

12.3.1 滑模面设计

根据文献[129]，一般可以设计如下形式的静态输出反馈滑模控制器来使得控制系统处于稳定状态：

$$\begin{aligned} \boldsymbol{s}_1(t) &= \boldsymbol{\alpha q}(t) \\ \boldsymbol{u}(t) &= -\boldsymbol{\beta}[\boldsymbol{DB}_i]^{-1}\mathrm{sgn}(\|\boldsymbol{s}_1(t)\|_2) \end{aligned} \tag{12-12}$$

式中：$\boldsymbol{s}_1(t)$为滑模面函数；$\boldsymbol{u}(t)$为反馈控制率；$\boldsymbol{\alpha}$、$\boldsymbol{\beta}$为控制器参数。

然而根据式(12-10)可以发现，整个控制系统中的反馈状态向量仅包含了位移状态量，并未考虑速度状态量，使得$\boldsymbol{DB}_i=0$，导致上述常规的静态输出反馈滑模控制器的形式并不适用本章仅考虑位移状态反馈的控制系统。因此，考虑利用动态输出反馈控制器来解决本章所研究的颤振主动抑制问题。

在动态输出反馈控制器中，所设计的滑模面函数中包含了控制系统的控制输出，结合式(12-10)所示的控制系统模型，设计滑模面函数如下：

$$\begin{aligned} \boldsymbol{s}(t) &= \bar{\boldsymbol{K}}_2\widetilde{\boldsymbol{Y}}(t)+\boldsymbol{n}(t) \\ \dot{\boldsymbol{n}}(t) &= \bar{\boldsymbol{K}}_1\widetilde{\boldsymbol{Y}}(t)+\boldsymbol{I}_c(t) \end{aligned} \tag{12-13}$$

式中：$\boldsymbol{s}(t)\in\mathbb{R}^{2\times1}$ 为滑模变结构控制器的滑模面函数；$\boldsymbol{n}(t)\in\mathbb{R}^{2\times1}$ 为补充状态向量，通过该补充状态向量在滑模面函数中引入控制器输出 $\boldsymbol{I}_c(t)$，从而获得连续的滑模面；$\bar{\boldsymbol{K}}_1$、$\bar{\boldsymbol{K}}_2\in\mathbb{R}^{2\times2}$ 为控制器增益矩阵，需要根据控制对象的参数进行设计，决定了主动控制器的控制效果。

联立式(12-10)与式(12-13)的滑模面函数，可以获得如下所示的闭环控制系统的方程：

$$\begin{bmatrix}\dot{\tilde{\boldsymbol{X}}}(t)\\ \dot{\boldsymbol{n}}(t)\end{bmatrix}=\begin{bmatrix}\boldsymbol{A} & \boldsymbol{0}\\ \bar{\boldsymbol{K}}_1\boldsymbol{D} & \boldsymbol{0}\end{bmatrix}\begin{bmatrix}\tilde{\boldsymbol{X}}(t)\\ \boldsymbol{n}(t)\end{bmatrix}+\begin{bmatrix}\boldsymbol{\Gamma}\\ \boldsymbol{0}\end{bmatrix}\tilde{\boldsymbol{q}}(t-\tau)+\begin{bmatrix}\boldsymbol{B}_i\\ \boldsymbol{I}_{2\times2}\end{bmatrix}\boldsymbol{I}_c(t)+\begin{bmatrix}\boldsymbol{E}\\ \boldsymbol{0}\end{bmatrix}\boldsymbol{d}(t) \tag{12-14}$$

一般情况下，上式中的时滞项 $\tilde{\boldsymbol{q}}(t-\tau)$ 通常利用帕德近似进行处理[88]，使得系统最终包含时滞 τ，再设计控制算法实现系统在 τ 为定值情况下（主轴转速确定）或 τ 存在一定不确定度下（在某个主轴转速范围内）的稳定，也即铣削过程的稳定。然而，为了减小近似误差，帕德近似的阶数需要很高，阶数的增加则意味着整个闭环控制系统的模型阶数也会急剧增加，这将给控制器的设计带来非常大的困扰，尤其是当控制器的设计需要求解黎卡提方程时，过高的模型阶数可能会造成黎卡提方程无法求解的问题。考虑到滑模控制器强鲁棒性的特点，因此将时滞项当作外部的扰动处理，并将系统的扰动更新为 $\boldsymbol{d}_0(t)$，则式(12-14)可以重新写作：

$$\begin{bmatrix}\dot{\tilde{\boldsymbol{X}}}(t)\\ \dot{\boldsymbol{n}}(t)\end{bmatrix}=\begin{bmatrix}\boldsymbol{A} & \boldsymbol{0}\\ \bar{\boldsymbol{K}}_1\boldsymbol{D} & \boldsymbol{0}\end{bmatrix}\begin{bmatrix}\tilde{\boldsymbol{X}}(t)\\ \boldsymbol{n}(t)\end{bmatrix}+\begin{bmatrix}\boldsymbol{B}_i\\ \boldsymbol{I}_{2\times2}\end{bmatrix}\boldsymbol{I}_c(t)+\begin{bmatrix}\boldsymbol{E}\\ \boldsymbol{0}\end{bmatrix}\boldsymbol{d}_0(t) \tag{12-15}$$

为了分析系统在所设计的滑模面上的特性，引入向量 $\boldsymbol{z}(t)\in\mathbb{R}^{4\times1}$，并且满足如下关系：

$$\begin{bmatrix}\boldsymbol{z}(t)\\ \boldsymbol{s}(t)\end{bmatrix}=\begin{bmatrix}\boldsymbol{I}-\boldsymbol{B}_i\bar{\boldsymbol{K}}_2\boldsymbol{D} & -\boldsymbol{B}_i\\ \bar{\boldsymbol{K}}_2\boldsymbol{D} & \boldsymbol{I}\end{bmatrix}\begin{bmatrix}\tilde{\boldsymbol{X}}(t)\\ \boldsymbol{n}(t)\end{bmatrix} \tag{12-16}$$

联立式(12-15)与式(12-16)，则可以得到如下所示结构的闭环控制系统：

$$\begin{bmatrix}\dot{\boldsymbol{z}}(t)\\ \dot{\boldsymbol{s}}(t)\end{bmatrix}=\begin{bmatrix}\boldsymbol{A}_{11} & \boldsymbol{A}_{12}\\ \boldsymbol{A}_{21} & \boldsymbol{A}_{22}\end{bmatrix}\begin{bmatrix}\boldsymbol{z}(t)\\ \boldsymbol{s}(t)\end{bmatrix}+\begin{bmatrix}\boldsymbol{0}\\ \boldsymbol{I}\end{bmatrix}\boldsymbol{I}_c(t)+\begin{bmatrix}\boldsymbol{E}\\ \boldsymbol{0}\end{bmatrix}\boldsymbol{d}_0(t) \tag{12-17}$$

式中：

$$\begin{aligned}
\boldsymbol{A}_{11}&=\boldsymbol{A}-\boldsymbol{B}_i(\bar{\boldsymbol{K}}_2\boldsymbol{DA}+\bar{\boldsymbol{K}}_1\boldsymbol{D})\\
\boldsymbol{A}_{12}&=\boldsymbol{A}_{11}\boldsymbol{B}_i=(\boldsymbol{I}-\boldsymbol{B}_i\bar{\boldsymbol{K}}_2\boldsymbol{D})\boldsymbol{AB}_i\\
\boldsymbol{A}_{21}&=\bar{\boldsymbol{K}}_2\boldsymbol{DA}+\bar{\boldsymbol{K}}_1\boldsymbol{D}\\
\boldsymbol{A}_{22}&=\boldsymbol{A}_{21}\boldsymbol{B}_i=\bar{\boldsymbol{K}}_2\boldsymbol{DAB}_i
\end{aligned} \tag{12-18}$$

根据式(12－17)与式(12－18)，可以得到 $\boldsymbol{z}(t)$ 向量的微分方程为

$$\begin{aligned}\dot{\boldsymbol{z}}(t)&=(\boldsymbol{A}-\boldsymbol{B}_i\begin{bmatrix}\bar{\boldsymbol{K}}_1 & \bar{\boldsymbol{K}}_2\end{bmatrix}\begin{bmatrix}\boldsymbol{D}\\ \boldsymbol{DA}\end{bmatrix})\boldsymbol{z}(t)+\boldsymbol{A}_{12}\boldsymbol{s}(t)+\boldsymbol{E}\boldsymbol{d}_0(t)\\&=\boldsymbol{A}\boldsymbol{z}(t)+\boldsymbol{A}_{12}\boldsymbol{s}(t)+\boldsymbol{E}\boldsymbol{d}_0(t)+\boldsymbol{B}_i\boldsymbol{v}(t)\end{aligned}\tag{12-19}$$

由于 $\begin{bmatrix}\boldsymbol{D}\\ \boldsymbol{DA}\end{bmatrix}=\begin{bmatrix}\boldsymbol{G}_{q_t,q_a} & \boldsymbol{0}\\ \boldsymbol{0} & \boldsymbol{G}_{q_t,q_a}\end{bmatrix}$，因此上式中 $\boldsymbol{v}(t)=-\bar{\boldsymbol{K}}\boldsymbol{z}(t)$，且 $\bar{\boldsymbol{K}}=\begin{bmatrix}\bar{\boldsymbol{K}}_1\boldsymbol{G}_{q_t,q_a} & \bar{\boldsymbol{K}}_2\boldsymbol{G}_{q_t,q_a}\end{bmatrix}$。

考虑 $\boldsymbol{v}(t)$ 作为式(12－17)闭环控制系统的控制输入，并结合式(12－16)所示的系统转换形式，可以将问题变成设计状态反馈增益 $\bar{\boldsymbol{K}}$，使得闭环控制系统处于稳定并且对于外部的有界扰动具有鲁棒性，此时式(12－15)所示的系统的稳定性与鲁棒性同样可以得到保证。这里，利用 H_∞ 最优控制方法[130]来对状态反馈增益 $\bar{\boldsymbol{K}}$ 进行设计。

考虑控制输入 $\boldsymbol{v}(t)$ 满足以下形式：

$$\boldsymbol{v}(t)=-\bar{\boldsymbol{K}}\boldsymbol{z}(t)=-\boldsymbol{R}^{-1}\boldsymbol{B}_i^{\mathrm{T}}\boldsymbol{P}\boldsymbol{z}(t)\tag{12-20}$$

式中：$\boldsymbol{R}$ 为权矩阵；$\boldsymbol{P}$ 为对称正定矩阵，并且矩阵 $\boldsymbol{R}$ 与矩阵 $\boldsymbol{P}$ 满足以下黎卡提方程：

$$\boldsymbol{D}^{\mathrm{T}}\boldsymbol{D}+\boldsymbol{PA}+\boldsymbol{A}^{\mathrm{T}}\boldsymbol{P}+\frac{1}{\gamma^2}\boldsymbol{PEE}^{\mathrm{T}}P-\boldsymbol{PB}_i\boldsymbol{R}^{-1}\boldsymbol{B}_i^{\mathrm{T}}\boldsymbol{P}=\boldsymbol{0}\tag{12-21}$$

式中：γ 为任意正实数。

接下来，将证明系统在所设计的滑模面上能够达到全局稳定并且对外部有界扰动具有鲁棒性。

首先定义一个二次型能量函数：

$$E(\boldsymbol{z})=\boldsymbol{z}(t)^{\mathrm{T}}\boldsymbol{P}\boldsymbol{z}(t)\tag{12-22}$$

与如下式所示的汉密尔顿方程：

$$H(\boldsymbol{v},\boldsymbol{d}_0)=\tilde{\boldsymbol{Y}}^{\mathrm{T}}\tilde{\boldsymbol{Y}}+\boldsymbol{v}^{\mathrm{T}}\boldsymbol{R}\boldsymbol{v}-\gamma^2\boldsymbol{d}_0^{\mathrm{T}}\boldsymbol{d}_0+\frac{\mathrm{d}E(\boldsymbol{z})}{\mathrm{d}t}\tag{12-23}$$

由于 $\boldsymbol{DB}_i=\boldsymbol{0}$，因此根据式(12－16)，$\tilde{\boldsymbol{Y}}$ 可以表示为如下形式：

$$\tilde{\boldsymbol{Y}}(t)=\boldsymbol{DX}(t)=\boldsymbol{D}(\boldsymbol{z}(t)+\boldsymbol{B}_i\boldsymbol{s}(t))=\boldsymbol{Dz}(t)\tag{12-24}$$

当系统处于滑模面上时，即 $\boldsymbol{s}(t)=\boldsymbol{0}$，式(12－19)可以写成：

$$\dot{\boldsymbol{z}}(t)=\boldsymbol{A}\boldsymbol{z}(t)+\boldsymbol{E}\boldsymbol{d}_0(t)+\boldsymbol{B}_i\boldsymbol{v}(t)\tag{12-25}$$

将式(12－22)、式(12－24)与式(12－25)代入式(12－23)，则式(12－23)的汉密尔顿方程可以写成：

$$H(\boldsymbol{v},\boldsymbol{d}_0)=\boldsymbol{z}^{\mathrm{T}}\boldsymbol{D}^{\mathrm{T}}\boldsymbol{D}\boldsymbol{z}+\boldsymbol{v}^{\mathrm{T}}\boldsymbol{R}\boldsymbol{v}-\gamma^2\boldsymbol{d}_0{}^{\mathrm{T}}\boldsymbol{d}_0+\boldsymbol{z}^{\mathrm{T}}(\boldsymbol{PA}+\boldsymbol{A}^{\mathrm{T}}\boldsymbol{P})\boldsymbol{z}+2\boldsymbol{z}^{\mathrm{T}}\boldsymbol{PE}\boldsymbol{d}_0+2\boldsymbol{z}^{\mathrm{T}}\boldsymbol{PB}_i\boldsymbol{v} \tag{12-26}$$

根据 H_∞ 控制理论，当系统的扰动达到 $\boldsymbol{d}_0=\frac{1}{\gamma^2}\boldsymbol{E}^{\mathrm{T}}\boldsymbol{P}\boldsymbol{z}$ 时，汉密尔顿方程处于极限状态 $\sup_{d_0\in L_2}H(\boldsymbol{v},\boldsymbol{d}_0)$，其表达式为

$$\sup_{d_0\in L_2}H(\boldsymbol{v},\boldsymbol{d}_0)=\boldsymbol{z}^{\mathrm{T}}(\boldsymbol{D}^{\mathrm{T}}\boldsymbol{D}+\boldsymbol{PA}+\boldsymbol{A}^{\mathrm{T}}\boldsymbol{P}+\frac{1}{\gamma^2}\boldsymbol{PEE}^{\mathrm{T}}\boldsymbol{P}^{\mathrm{T}})\boldsymbol{z}+\boldsymbol{v}^{\mathrm{T}}\boldsymbol{R}\boldsymbol{v}+2\boldsymbol{z}^{\mathrm{T}}\boldsymbol{PB}\boldsymbol{v} \tag{12-27}$$

将式(12－20)代入上式，可以得到：

$$\sup_{d_0\in L_2}H(\boldsymbol{v},\boldsymbol{d}_0)=\boldsymbol{z}^{\mathrm{T}}(\boldsymbol{D}^{\mathrm{T}}\boldsymbol{D}+\boldsymbol{PA}+\boldsymbol{A}^{\mathrm{T}}\boldsymbol{P}+\frac{1}{\gamma^2}\boldsymbol{PEE}^{\mathrm{T}}\boldsymbol{P}^{\mathrm{T}}-\boldsymbol{PB}_i\boldsymbol{R}^{-1}\boldsymbol{B}_i{}^{\mathrm{T}}\boldsymbol{P})\boldsymbol{z} \tag{12-28}$$

由于对称正定矩阵 $\boldsymbol{P}$ 满足式(12－21)所构建的黎卡提方程，因此汉密尔顿方程满足以下条件：

$$H(\boldsymbol{v},\boldsymbol{d}_0)\leqslant\sup_{d_0\in L_2}H(\boldsymbol{v},\boldsymbol{d}_0)=0 \tag{12-29}$$

根据 H_∞ 控制理论，当所构建的汉密尔顿方程对于所有的 $\boldsymbol{d}_0\in L_2$ 的情况下，$H(\boldsymbol{v},\boldsymbol{d}_0)\leqslant 0$ 是系统能够达到全局稳定以及对扰动具有鲁棒性的充分条件。因此根据上述推导证明过程可以发现，当闭环控制系统到达式(12－13)所定义的滑模面时，整个系统可以在滑模面上最终达到全局稳定并且满足鲁棒性的要求，即系统面对由于系统参数不确定性以及时滞项等构成的系统扰动时依旧能够保持稳定。至此，完成了滑模变结构控制器设计的第一步，即设计滑模面函数，使得系统在所设计的滑模面上能够最终达到全局稳定并能够满足对于系统外部有界扰动的鲁棒性要求。

12.3.2　滑模变结构控制器设计

本节将进行滑模变结构控制器设计的第二步，设计所需的滑模控制器即反馈控制率，并且保证系统满足有限时间内可以到达滑模面的可达条件。

这里，考虑滑模控制器/反馈控制率具有以下形式：

$$\boldsymbol{I}_{\mathrm{c}}(t)=-\frac{\lambda s_0}{s_0+\|\boldsymbol{s}(t)\|_2}\boldsymbol{s}(t)-\bar{\boldsymbol{K}}_1\widetilde{\boldsymbol{Y}}(t)-\boldsymbol{\Phi}\boldsymbol{s}(t)-\omega(t)\frac{\boldsymbol{s}(t)}{\|\boldsymbol{s}(t)\|_2} \tag{12-30}$$

式中：$-\frac{\lambda s_0}{s_0+\|\boldsymbol{s}(t)\|_2}\boldsymbol{s}(t)$ 为文献[131]中所设计的到达率，可以改善系统到达滑模面的收敛速度。其中，λ 和 s_0 为正实数，λ 可以用于调整系统到达滑模面的速度，s_0 可以减小到达滑模面附近时系统出现的“抖振”现象。$\boldsymbol{\Phi}$ 的表达式为

$$\boldsymbol{\Phi}=\bar{\boldsymbol{K}}_2\boldsymbol{D}\boldsymbol{A}\boldsymbol{B}_i \tag{12-31}$$

$\omega(t)$为引入的自适应率，满足以下条件：

$$\omega(t)=\int_0^t(-a_1\omega(t)+a_2\ \|\boldsymbol{s}(t)\|_2+a_3)\mathrm{d}t,\quad 其中\ a_1,a_2,a_3>0 \tag{12-32}$$

接下来构建如下所示的李雅普诺夫方程：

$$V(t)=\frac{1}{2}\boldsymbol{s}^{\mathrm{T}}\boldsymbol{s} \tag{12-33}$$

对上式进行求导，并结合式(12-13)与式(12-15)，可以得到：

$$\begin{aligned}\dot{V}(t)&=\boldsymbol{s}^{\mathrm{T}}(t)\dot{\boldsymbol{s}}(t)\\&=\boldsymbol{s}^{\mathrm{T}}(t)(\bar{\boldsymbol{K}}_2\boldsymbol{D}\dot{\tilde{\boldsymbol{X}}}(t)+\bar{\boldsymbol{K}}_1\tilde{\boldsymbol{Y}}(t)+\boldsymbol{I}_{\mathrm{c}}(t))\\&=\boldsymbol{s}^{\mathrm{T}}(t)(\bar{\boldsymbol{K}}_2\boldsymbol{D}\boldsymbol{A}\tilde{\boldsymbol{X}}(t)+\bar{\boldsymbol{K}}_1\tilde{\boldsymbol{Y}}(t)+\boldsymbol{I}_{\mathrm{c}}(t))\end{aligned} \tag{12-34}$$

将式(12-30)与式(12-31)代入上式中，并结合式(12-16)得到：

$$\begin{aligned}\dot{V}(t)&=\boldsymbol{s}^{\mathrm{T}}(t)\bar{\boldsymbol{K}}_2\boldsymbol{D}\boldsymbol{A}\boldsymbol{z}(t)-\omega(t)\ \|\boldsymbol{s}(t)\|_2-\frac{\lambda s_0}{s_0+\|\boldsymbol{s}(t)\|_2}\ \|\boldsymbol{s}(t)\|_2^2\\&\leqslant\|\boldsymbol{s}(t)\|_2\ \|\bar{\boldsymbol{K}}_2\boldsymbol{D}\boldsymbol{A}\boldsymbol{z}(t)\|_2-\omega(t)\ \|\boldsymbol{s}(t)\|_2-\frac{\lambda s_0}{s_0+\|\boldsymbol{s}(t)\|_2}\ \|\boldsymbol{s}(t)\|_2^2\end{aligned} \tag{12-35}$$

根据文献[132]中的证明，尽管引入的向量$\boldsymbol{z}(t)$并不可测，但$\|\bar{\boldsymbol{K}}_2\boldsymbol{D}\boldsymbol{A}\boldsymbol{z}(t)\|_2$满足如下的边界条件：

$$\|\bar{\boldsymbol{K}}_2\boldsymbol{D}\boldsymbol{A}\boldsymbol{z}(t)\|_2\leqslant\omega(t)=\int_0^t(-a_1\omega(t)+a_2\ \|\boldsymbol{s}(t)\|_2+a_3)\mathrm{d}t \tag{12-36}$$

因此式(12-35)满足以下不等式：

$$\dot{V}(t)\leqslant-\frac{\lambda s_0}{s_0+\|\boldsymbol{s}(t)\|_2}\ \|\boldsymbol{s}(t)\|_2^2 \tag{12-37}$$

由于λ与s_0均为正数，且当系统到达所设计的滑模面之前，滑模面的二次型$\|\boldsymbol{s}(t)\|_2>0$，此时李雅普诺夫函数的导数$\dot{V}(t)<0$。因此系统在任意状态下，在本节所设计的式(12-30)滑模控制器的作用下，最终能够实现$\boldsymbol{s}(t)=\boldsymbol{0}$，即满足滑模控制器设计中需要满足的可达条件。

此外，式(12-30)所示的控制器中最后一项$-\omega(t)\dfrac{\boldsymbol{s}(t)}{\|\boldsymbol{s}(t)\|_2}$具有切换函数的一般形式，因此其不连续性同样会在所设计的滑模面附近产生“抖振”现象，为了尽量消除“抖振”对控制系统的影响，这里利用文献[133]中所提出的边界层技术，将

该项替换成：

$$-\omega(t)\frac{\boldsymbol{s}(t)}{\|\boldsymbol{s}(t)\|_2}=\begin{cases}-\omega(t)\dfrac{\boldsymbol{s}(t)}{\|\boldsymbol{s}(t)\|_2}, & \|\boldsymbol{s}(t)\|_2>e\\ -\omega(t)\dfrac{\boldsymbol{s}(t)}{e}, & \|\boldsymbol{s}(t)\|_2\leqslant e\end{cases} \tag{12-38}$$

式中：e 为边界层厚度，为正实数。

至此，完成了滑模变结构控制器设计中的第二步，即在所设计的控制器的反馈作用下，能够保证系统最终到达第一步中所设计的滑模面上。针对本章所设计的滑模变结构控制器，在对控制器参数进行调参时需要注意以下事项：

注 1：式(12 - 30)中的参数 λ 影响系统到达所设计的滑模面的速度，参数值越大，系统将更快地到达滑模面上，但 λ 过大时会引起系统在滑模面附近较大的“抖振”现象，因此需要适当选择。同时，通过选择合适的控制器参数 s_0 以及边界层厚度 e，可以减小系统的“抖振”现象。

注 2：式(12 - 32)中，需要对 a_1、a_2、a_3 进行调参，确保 $\omega(t)$最终收敛到恒定值，只有当 $\omega(t)$收敛到某一定值时，才能够保证式(12 - 36)成立，即系统能够到达所设计的滑模面上。其中，a_1 主要影响 $\omega(t)$的收敛速度，a_2、a_3 影响最终 $\omega(t)$的收敛值。

注 3：增益矩阵$\bar{\boldsymbol{K}}_1$、$\bar{\boldsymbol{K}}_2$ 可以通过求解式(12 - 36)所构建的黎卡提方程得到。当系统的参数难以辨识得到时，也可以通过调参得到。

注 4：尽管式(12 - 10)中的时滞项被当作系统的外部扰动处理，使得闭环控制系统中失去了转速这一信息，但依然可以通过控制器参数的选择实现大转速范围的颤振主动控制，这一点由本章所设计的控制器的强鲁棒性保证。

12.4　铣削颤振主动抑制仿真分析及实验验证

为了验证本章所提出的铣削颤振滑模变结构主动抑制方法的有效性，本节在第 10 章所开发的内置电磁作动器主轴系统铣削实验平台上完成了铣削系统参数的辨识实验，根据实验所辨识得到的参数，设计出了所需的滑模控制器，并对滑模控制器的控制效果进行了仿真对比分析，最后在所搭建的铣削实验平台上进行了铣削颤振抑制实验。

12.4.1　铣削加工系统参数辨识

在构建包含电磁作动器的铣削控制系统模型时，考虑了铣削加工系统中位移传感器测量位置的响应位移与刀尖点处的响应位移之间的传递函数 $\boldsymbol{G}_{q_t,q_a}$，以及刀尖点处的激励与作动器作动力之间的传递函数 $\boldsymbol{G}_{F_t,F_a}$。本节首先通过锤击实验测试两个方向上位移传感器测量位置的响应位移与刀尖点处的响应位移之间的传递函数 $\boldsymbol{G}_{q_{a,x},q_{t,x}}$ 和 $\boldsymbol{G}_{q_{a,y},q_{t,y}}$。

图 12-3 所示为锤击参数辨识实验的测试方案。由于铣刀刀具前端表面不规则，给利用电涡流位移传感器来测量锤击激励下刀尖点处的振动位移响应带来了困难。因此在实验中，使用虚拟刀具来进行实验测试。另外需要注意的是，由于刀具的悬伸长度等对刀尖点处的动态特性参数影响较大，因此为了保证实验的一致性，所选择的虚拟刀具的直径与后续铣削实验中所用刀具的直径一致，同时刀具的悬伸长度也都保持一致。这里，所选用的虚拟刀具的直径为 7 mm，刀具的悬伸长度为 35 mm。用于拾取刀具前端振动位移的电涡流位移传感器与安装在主轴上的传感器的型号一致。在实验过程中，利用型号为 PCB 086C03 的力锤在刀具的前端施加激励，同时利用图 12-3 所示的 LMS-SCADAS 多通道数据采集系统采集对应激励方向上刀具前端处以及安装在主轴上的位移传感器的振动位移数据。在测试过程中，为了保证数据的可靠性，每个方向上测试五次，最后利用 LMS-Test. Lab 模态测试分析软件对数据进行处理分析，得到安装在主轴系统上的位移传感器的测量位置处和刀具前端处之间的位移响应的传递函数。重复上述实验过程，完成了图中所示的 x 方向与 y 方向上传递函数的测试。

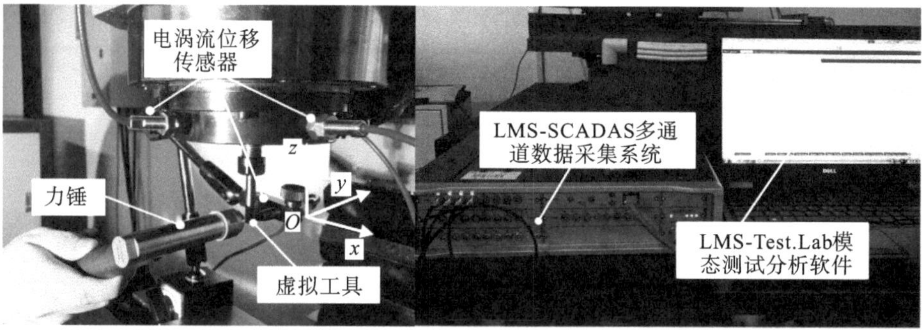

图 12-3　锤击参数辨识实验

最终的测试结果如图 12-4 所示。从图中结果可知，当刀具前端受到外部激励时，刀具前端的位移响应与传感器测量位置处的位移响应之间近似呈线性关系，并且两个方向上的测量结果基本一致。考虑到本章所设计的滑模变结构控制器具有很强的鲁棒性，因此近似 $G_{q_{a,x},q_{t,x}}=G_{q_{a,y},q_{t,y}}=1/5$。另外一方面，根据振动系统的传递函数的特点，以 x 方向为例，满足：

$$G_{q_{a,x},F_{t,x}}=\frac{q_{a,x}}{F_{t,x}}=G_{q_{t,x},F_{a,x}}=\frac{q_{t,x}}{F_{a,x}}\Rightarrow\frac{q_{a,x}}{q_{t,x}}=\frac{F_{t,x}}{F_{a,x}},G_{q_{a,x},q_{t,x}}=G_{F_{t,x},F_{a,x}} \quad (12-39)$$

因此 $\boldsymbol{G}_{q_t,q_a}=\boldsymbol{G}_{F_t,F_a}$，即刀尖点处的激励与作动器作动力之间的传递函数和位移传感器测量位置的响应位移与刀尖点处的响应位移之间的传递函数相等。

接下来对刀尖点处的频响函数进行了测试。为了简化辨识过程，也为了避免利用加速度传感器测量刀尖点处频响函数时所带来的附加质量的影响，继续利用图 12－3 所示的测试方案进行测试。在测试过程中，选择力锤的信号作为参考信号，仅采集力锤激励时的力信号与刀尖点处位移传感器的信号，利用 LMS-Test. Lab 模态测试分析软件对数据进行分析处理，得到刀尖点处频响函数的测试结果如图 12－5 所示。从图中可以看到，两个方向上的频响函数结果基本一致，说明主轴系统在两个方向上具有对称的动态特性。对实验测得的频响函数结果进行拟合，拟合得到的结果如图 12－5 所示。根据拟合结果，辨识得到的刀尖点处的动态特性参数如表 12－2 所示。需要说明的是，本章尽管利用了虚拟刀具来辨识所需的传递函数以及刀尖点的动态特性参数，但考虑到刀具前端的刀刃部分的质量差异影响可以忽略，因此后续控制器将使用本节利用虚拟刀具辨识得到的模型参数进行设计。

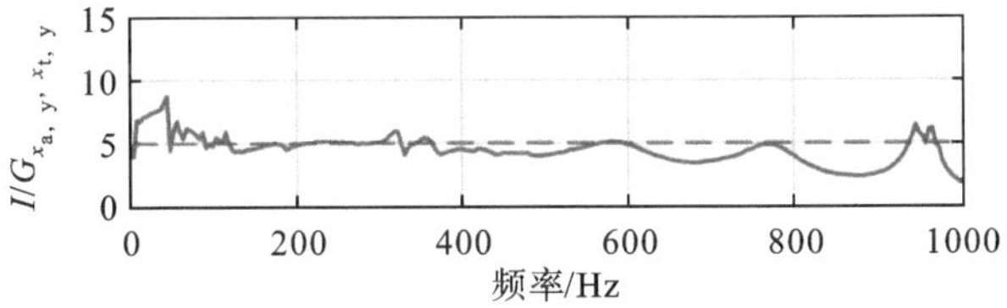

(a) x方向实验测试结果

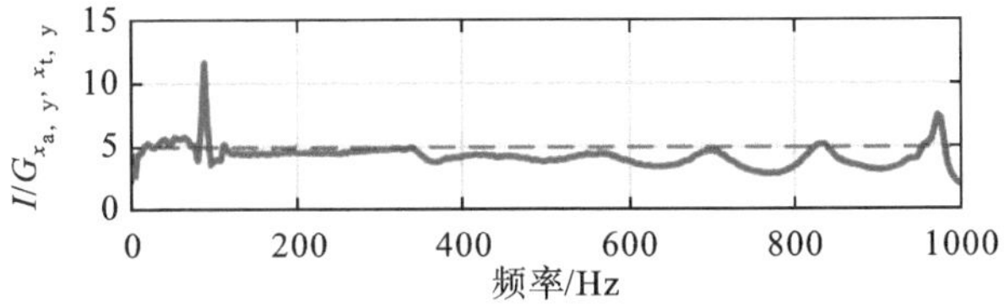

(b) y方向实验测试结果

图 12－4　锤击实验传递函数测试结果

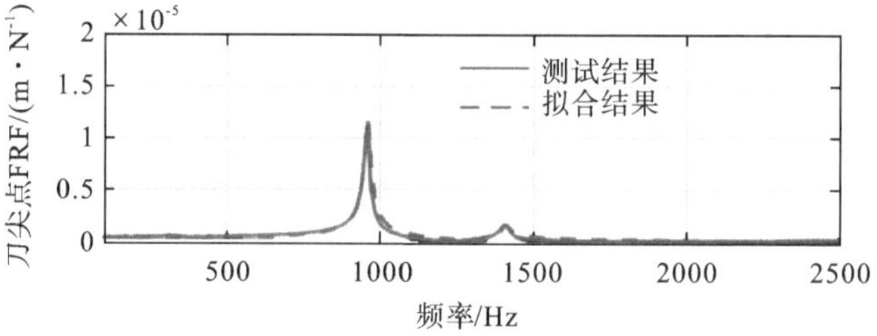

(a) x方向频响函数测试结果

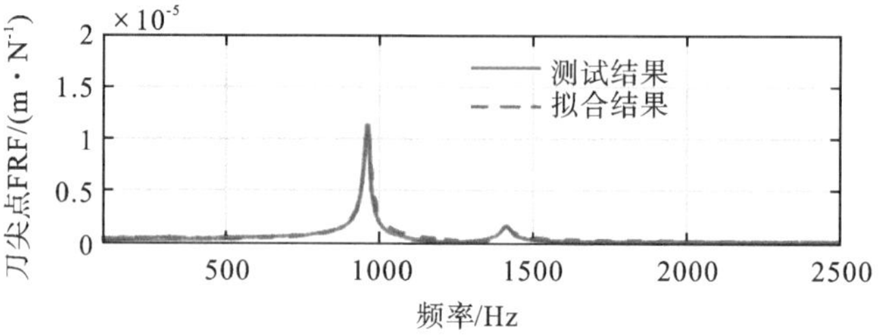

(b) y方向频响函数测试结果

图 12-5　刀尖点频响函数的测试结果

表 12-2　刀尖点处动态特性参数辨识结果

模态阶数	模态方向	固有频率/Hz	阻尼比	模态质量/kg
1	*X*	960	1.1%	0.12
	Y	961	1.04%	0.113
2	*X*	1410	1.2%	0.35
	Y	1408	1.13%	0.37

紧接着，通过一系列铣削实验对铣削系统模型中的铣削力系数进行了辨识。利用文献[134]中所提出的铣削力系数辨识方法，在槽铣(全齿切)状态下，铣削力满足以下条件：

$$\begin{cases}\bar{F}_x=-\dfrac{Na_p}{4}k_{rc}f_z-\dfrac{Na_p}{\pi}k_{re}\\[2ex]\bar{F}_y=\dfrac{Na_p}{4}k_{tc}f_z+\dfrac{Na_p}{\pi}k_{te}\end{cases}\tag{12-40}$$

式中：f_z 为每齿进给量；$\bar{F}_x$ 为进给方向的平均切削力；$\bar{F}_y$ 为垂直进给方向的平均切削力。根据上式可知，测得不同进给速度下的平均切削力，对其进行线性拟合，即可得到铣削力系数。

铣削力系数辨识实验的主轴转速为 6000 r/min，铣削形式为槽铣，铣削深度为 0.5 mm，实验中的工件材料为 AL6061，所使用的刀具直径为 7 mm，刀齿数为 2，刀具材料为高速钢。需要注意的是，铣削力系数辨识实验需要确保铣削状态处于稳定，即无颤振发生。在实验过程中，利用如图 12-6 中所示的 Kistler 9265B 型测力仪测试不同进给速度下的铣削力，并利用图中所示的电荷放大器和信号采集卡对测力仪信号进行放大与采集。最终辨识得到的铣削力系数如表 12-3 所示。

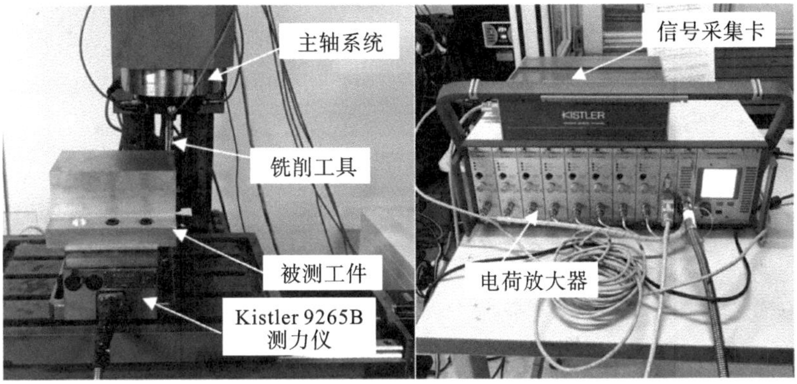

图 12-6　铣削力系数辨识实验

表 12-3　铣削力系数辨识结果

铣削力系数	$k_{tc}/(N\cdot mm^{-2})$	$k_{te}/(N\cdot mm^{-1})$	$k_{rc}/(N\cdot mm^{-2})$	$k_{re}/(N\cdot mm^{-1})$
数值	976	15.2	720	17.8

12.4.2　滑模变结构控制器参数确定

图 12-7 所示为利用 MATLAB/Simulink 搭建的滑模变结构控制系统框图，本节在所搭建的控制系统仿真模型上对所设计的滑模变结构控制器参数进行调参。由于铣削过程动力学模型中的静态铣削力成分并不影响系统的稳定性，同时构建的铣削闭环控制系统模型中也忽略了静态铣削力成分，因此图中所示的铣削系统模型中仅包含动态铣削力成分以及控制反馈力，另外铣削系统中所需的模型参数采用 12.4.1 节中辨识得到的结果。

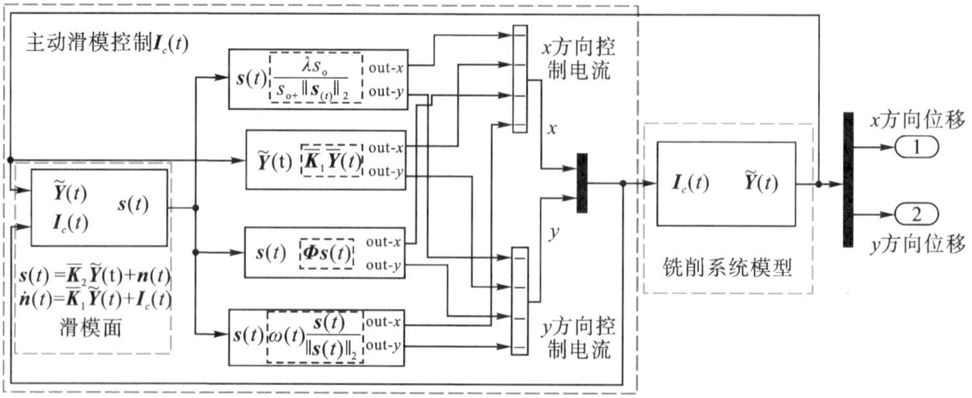

图 12-7 滑模变结构闭环控制系统框图

在本章所设计的滑模变结构控制器中，所构建的黎卡提方程中包含了铣削深度 a_p 这一信息，因此这里将铣削深度当作已知量。控制器中的增益矩阵 $\bar{\boldsymbol{K}}_1$ 与 $\bar{\boldsymbol{K}}_2$ 需要求解式(12-21)所示的黎卡提方程获得，取权矩阵 $\boldsymbol{R}$ 为单位矩阵，黎卡提方程中的系数 γ 为 1。需要指出的是，黎卡提方程的求解一般比较困难，本节利用 MATLAB care 函数对所构建的黎卡提方程进行求解，然而考虑到本章中所构建的黎卡提方程的形式并不满足 MATLAB care 函数中黎卡提方程的一般形式，因此需要将式(12-21)写成以下形式：

$$\boldsymbol{PA}+\boldsymbol{A}^{\mathrm{T}}\boldsymbol{P}-\boldsymbol{P}[\boldsymbol{B}_1 \quad \boldsymbol{B}_2]\begin{bmatrix} -\gamma^2\boldsymbol{I} & \boldsymbol{0} \\ \boldsymbol{0} & \boldsymbol{I} \end{bmatrix}^{-1}\begin{bmatrix} \boldsymbol{B}_1^{\mathrm{T}} \\ \boldsymbol{B}_2^{\mathrm{T}} \end{bmatrix}\boldsymbol{P}+\boldsymbol{D}^{\mathrm{T}}\boldsymbol{D}=0 \qquad (12-41)$$

式中：$\boldsymbol{B}_1=\boldsymbol{E}$，$\boldsymbol{B}_2=\boldsymbol{B}_i$，该方程满足 MATLAB care 函数中的第二种黎卡提方程形式，可以利用工具箱进行求解。

控制器中的其他参数则需要根据 12.3 节中注 1 与注 2 所述的各参数对控制器输出中各项的影响趋势进行调试。调试过程中发现，s_0 与 e 的量级需要尽量一致，这两个量决定了滑模面的“抖振”程度。a_1 不能过大，较大的 a_1 值会提高 $\omega(t)$ 的收敛速度，但也会容易使得系统不稳定。最终经过多次的调试，确定了如表 12-4 所示的控制器参数，后面将对所确定的控制器的颤振抑制效果包括系统的鲁棒性做进一步的仿真分析。

表 12-4 滑模变结构控制器参数

控制器参数	λ	s_0	a_1	a_2	a_3	e
数值	0.01 s^{-1}	1×10^{-3}	20 s^{-1}	0.01 $\mathrm{A\cdot(m\cdot s)^{-1}}$	400 $\mathrm{A\cdot s^{-1}}$	5×10^{-4}

12.4.3　滑模变结构控制器铣削颤振抑制效果仿真

根据图 12-7 中所示的闭环控制仿真系统，利用表 12-4 中的控制器参数，对滑模变结构控制器的铣削颤振抑制效果进行了仿真。为了获得滑模变结构控制器作用下的颤振稳定域边界，研究了不同主轴转速、不同铣削深度组合作用下铣削系统的位移响应，为了判断系统是否失稳即颤振是否发生，这里选择判别条件为：当两个方向上最终的位移响应幅值小于 10 μm 时，系统处于稳定铣削状态；反之，则判断为颤振发生。作为对比，利用文献[134]中的半离散法预测了无主动控制作用下的铣削颤振稳定域边界，最终的对比结果如图 12-8 所示。从图 12-8 中可以看到，在所设计的滑模变结构控制器的作用下，铣削颤振稳定域的边界在大部分主轴转速下有十分显著的提升。需要指出的是，尽管在设计滑模变结构控制器时，将铣削系统中包含主轴转速信息的再生时滞项当作了系统的扰动，在控制器中并未考虑具体的主轴转速或主轴转速范围，但在该滑模变结构控制器的作用下，依旧实现了大转速范围内铣削颤振的抑制。一方面，说明本章所设计的滑模变结构控制器具有很强的鲁棒性，尽管将再生时滞项当作了系统的扰动，但最终控制器依旧具有较好的颤振抑制能力；另一方面，由于将再生时滞项当作了扰动，避免了利用帕德近似等方法对时滞项进行处理导致系统的阶数急剧增加的问题，使得确定控制器增益矩阵时黎卡提方程的求解变得更加容易。但同样，由于在控制器设计时忽略了再生时滞项，在某些转速范围内滑模变结构控制力作用反而降低了铣削颤振稳定域的边界。

为了对滑模变结构控制器的颤振抑制效果做进一步分析，选择了图 12-8 中所示的 A、B 两点对应的铣削工况参数。首先得到了无主动控制作用下系统的位移响应，结果如图 12-9 所示，可以发现铣削系统在所选择的两个工况下处于失稳状态，会导致颤振的发生。

图 12-10 所示为滑模变结构主动控制作用下铣削系统在 A、B 工况下的仿真结果。从图 12-10(a)与(d)所示的位移响应仿真结果来看，在主动控制的作用下，铣削系统的位移响应收敛到 0，即系统处于稳定状态。图 12-10(b)与(e)所示的对应滑模面仿真结果同样表明系统最终达到了稳定状态。图 12-10(c)与(f)为控制器输出的控制电流信号，可以看到在两种工况下控制器的输出电流信号都很小，意味着比较小的作动力就可以实现颤振的抑制。这可以从两方面进行解释：一方面，本章所设计的滑模变结构控制器由于仅采用位移状态量作为反馈，未包含速度状态反馈量，因此能够明显地减少控制器作动力的输出；另一方面，采用扰动反馈

信号的方案，消除了铣削过程中静态铣削力成分对作动器输出的影响，因此能够减小作动力的输出。这些对于铣削颤振主动抑制的实际应用都具有重要的意义。

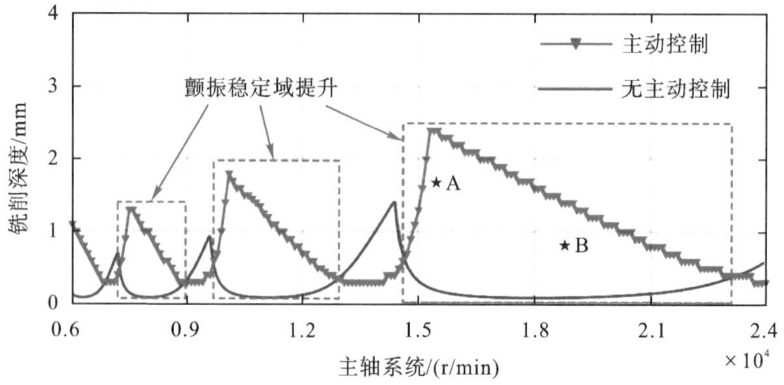

图 12-8 滑模变结构控制器作用下的铣削颤振稳定域对比

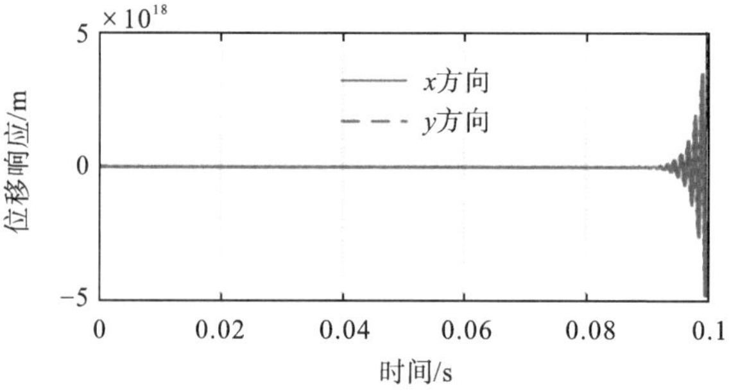

(a) 切削工况A仿真结果

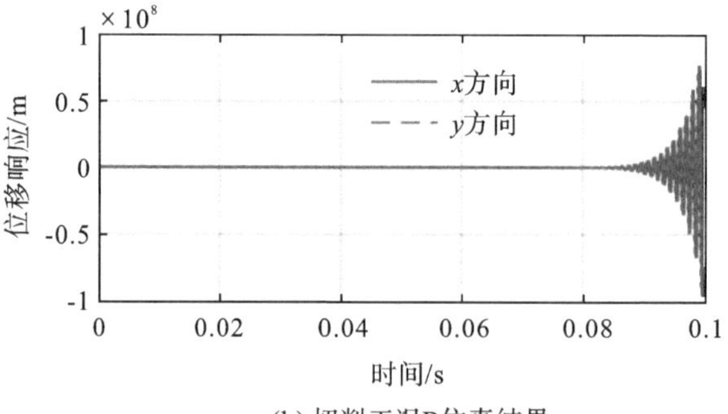

(b) 切削工况B仿真结果

图 12-9 无主动控制作用 A、B 工况下的位移响应仿真结果

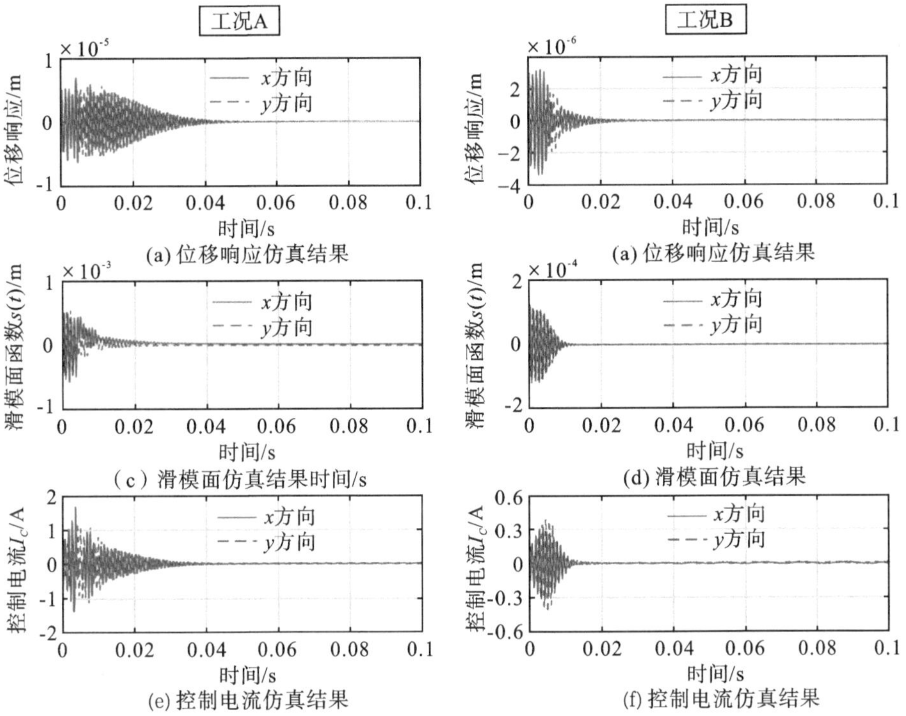

图 12-10　滑模变结构主动控制作用下 A、B 工况的仿真结果

由于本章所设计的滑模变结构控制器需要根据不同的铣削深度 a_p 实时求解式(12-21)所构建的黎卡提方程从而获得控制器的两个增益矩阵$\bar{\boldsymbol{K}}_1$与$\bar{\boldsymbol{K}}_2$，在实际应用时会带来不便。考虑到滑模变结构控制器的强鲁棒性，因此考虑利用恒定的增益矩阵$\bar{\boldsymbol{K}}_1$与$\bar{\boldsymbol{K}}_2$参数，即将铣削深度变化所引起的影响同样看作系统的扰动。为了分析控制器对铣削深度的鲁棒性，假设铣削深度 $a_p=0.75$ mm，对应求解得到的$\bar{\boldsymbol{K}}_1$与$\bar{\boldsymbol{K}}_2$为

$$\bar{\boldsymbol{K}}_1=\begin{bmatrix}1.14\times10^4 & 2.25\times10^5\\ -2.34\times10^5 & 1.18\times10^4\end{bmatrix}$$
$$\bar{\boldsymbol{K}}_2=\begin{bmatrix}36.2 & -0.8\\ -0.84 & 36.7\end{bmatrix} \tag{12-42}$$

考虑滑模变结构控制器使用上式中铣削深度 $a_p=0.75$ mm 得到的增益矩阵，仿真分析了增益矩阵保持不变时铣削系统在滑模变结构控制器作用下的铣削颤振稳定域边界，结果如图 12-11 所示。可以发现，尽管增益矩阵保持不变，但在滑模变结构控制器的作用下，依旧保证了系统在较大切深范围内的铣削稳定性，这一仿

真分析结果也再一次证明了本章所提出的用于铣削颤振主动抑制的滑模变结构控制器具有很好的鲁棒性，能够适应较为复杂的实际工况。

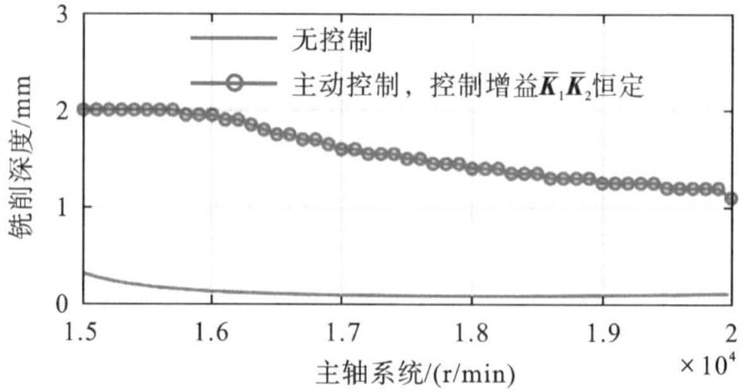

图 12-11 滑模变结构控制器增益矩阵恒定情况下铣削稳定域边界

12.4.4 实验验证

为了验证本章设计的滑模变结构控制器的实际效果，在所搭建的铣削实验平台上进行了铣削颤振主动控制实验。整个闭环控制系统如图 12-12 所示，利用 MATLAB/Simulink 建立了滑模变结构控制器框图，之后对控制器 Simulink 模型进行编译并下载到图中所示的 dSPACE MicroLabBox RT-1302 机电一体化控制实验系统中。在铣削过程中，安装在主轴作动位置附近的电涡流位移传感器实时测量得到的振动位移信号与 dSPACE 的 A/D 接口连接作为控制器的输入，同时根据所设计的控制器算法，dSPACE 的 D/A 接口输出相应的控制电压信号到图中所示的电流功率放大器，从而输出控制电流信号到集成在主轴系统中的非接触电磁作动器的线圈中，产生控制作动力。

需要强调的是，所设计的滑模变结构控制器是基于扰动铣削系统模型，并采用了滤除稳定周期成分的振动信号作为反馈位移量的方案，因此在所设计的控制器中，利用了第 3 章所设计的在线自适应滤波器，对采集得到的信号进行了在线滤波，同时引入了带宽为 10～2500 Hz 的带通滤波器消除信号中的直流分量以及高频噪声信号的影响。

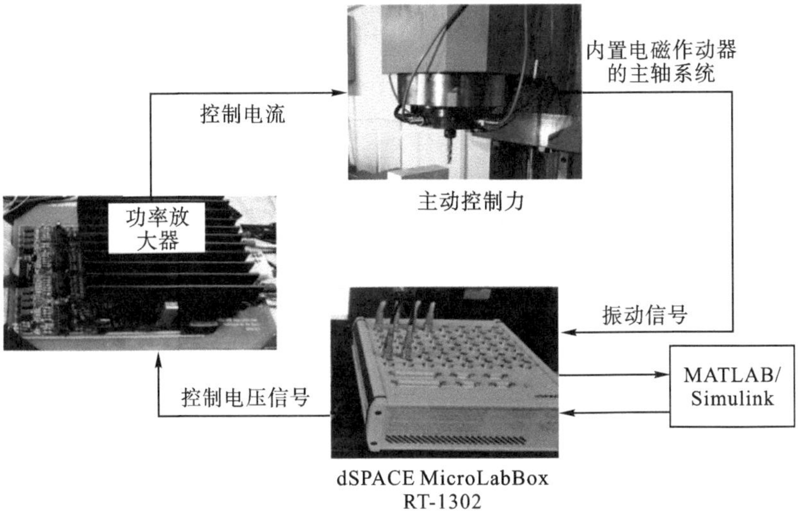

图 12-12　滑模变结构主动控制

另一方面，为了保证实验过程中铣削系统的参数与系统辨识实验中的状态一致，采用了与铣削力辨识实验中相同的刀具及工件材料。同时，刀具的直径、悬伸等与图 12-3 锤击辨识实验中所用到的虚拟刀具保持一致。所设计的滑模变结构控制器使用了表 12-4 中的参数。

在实验过程中，选择主轴转速为 16000 r/min，轴向切深为 1.5 mm，全齿切，进给速度为 600 mm/min。图 12-13 所示为主动控制作用前后的实验结果。实验过程中，首先未施加主动控制作用，在约 2.5 s 左右时刻，主动控制作用开启，图 12-13(a)与(b)分别为铣削工件表面形貌以及实验过程中安装在主轴系统上的位移传感器测得的两个方向上的振动位移信号(滤波前原始信号)。从工件表面质量可以看到，在所选择的实验切削参数下，无主动控制时工件表面有比较明显的振纹，表面质量较差，当施加主动控制作用后，工件的表面质量开始变好。从实验过程中两个方向上的振动信号(图 12-13(b))也同样可以发现，施加主动控制作用后信号的幅值明显下降。图 12-13(d)与(e)分别为施加控制作用前后的振动位移信号(x 方向)的频谱。从图中结果可以发现，在无主动控作用下，信号频谱中有比较明显的颤振频率成分，说明铣削过程中发生了颤振。在主动控制作用下，信号中仅包含主轴转频及谐频成分，说明颤振得到了抑制。图 12-13(c)所示为实验过程中的控制电流，可以看到最大的输出电流为 2 A 左右，这也说明本章所设计的滑模变结构控制器能够在较小的作动力下实现颤振的抑制。

为了进一步验证颤振抑制效果，在同样的切削参数下进行了多组不同转速切深下的铣削实验，实验结果如图 12-14 所示。从图中可以看到，当无主动控制作用、铣削深度为 0.3 mm 时，均发生了颤振；而在主动控制的作用下，稳定铣削深度有了明显的提升，该实验结果也与图 12-11 中的仿真结果接近。

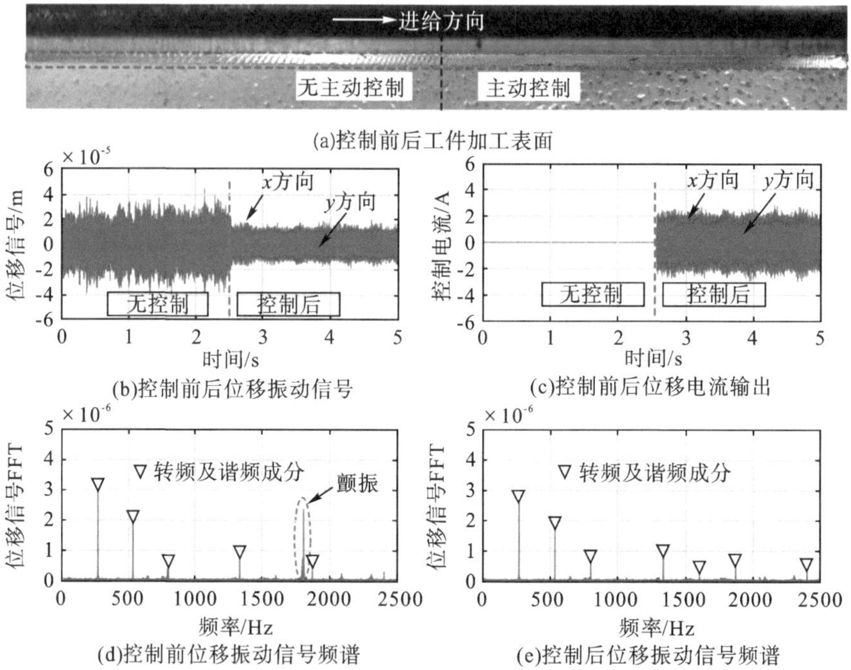

图 12-13　滑模变结构铣削颤振主动抑制实验结果

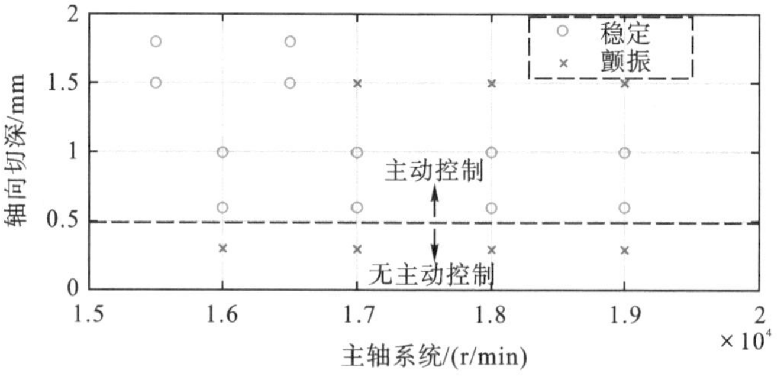

图 12-14　铣削实验稳定性结果

12.5　本章小结

本章将铣削颤振的主动抑制问题转化为以铣削系统作为被控对象，并基于第 10 章所设计开发的内置非接触式电磁作动器主轴系统提出一种基于滑模变结构控制器的高速铣削颤振主动抑制方法。考虑非接触式电磁作动器的线性模型，构建了考虑作动器控制力实际作用的铣削过程闭环控制系统模型，确定了利用滤除测量信号中主轴转频及谐频成分后的信号作为反馈信号的方案，对铣削系统中存在的不确定性因素进行了分析。为了保证控制器对于铣削系统模型中不确定因素的强鲁棒性，引入了滑模变结构控制器设计方法，设计了包含参考变量的滑模面函数，并分析了系统在所选滑模面上的性能，设计了基于所选滑模面的仅包含位移状态反馈的主动控制率，对系统在所设计控制率下的鲁棒性进行了证明。通过一系列仿真分析及实验验证，证明了该方法实现颤振主动抑制的效果，能够大幅提升铣削稳定域边界，对于提高铣削加工过程的加工效率具有积极的意义。

参考文献

[1]张莹莹,刘山营.智能制造技术推进中国汽车制造装备智能化“2016《汽车工艺与材料》技术论坛——智能制造技术”圆满召开[J].汽车工艺与材料,2016,000(011):1-2.

[2]谢金华.基于智能控制策略的切削颤振抑制研究[D].济南:山东大学,2013.

[3]DAVIES M A, PRATT J R, Dutterer B, et al. Stability Prediction for Low Radial Immersion Milling[J]. Journal of Manufacturing Science & Engineering. 2002, 124(2): 217.

[4]LONG X H, BALACHANDRAN B, MANN B P. Dynamicsof Milling Processes with Variable Time Delays[J]. Nonlinear Dynamics. 2007, 47(1-3): 49-63.

[5]罗作国.切削颤振辨识及主动抑制策略的研究[D].武汉:华中科技大学,2007.

[6]YUE C, GAO H, LIU X, et al. A Review of Chatter Vibration Research in Milling[J]. Chinese Journal of Aeronautics, 2019, 32(2): 215-242.

[7]国家制造强国建设战略咨询委员会,中国工程院战略咨询中心.中国制造2025系列丛书[M].北京:电子工业出版社,2016.

[8]SIDDHPUTA M, PAUROBALLY R. A Review of Chatter Vibration Research in Turning[J]. International Journal of Machine Tools & Manufacture, 2012, 61(1): 27-47.

[9]SHU C S, KHURJEKAR P P, Yang B. Characterisation and Identification of Dynamic Instability in Milling Operation[J]. Mechanical Systems & Signal Processing, 2002, 16(5): 853-872.

[10]HUANG P L, LI J F, SUN J, et al. Vibration Analysis in Milling Titanium Alloy Based on Signal Processing of Cutting Force[J]. International Journal of Advanced Manufacturing Technology, 2013, 64(5-8): 613-621.

[11]任静波,孙根正,陈冰,等.基于多尺度排列熵的铣削颤振在线监测方法[J].机械工程学报,2015,51(9):206-212.

[12]MEI Y, MO R, SUN H, et al. Chatter Detection in Milling Based on Singular Spectrum Analysis[C]//International Journal of Advanced Manufacturing Technology. American Society of Mechanical Engineers, 2018, 95(9-12):

3475 - 3486.

[13] PENG C, WANG L, LIAO T W. A New Method for the Prediction of Chatter stability Lobes Based on Dynamic Cutting Force Simulation Model and Support Vector Machine[J]. Journal of Sound and Vibration, 2015, 354: 118 - 131.

[14]FENG J L, SUN Z L, JIANG Z H, et al. Identification of Chatter in Milling of Ti-6Al-4V Titanium Alloy Thin-Walled Workpieces Based on Cutting Force Signals and Surface Topography[J]. International Journal of Advanced Manufacturing Technology, 2016, 82(9 - 12): 1909 - 1920.

[15]ALTINTAS Y, CHAN P K. In-process Detection and Suppression of Chatter in Milling[J]. International Journal of Machine Tools & Manufacture, 1992, 32(3): 329 - 347.

[16]CAO H R, YUE Y T, CHEN X F, et al. Chatter Detection in Milling Process Based on Synchrosqueezing Transform of Sound Signals[J]. International Journal of Advanced Manufacturing Technology, 2017, 89(9 - 12): 2747 - 2755.

[17]JIN X L, POUDEL A. Experimental Study On High Frequency Chatter Attenuation in 2-D Vibration Assisted Micro Milling Process[J]. Journal of Vibroengineering, 2015, 17(6): 2743 - 2754.

[18]DONG X F, ZAHNG W M. Chatter Identification in Milling of The Thin - Walled Part Based on Complexity Index[J]. International Journal of Advanced Manufacturing Technology, 2017, 91(9): 1 - 11.

[19]CAO H R, ZHOU K, CHEN X F, et al. Early Chatter Detection in End Milling Based on Multi-Feature Fusion and 3σ Criterion[J]. International Journal of Advanced Manufacturing Technology, 2017, 92(9 - 12): 4387 - 4397.

[20]SOLIMAN E, ISMAIL F. Chatter Detection by Monitoring Spindle Drive Current[J]. International Journal of Advanced Manufacturing Technology, 1997, 13: 27 - 34.

[21]LIU H Q, CHEN Q H, LIN B, et al. On-line Chatter Detection Using Servo Motor Current Signal in Turning[J]. Science China Technological Sciences, 2011, 54(12): 3119 - 3129.

[22]TANSEL I N, LI M, DEMETGUL M, et al. Detecting Chatter and Estimating Wear From The Torque of End Milling Signals by Using Index Based

Reasoner (IBR)[J]. International Journal of Advanced Manufacturing Technology, 2012, 58(1-4): 109-118.

[23]KULJANIC E, TOTIS G, SORTINO M. Development of An Intelligent Multisensor Chatter Detection System in Milling[J]. Mechanical Systems & Signal Processing, 2009, 23(5): 1704-1718.

[24]DING S L, IZAMSHAH R A R, MO J, et al. Chatter Detection in High Speed Machining of Titanium Alloys[J]. Key Engineering Materials, 2011, 458: 289-294.

[25]KULJANIC E, SORTINO M, TOTIS G. Multisensor Approaches for Chatter Detection in Milling[J]. Journal of Sound & Vibration. 2008, 312(4-5): 672-693.

[26]LAMRAOUI M, THOMAS M, BADAOUI M E, et al. Indicators for Monitoring Chatter in Milling Based on Instantaneous Angular Speeds[J]. Mechanical Systems & Signal Processing. 2014, 44(1-2): 72-85.

[27]ZHU L, LIU C. Recent Progress of Chatter Prediction, Detection and Suppression in Milling[J]. Mechanical Systems and Signal Processing, 2020, 143: 106840.

[28]LIU M K, TRAN Q M, QUI Y W, et al. Chatter Detection in Milling Process Based on Time-Frequency Analysis[C]//Proceedings of the ASME 2017 12th International Manufacturing Science and Engineering Conference collocated with the JSME/ASME 2017 6th International Conference on Materials and Processing. Los Angeles, California, USA: 2017: 4-8.

[29]HUANG P L, LI J F, SUN J, et al. Milling Force Vibration Analysis in High-speed-milling Titanium Alloy using Variable Pitch Angle Mill[J]. International Journal of Advanced Manufacturing Technology, 2012, 58(1-4): 153-60.

[30]WANG L, LIANG M. Chatter Detection Based on Probability Distribution of Wavelet Modulus Maxima[J]. Robotics and Computer-Integrated Manufacturing. 2009, 25(6): 989-998.

[31]HYNYNEN K M, RATAVA J, LINDH T, et al. Chatter Detection in Turning Processes Using Coherence of Acceleration and Audio Signals[J]. Journal of Manufacturing Science & Engineering. 2014, 136(4): 44503.

[32]秦月霞,刘战强.通过声音信号判断切削颤振的试验研究[J].工具技术,2011,45(12):19-23.

[33]陈青海.基于驱动电机电流信号的车削颤振在线监测方法研究[D].武汉:华中科技大学,2012.

[34]夏添.基于主轴电机电流信号的铣削稳定性监测研究[D].武汉:华中科技大学,2012.

[35]XI S T, CAO H R, ZHANG X W, et al. Zoom Synchrosqueezing Transform-based Chatter Identification In the Milling Process[J]. International Journal of Advanced Manufacturing Technology, 2019, 101(5-8): 1197-1213.

[36]SUSANTO A , LIU C H , YAMADA K, et al. Application of Hilbert-Huang Transform for Vibration Signal Analysis in End-milling[J]. Precision Engineering, 2018, 53: 263-277.

[37]杨志刚.基于主轴电机电流信号的镗削颤振监测研究[D].武汉:华中科技大学,2012.

[38]HIRANO T, YAMATA Y, KAKINUMA Y. Sensor-less Chatter Vibration Monitoring by Mechanical Power Factor[C]//8th International Conference on Leading Edge Manufacturing in 21st Century. Kyoto, Japan: JSME, 2015: 1701-1704.

[39]孔繁森,刘鹏,王晓明.切削振动加速度时间历程演化过程的动力学特征[J].振动与冲击,2011,30(7):10-15.

[40]董新峰,张为民,姜源.基于 EMD 复杂度与鉴别信息的磨削颤振预测[J].振动、测试与诊断,2012,32(4):602-607.

[41]吴飞,陈换过,张廷秀.基于 EMD 和小波分解的颤振信号特征提取方法比较研究[J].浙江理工大学学报,2014,31(3):261-265.

[42]CAO H, ZHOU K, CHEN X. Chatter Identification in End Milling Process Based on EEMD and Nonlinear Dimensionless Indicators[J]. International Journal of Machine Tools & Manufacture, 2015, 92: 52-59.

[43]FAASSEN R, DOPPENBERG E, VAN DE WOUW N, et al. Online Detection of the Onset and Occurrence of Machine Tool Chatter in the Milling Process[C]//CIRP 2nd International Conference on High Performance Cutting. Vancouver, Canada: 2006, 23.

[44]LMARAOUI M, BARAKAT M, THOMAS M, et al. Chatter Detection in Milling Machines by Neural Network Classification and Feature Selection [J]. Journal of Vibration & Control, 2015, 2(7): 1251 - 1266.

[45]VELA-MARTINEZ L, JAUREGUI-CORREA J C, ALVAREZ-RAMÍrez J. Characterization of Machining Chattering Dynamics: An R/S Scaling Analysis Approach[J]. International Journal of Machine Tools & Manufacture, 2009, 49(11): 832 - 842.

[46]SUPROCK C A, FUSSELL B K, HASSAN R Z, et al. A Low Cost Wireless Tool Tip Vibration Sensor for Milling[C]//Proceedings of the ASME 2008 International Manufacturing Science and Engineering Conference collocated with the 3rd JSME/ASME International Conference on Materials and Processing. Evanston, Illinois, USA: 2008: 465 - 474.

[47]SCHMITZ T L. Chatter Recognition by A Statistical Evaluation of the Synchronously Sampled Audio Signal[J]. Journal of Sound and Vibration, Academic Press, 2003, 262(3): 721 - 730.

[48]SONG D Y, OTANNI N, AOKI T, et al. A New Approach to Cutting State Monitoring in End-mill Machining[J]. International Journal of Machine Tools & Manufacture, 2005, 45(7 - 8): 909 - 921.

[49]VAN DIJK N J M, DOPPENBERG E J J, FAASSEN R P H, et al. Automatic In-process Chatter Avoidance in the High-speed Milling Process[J]. Journal of Dynamic Systems, Measurement and Control, Transactions of the ASME, American Society of Mechanical Engineers, 2010, 132(3): 1 - 14.

[50]PEREZ-CANALES D, ALVAREZ-RAMIREZ J, JAUREGUI-CORREA J C, et al. Identification of Dynamic Instabilities in Machining Process Using the Approximate Entropy Method[J]. International Journal of Machine Tools & Manufacture, 2011, 51(6): 556 - 564.

[51]PEREZ-CANALES D, VELA-MARTINEZC L, ALVAREZ-RAMIREZB J. Analysis of the Entropy Randomness Index for Machining Chatter Detection [J]. International Journal of Machine Tools & Manufacture, 2012, 62(1): 39 - 45.

[52]MA L, MELKOTE S N, CASTLE J B. A Model Based Computationally Efficient Method for On-Line Detection of Chatter in Milling[J]. Journal of

Manufacturing Science & Engineering, 2013, 135(3): 031007.

[53]KHASSWNEH F A, MUNCH E. Chatter Detection in Turning Using Persistent Homology[J]. Mechanical Systems & Signal Processing, 2016, 70-71: 527-541.

[54]吕凯波,景敏卿,张永强,等.一种切削颤振监测技术的研究与实现[J].西安交通大学学报,2011,45(11):95-99.

[55]LAMRANOUI M, THOMAS M, BADAOUI M E. Cyclostationarity Approach for Monitoring Chatter and Tool Wear in High Speed Milling[J]. Mechanical Systems & Signal Processing, 2014, 44(1-2): 177-198.

[56]GROSSI N, SCIPPA A, SALLESE L, et al. Spindle Speed Ramp-up Test: A Novel Experimental Approach for Chatter Stability Detection[J]. International Journal of Machine Tools & Manufacture, 2015, 89(3): 221-230.

[57]SEKIYA K, NAKAHARA Y, TEZUKA R, et al. Detection of Chatter by the Measurement of Acceleration of the Spindle Head in the Axial Direction (Monitoring of Machining Process)[C]// Proceedings of the 5th International Conference on Leading Edge Manufacturing in 21st Century. Osaka, Japan: JSME 2017.

[58]AL-REGIB E, NI J. Chatter Detection in Machining Using Nonlinear Energy Operator[J]. Journal of Dynamic Systems Measurement & Control, 2010, 132(3): 333-342.

[59]FU Y, ZHANG Y, ZHOU H, et al. Timely Online Chatter Detection in End Milling Process[J]. Mechanical Systems & Signal Processing, 2016, 75: 668-688.

[60]UEKITA M, TAKAYA Y. Tool Condition Monitoring Technique for Deep-hole Drilling of Large Components Based on Chatter Identification in Time-frequency Domain[J]. Measurement, 2017, 103: 199-207.

[61]TANGJITSITCHAROEN S, PONGSATHORNWIWAT N. Development of Chatter Detection in Milling Processes[J]. International Journal of Advanced Manufacturing Technology, 2013, 65(5-8): 919-927.

[62]SEONG S T, KO-TAE JO, LEE Y M. Cutting Force Signal Pattern Recognition Using Hybrid Neural Network in End Milling[J]. Transactions of Nonferrous Metals Society of China, 2009, 19(1): 209-214.

[63]YAO Z, MEI D, CHEN Z. On-line Chatter Detection and Identification Based on Wavelet and Support Vector Machine[J]. Journal of Materials Processing Technology, 2010, 210(5): 713-719.

[64]王艳鑫.钛合金高速铣削过程振动检测[D].哈尔滨:哈尔滨理工大学,2012.

[65]RASHID A, NICOLESCU C M. Design and Implementation of Tuned Viscoelastic Dampers for Vibration Control in Milling[J]. International Journal of Machine Tools and Manufacture, 2008, 48(9): 1036-1053.

[66]YANG Y, MUNOA J, ALTINTAS Y. Optimization of Multiple Tuned Mass Dampers to Suppress Machine Tool Chatter[J]. International Journal of Machine Tools and Manufacture, 2010, 50(9): 834-842.

[67]MORADI H, VOSSOUGHI G, BEHZAD M, et al. Vibration Absorber Design to Suppress Regenerative Chatter in Nonlinear Milling Process: Application for Machining of Cantilever Plates[J]. Applied Mathematical Modelling, 2015, 39(2): 600-620.

[68]BURTSCHER J, FLEISCHER J. Adaptive Tuned Mass Damper with Variable Mass for Chatter Avoidance[J]. CIRP Annals - Manufacturing Technology, 2017, 66(1): 397-400.

[69]WAN M, DANG X B, ZHANG W H, et al. Optimization and Improvement of Stable Processing Condition by Attaching Additional Masses for Milling of Thin-walled Workpiece[J]. Mechanical Systems and Signal Processing, 2018, 103: 196-215.

[70]HAHN R. Metal - cutting Chatter and Its Elimination[J]. Journal of Fluids Engineering, 1953, 75(6): 1073-1078.

[71]ALTINTAS Y. Analytical Prediction of Three Dimensional Chatter Stability in Milling[J]. JSME International Journal, Series C: Mechanical Systems, Machine Elements and Manufacturing, 2001, 44(3): 717-723.

[72]BUDAK E. Improving Productivity and Part Quality in Milling of Titanium Based Impellers by Chatter Suppression and Force Control[J]. CIRP Annals-Manufacturing Technology, 2000, 49(1): 31-36.

[73]COMAK A, BUDAK E. Modeling Dynamics and Stability of Variable Pitch and Helix Milling Tools for Development of A Design Method to Maximize Chatter Stability[J]. Precision Engineering, 2017, 47: 459-468.

[74]SASTRY S, KAPOOR S G, DEVOR R E, et al. Chatter Stability Analysis of the Variable Speed Face-Milling Process[J]. Journal of Manufacturing Science and Engineering, 2001, 123(4): 753 - 756.

[75]ZATARAIN M, BEDUAGA I, MUNOA J, et al. Stability of Milling Processes with Continuous Spindle Speed Variation: Analysis in the Frequency and Time Domains, and Experimental Correlation[J]. CIRP Annals - Manufacturing Technology, 2008, 57(1): 379 - 384.

[76]SEGUY S, INSPERGER T, ARNAUD L, et al. On the Stability of High - speed Milling with Spindle Speed Variation[J]. International Journal of Advanced Manufacturing Technology, 2010, 48(9 - 12): 883 - 895.

[77]JIN G, QI H, LI Z, et al. Dynamic Modeling and Stability Analysis for the Combined Milling System with Variable Pitch Cutter and Spindle Speed Variation[J]. Communications in Nonlinear Science and Numerical Simulation, 2018, 63: 38 - 56.

[78]YAMATO S, ITO T, MATSUZAKI H, et al. Programmable Optimal Design of Sinusoidal Spindle Speed Variation for Regenerative Chatter Suppression[J]. Procedia Manufacturing, 2018, 18: 152 - 160.

[79]WANG C, ZHANG X, YAN R, et al. Multi Harmonic Spindle Speed Variation for Milling Chatter Suppression and Parameters Optimization[J]. Precision Engineering, 2019, 55: 268 - 274.

[80]日本大偎机床 Machining Navi 智能辅助加工系统[EB/OL]. [2024 - 06 - 02]. https://www.okuma.co.jp/Chinese/ onlyone/process/index.html.

[81]COWLEY A, BOYLE A. Active Dampers for Machine Tools[J]. CIRP Annals, 1970, 18(1): 213 - 222.

[82]BAUR M, ZAEH M F. Development and Experimental Validation of An Active Vibration Control System for A Portal Milling Machine[C]//Proceedings of 9th International Conference on High Speed Machining, San Sebastian, Spain: 2012.

[83]KNOSPE C R. Active Magnetic Bearings for Machining Applications[J]. IFAC Proceedings Volumes, 2004, 37(14): 7 - 12.

[84]ABELE E, HANSELKA H, HAASE F, et al. Development and Design of An Active Work Piece Holder Driven by Piezo Actuators[J]. Production En-

gineering, 2008, 2(4): 437 - 442.

[85]VAN DIJK N J M, DOPPENBERG E J J, FAASSEN R P H, et al. Automatic In-process Chatter Avoidance in the High-speed Milling Process[J]. Journal of Dynamic Systems, Measurement and Control, 2010, 132(3): 1 - 14.

[86]HUANG T, ZHU L, DU S, et al. Robust Active Chatter Control in Milling Processes with Variable Pitch Cutters[J]. Journal of Manufacturing Science and Engineering, 2018, 140(10): 101005 - 101009.

[87]HUANG T, CHEN Z, DING H. Active Control of An AMBs Supported Spindle for Chatter Suppression in Milling Process[J]. Journal of Dynamic Systems, Measurement, and Control, 2015, 137(11): 111003.

[88]CHEN Z, ZHANG H T, ZHANG X, et al. Adaptive Active Chatter Control in Milling Processes[J]. Journal of Dynamic Systems, Measurement and Control, 2014, 136(2): 21007.

[89]GARITAONANDIA I, ALBIZURI J, HERNANDEZ-VAZQUEZ J M, et al. Redesign of an Active System of vibration Control in A Centerless Grinding Machine: Numerical Simulation and Practical Implementation[J]. Precision Engineering, 2013, 37(3): 562 - 571.

[90]MONNIN J, KUSTER F, WEGENER K. Optimal Control for Chatter Mitigation in Milling-Part 1: Modeling and Control Design[J]. Control Engineering Practice, 2014, 24(1): 156 - 166.

[91]WANG C, ZHANG X, CAO H, et al. Milling Stability Prediction and Adaptive Chatter Suppression Considering Helix Angle and Bending[J]. International Journal of Advanced Manufacturing Technology, Springer, 2018, 95(9 - 12): 3665 - 3677.

[92]WAN S K, LI X H, SU W J, et al. Active Chatter Suppression for Milling Process with Sliding Mode Control and Electromagnetic Actuator[J]. Mechanical Systems and Signal Processing, 2020, 136: 106528.

[93]INSPERGER T, STEPAN G, BAYLY P V, et al. Multiple Chatter Frequencies in Milling Processes[J]. Journal of Sound & Vibration, 2003, 262(2): 333 - 345.

[94]朱永生，袁幸，张优云，等. 滚动轴承复合故障振动建模及 Lempel - Ziv 复杂度评价[J]. 振动与冲击. 2013, 32(16): 23 - 29.

[95]ZHANG T, YANG Z. Measurement of The Complexity for Low - dimensional non - linear Structure of Respiratory Network in Human[J]. Acta Biophysica Sinica. 2005, 21(2): 157 - 165.

[96]SHEN E H, CAI Z J, GU F J. Mathematical Foundation of A New Complexity Measure[J]. Applied Mathematics and Mechanics. 2005, 26(9): 1188 - 1196.

[97]黄小平,王岩. 卡尔曼滤波原理及应用[M]. 北京:电子工业出版社,2015.

[98]何正嘉,訾艳阳,张西宁. 现代信号处理及工程应用[M]. 西安:西安交通大学出版社,2007.

[99]WAN S K, LI X H, CHEN W, et al. Investigation on Milling ChatterIdentification at Early Stage with Variance Ratio and Hilbert-Huang Transform[J]. The International Journal of Advanced Manufacturing Technology, 2018, 95: 3563 - 3573.

[100]PANDE P W, KUMAR B R, CHAKRABARTI S, et al. Model Order Estimation Methods for Low Frequency Oscillations in Power Systems[J]. International Journal of Electrical Power & Energy Systems, 2020, 115: 105438.

[101]PINTO S F B, DE LAMARE R C. Multistep Knowledge-Aided Iterative ESPRIT: Design and Analysis[J]. IEEE Transactions on Aerospace and Electronic Systems, 2018, 54(5): 2189 - 2201.

[102]ROY R, KAILATH T. ESPRIT-estimation of Signal Parameters via Rotational Invariance Techniques[J]. IEEE Transactions on Acoustics, Speech, and Signal Processing, 1989, 37(7): 984 - 995.

[103]ROY R, PAULRAJ A, KAILATH T. ESPRIT-A Subspace Rotation Approach to Estimation of Parameters of Cisoids in Noise[J]. IEEE Transactions on Acoustics, Speech, and Signal Processing, 1986, 34(5): 1340 - 1342.

[104]ZEINELDIN H H, ABDEL-GALILl T, EI-SAADANY E F, et al. Islanding Detection of Grid Connected Distributed Generators Using TLS-ESPRIT[J]. Electric Power Systems Research, 2007: 8.

[105]CHRISTENSEN M G, JAKOBSSON A, JENSEN S H. Sinusoidal Order Estimation Using Angles between Subspaces[J]. EURASIP Journal on Advances in Signal Processing, 2009, 2009(1): 948756.

[106]LI Z, LI W, ZHAO X. Feature Frequency Extraction Based on Singular Value Decomposition and Its Application on Rotor Faults Diagnosis[J]. Journal of Vibration and Control, 2019, 25(6): 1246 - 1262.

[107]JAIN S K, JAIN P, SINGH S N. A Fast Harmonic Phasor Measurement Method for Smart Grid Applications[J]. IEEE Transactions on Smart Grid, 2017, 8(1): 493 - 502.

[108]PHILIP J G, JAIN T. Analysis of Low Frequency Oscillations in Power System Using EMO ESPRIT[J]. International Journal of Electrical Power & Energy Systems, 2018, 95: 499 - 506.

[109]XU B, SUN L, XU L, et al. Improvement of the Hilbert Method via ESPRIT for Detecting Rotor Fault in Induction Motors at Low Slip[J]. IEEE Transactions on Energy Conversion, 2013, 28(1): 225 - 233.

[110]CHEN D, ZHANG X, ZHAO H, et al. Development of A Novel Online Chatter Monitoring System for Flexible Milling Process[J]. Mechanical Systems and Signal Processing, 2021, 159: 107799.

[111]LI X H, WAN S K, HUANG X W, et al. Milling Chatter Detection Based on VMD and Difference of Power Spectral Entropy[J]. The International Journal of Advanced Manufacturing Technology, 2020, 111(7 - 8): 2051 - 2063.

[112]RUMELHART D E, HINTON G E, WILLIMAS R J. Learning Representations by Back-propagating Errors[J]. Nature, 1986, 323(6088): 533 - 536.

[113]VINCENT P, LAROCHELLE H, BENGIO Y, et al. Extracting and Composing Robust Features with Denoising Autoencoders[C]// Proceedings of the 25th International Conference on Machine Learning. Montreal, Canada: 2008:1096 - 1103.

[114]BENGIO Y, LAMBLIN P, POPOVICI D, et al. GreedyLayer-wise Training of Deep Networks[C]// Advances in Neural Information Processing Systems 19: Proceedings of the 2006 Conference, Vancouver, British Columbia, Canada: IEEE, 2007:153 - 160.

[115]LAURENS V D M, HINTON G. Visualizing Data using *t*-SNE[J]. Journal of Machine Learning Research, 2008, 9(2605): 2579 - 2605.

[116]FREUND Y, SCHAPIRE R E. A Decision - theoretic Generalization of Online Learning and An Application to Boosting[C]// Proceedings of the Sec-

ond European Conference on Computational Learning Theory. Barcelona, Spain: Springer, 1995:23 - 37.

[117]PATEL S. Marigold Flower Blooming Stage Detection in Complex Scene Environment using Faster RCNN with Data Augmentation[J]. International Journal of Advanced Computer Science and Applications, 2023, 14(3).

[118]DING Y, ZHU L, ZHANG X, et al. A Full-discretization Method for Prediction of Milling Stability[J]. International Journal of Machine Tools and Manufacture, 2010, 50(5): 502 - 509.

[119]MAAMAR A, BOUZGARROU B C, GAGNOL V, et al. Time Domain Stability Analysis for Machining Processes [M]//FAKHFAKH T, CHAARI F, WALHA L, et al. Advances in Acoustics and Vibration: Vol 5. Cham: Springer International Publishing, 2017: 77 - 88.

[120]SZEGEDY C, IOFFE S, VANHOUCKE V, et al. Inception-v4, Inception-ResNet and the Impact of Residual Connections on Learning[C]//Proceedings of the AAAI Conference on Artificial Intelligence. San Francisco, California, USA: AAAI Press, 2017: 4278 - 4284.

[121]KIM H E, COSA-LINAN A, SANTHANAM N, et al. Transfer Learning for Medical Image Classification: A Literature Review[J]. BMC Medical Imaging, 2022, 22(1): 69.

[122]ISMAIL F, KUBICA E G. Active Suppression of Chatter in Peripheral Milling Part 1. A statistical Indicator to Evaluate the Spindle Speed Modulation Method[J]. International Journal of Advanced Manufacturing Technology, 1995, 10(5): 299 - 310.

[123]DIJK N J M V, WOUW N V D, DOPPENBERG E J J, et al. Robust Active Chatter Control in the High-speed Milling Process[J]. IEEE Transactions on Control Systems Technology, 2012, 20(4): 901 - 917.

[124]SARHAN A, SAYED R, NAEER A A, et al. Interrelationships between-Cutting Force Variation and Tool Wear in End-milling[J]. J Mater Process Technol, 2001, 109(3): 229 - 235.

[125]BARMISH B R. Necessary and Sufficient Conditions for Quadratic Stabilizability of An Uncertain System[J]. Journal of Optimization Theory and Applications, 1985, 46(4): 399 - 408.

[126]CRABTREE D E, HAYNSWORTH E V. An Identity for the Schur Complement of A Matrix[J]. Proceedings of the American Mathematical Society, 1969, 22(2): 364-376.

[127]ZUO Z Q, WANG Y J. Novel Optimal Guaranteed Cost Control of Uncertain Discrete Systems with both State and Input Delays[J]. Journal of Optimization Theory and Applications, 2008, 139(1): 159-170.

[128]BUDAK E, ALTINTAS Y. Analytical Prediction of Chatter Stability in Milling-Part I and II[J]. Journal of Dynamic Systems, Measurement and Control, ASME, 1998, 120(1): 22-36.

[129]EDWARDS C, SPURGEON S. Sliding Mode Control: Theory and Applications[M]. Florida, USA: CRC Press, 1998.

[130]ZHOU K, DOYLE J C, GLOVER K. Robust and Optimal Control[M]. New Jersey, USA: Prentice Hall, 1996, 40.

[131]BARTOSZEWICZ A. A New Reaching Law for Sliding Mode Control of Continuous Time Systems with Constraints[J]. Transactions of the Institute of Measurement and Control, 2015, 37(4): 515-521.

[132]CHANG J-L. Dynamic Output Feedback Sliding Mode Control for Uncertain Mechanical Systems without Velocity Measurements[J]. ISA transactions, 2010, 49(2): 229-234.

[133]ALTINTAS Y, BER A. Manufacturing Automation: Metal Cutting Mechanics, Machine Tool Vibrations, and CNC Design[M]//Applied Mechanics Reviews, Cambridge University Press, 2001, 54(5).

[134]INSPERGER T, STEPAN G. Updated Semi-discretization Method for Periodic Delay-differential Equations with Discrete Delay[J]. International Journal for Numerical Methods in Engineering, 2004, 61(1): 117-141.